연마수학

공통수학 1

연마수학

연마 수학의 특징

01 스스로 원리를 터득하는 개념 완성 시스템
- 풀이 과정을 채워 가면서 원리를 이해하며, 주제별, 유형별로 묻는 문제를 풀면서 자연스럽게 개념을 완성할 수 있습니다.

02 계산 및 적용 능력을 키우는 기본기 확립 시스템
- 주제별, 유형별로 쉽고 재미있는 문제들을 통해 다양한 문제 접근 방법을 습득, 문제에 대한 적용 능력을 키웁니다.
- 기본기가 탄탄하게 강화되어 자신감을 가지게 됩니다.

03 문제 해결 능력을 높이는 체계적 실력 향상 시스템
- 단원별, 유형별 다양한 문제 접근 방법으로 문제 해결 능력을 향상시킵니다.

연마 수학은 기본이 되는 연산 능력을 키울 수 있는 교재입니다. 또한 문제풀이를 통해 확실하게 개념을 이해하도록 학습자를 돕습니다. 다음과 같이 본 책을 학습하면 수학의 기본 실력을 키우는 데 도움이 됩니다.

01. 개념, 연산 원리 이해

개념을 창(Window)을 통해 직관적으로 개념을 익히고, 구체적인 예시와 함께 연산 원리를 이해합니다. 대단원 기본 개념 체크 코너를 통해 전체적인 흐름을 먼저 확인하고 유형별 학습을 시작한 뒤, 마무리 단계에서 대단원 기본 개념 체크로 복습합니다.

02. 연산 반복 훈련

비슷한 주제의 문제를 반복하여 직접 풀어 봄으로써 학습자가 풀이 방법을 익힙니다. 유형별 문제 풀이를 통해 집중 학습을 합니다.

03. 학교시험 대비

단순히 연산 문제 풀이만 반복하면 실제 학교 시험 문제에 당황할 수 있습니다. 연산 반복 훈련으로 통해 개념과 원리를 터득하고, 학교시험 필수 문제를 통해 학교 시험 문제를 풀어봅니다.

연마
수학의 구성

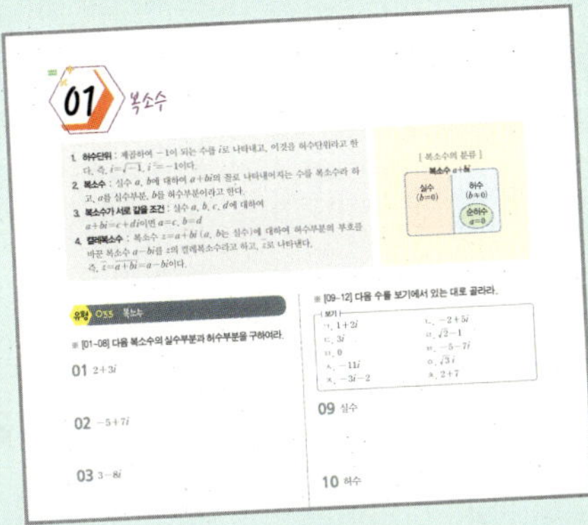

개념정리

핵심 내용정리는 단원에서 꼭 알아야 하는 기본적인 개념과 원리를 창(Window) 형태로 제시하여 이해하기 쉽고, 기억이 잘됩니다.

개념 적용/연산 반복 훈련

기본 원리를 적용하여 비슷한 유형의 문제를 반복적으로, 단계화하여 풀어보면서 실력을 키울 수 있습니다. 직접 풀이 과정을 쓰면서 개념을 익힐 수 있고, 쉬운 방식의 문제 풀이를 통하여 수학에 대한 자신감을 가질 수 있습니다.

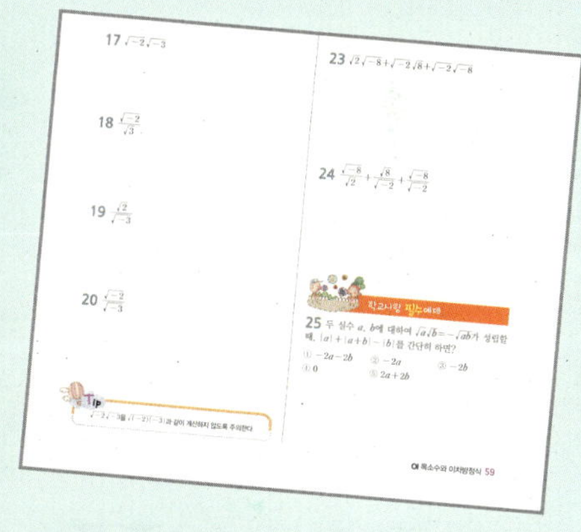

TIP / 문제 풀이에 필요한 도움말을 해당하는 문항의 하단에 제시하여 첨삭지도합니다.

학교시험 필수예제

연산 반복 훈련으로 터득한 개념과 원리를 활용하여 스스로 문제를 해결할 작은 코너로 학교 시험을 비치하였습니다.

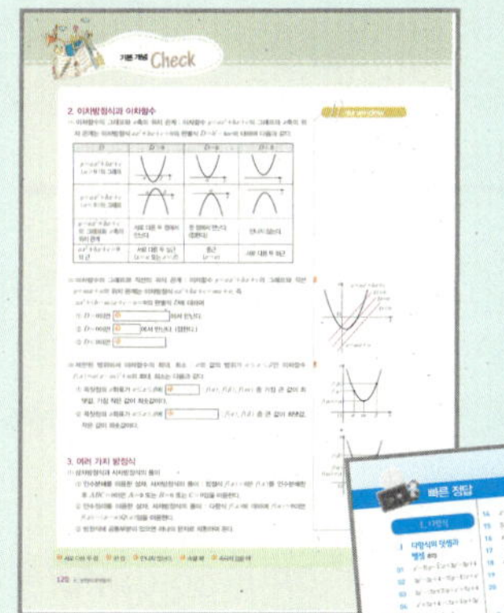

대단원 기본 개념 CHECK

문장 속 네모박스 채우기로 개념을 정리하며, 부분적으로 공부했던 내용들을 한데 모아 단원을 체계적, 종합적, 전체적으로 볼 수 있습니다.

빠른정답 & 친절한 해설

가독성을 고려하여 빠른 정답을 새로 배치하여 빠르게 정답을 체크할 수 있도록 구성하였습니다.
자세한 해설이 필요한 문항들은 학습자가 이해하기 쉽도록 친절하게 풀이하였습니다.

차례

I 다항식

01 다항식의 덧셈과 뺄셈

1. 다항식의 덧셈과 뺄셈
다항식의 덧셈과 뺄셈은 동류항끼리 모아서 간단히 정리한다.
이때 뺄셈은 빼는 식의 각 항의 부호를 바꾸어 더한다.

2. 다항식의 덧셈에 대한 성질
다항식 A, B, C에 대하여 다음과 같은 성질이 성립한다.
(1) 교환법칙 : $A+B=B+A$
(2) 결합법칙 : $(A+B)+C=A+(B+C)$

|참고| 세 다항식의 덧셈에서 $(A+B)+C$와 $A+(B+C)$의 결과가 같으므로 괄호를 생략하여
$A+B+C$로 나타내기도 한다.

다항식을 정리할 때, 한 문자에 대하여 차수가 높은 항부터 낮은 항의 순서로 나타내는 것을 내림차순으로 정리한다고 하고, 반대로 차수가 낮은 항부터 높은 항의 순서로 나타내는 것을 오름차순으로 정리한다고 한다.

유형 001 다항식의 정리 방법

※ [01~04] 다항식 $x^2-2xy+3y^2+2x-3y+4$에 대하여 다음 물음에 답하여라.

01 x에 대하여 내림차순으로 정리하여라.

02 x에 대하여 오름차순으로 정리하여라.

03 y에 대하여 내림차순으로 정리하여라.

04 y에 대하여 오름차순으로 정리하여라.

유형 002 다항식의 덧셈과 뺄셈

※ [05~08] 다음 식을 계산하여라.

05 $(x^2-x+1)+(2x^2+2x-5)$

해설| $(x^2-x+1)+(2x^2+2x-5)$
$=(1+2)x^2+(\boxed{})x+(\boxed{})$
$=\boxed{}$

06 $(-x^2+5x-2)+(-3x^2+x+3)$

07 $(2x^2-3x+4)-(x^2+x-1)$

08 $(-x^2+4x-5)-(3x^2-2x+7)$

※ [09~12] 다음 두 다항식 A, B에 대하여 $A+B$와 $A-B$를 각각 구하여라.

09 $A=x^3-2x^2+1$, $B=-2x^3+x^2-2$

10 $A=2x^3-x-3$, $B=-x^3+3x+1$

11 $A=3x^2-xy+2y^2$, $B=-x^2+2xy-3y^2$

12 $A=-x^2+2xy-y^2$, $B=2x^2-3xy$

※ [14~16] 세 다항식 $A=x^2-2xy+3y^2$, $B=2x^2+xy-y^2$, $C=x^2-4xy+y^2$에 대하여 다음을 계산하여라.

14 $-A+B-C$

15 $2A-(B-3C)$

16 $(2A-B)-(C+A)$

17 세 다항식 $A=x^3+3x^2+5$, $B=x^3-2x^2-x+1$, $C=-x^3-3x+1$에 대하여 $2A-3\{A+2(B-C)+C\}$를 간단히 하면 ax^3+bx^2+cx+d일 때, $a+b+c+d$의 값은?

① -12　　　② -10　　　③ -8
④ -6　　　⑤ -4

13 두 다항식 $A=3x^2-4x+5$, $B=x^2+2x+3$에 대하여 $2X-3A=B$를 만족하는 다항식 X는?

① $2x^2-x$　　　② $2x^2+2x-5$　　　③ $3x^2+2x+9$
④ $5x^2-3x+5$　　　⑤ $5x^2-5x+9$

02 다항식의 곱셈

1. **다항식의 곱셈**
   다항식의 곱셈은 분배법칙과 지수법칙을 이용하여 전개한 후 <u>동류항끼리 모아서 정리한다.</u>
2. **다항식의 곱셈에 대한 성질**
   다항식 A, B, C에 대하여 다음과 같은 성질이 성립한다.
   (1) 교환법칙 : $AB=BA$
   (2) 결합법칙 : $(AB)C=A(BC)$
   (3) 분배법칙 : $A(B+C)=AB+AC$, $(A+B)C=AC+BC$

$$(a+b)(x+y)$$
$$=\underset{①}{ax}+\underset{②}{ay}+\underset{③}{bx}+\underset{④}{by}$$

유형 003 지수법칙

※ [01~05] 다음 식을 간단히 하여라.

01 $-xy^3 \times 2x^2 y$

02 $2x^3 y^2 \times (-3x^4 y^3)$

03 $(-x^2 y)^3 \times xy^2$

04 $(-x^3 y^2)^2 \times (-x^2 y^3)$

05 $(-2xy^2)^3 \times (-x^2 y)^4$

유형 004 다항식의 곱셈

※ [06~10] 다음 식을 전개하여라.

06 $2x(x-y+1)$

해설 | $2x(x-y+1)$
$$=2x \times x+2x \times (\boxed{})+2x \times 1$$
$$=2x^2-\boxed{}+2x$$

07 $x(2x^2+3x-2)$

08 $xy(3x^2-2xy+y^2)$

09 $(-x^2+3x+5)(-2x)$

10 $(x^2-xy-y^2)(-xy)$

11 다음은 $(x+a)(x+b)$를 전개하는 과정이다. □ 안에 알맞은 연산법칙을 써넣어라.

$$
\begin{aligned}
&(x+a)(x+b) & &\Big)\ \text{분배법칙}\\
&=x(x+b)+a(x+b) & &\Big)\ \boxed{}\ \text{법칙}\\
&=(x^2+xb)+(ax+ab) & &\Big)\ \boxed{}\ \text{법칙}\\
&=x^2+(xb+ax)+ab & &\Big)\ \boxed{}\ \text{법칙}\\
&=x^2+(ax+bx)+ab & &\Big)\ \boxed{}\ \text{법칙}\\
&=x^2+(a+b)x+ab
\end{aligned}
$$

|참고| 식을 전개하여 얻은 다항식은 한 문자에 대하여 내림차순으로 정리하면 좋다.

※ [12~19] 다음 식을 전개하여라.

12 $(x-1)(x^2+2)$

13 $(x+y^2)(2x-3y)$

14 $(x+1)(x^2-2x+3)$

15 $(x-y)(3x+y+2)$

16 $(x+2y)(x^2-xy+3y^2)$

17 $(x^2+x-2)(-x+3)$

18 $(x-2y+1)(x+3y)$

19 $(x^2+xy-y^2)(-x+y)$

20 다항식 $(x+a)(x^2-2x+3)$의 전개식에서 상수항이 -6일 때, x^2의 계수는? (단, a는 상수이다.)

① -4　　② -3　　③ -1
④ 1　　⑤ 2

03 곱셈 공식 (1)

1. $(a+b)^2=a^2+2ab+b^2$, $(a-b)^2=a^2-2ab+b^2$
2. $(a+b)(a-b)=a^2-b^2$
3. $(x+a)(x+b)=x^2+(a+b)x+ab$
4. $(ax+b)(cx+d)=acx^2+(ad+bc)x+bd$
5. $(a+b+c)^2=a^2+b^2+c^2+2ab+2bc+2ca$
6. $(a+b)^3=a^3+3a^2b+3ab^2+b^3$, $(a-b)^3=a^3-3a^2b+3ab^2-b^3$

다항식의 곱셈을 계산할 때에는 먼저 곱셈 공식을 이용할 수 있는지 생각해 본 후, 곱셈 공식을 이용하는 것이 쉽지 않을 때에는 분배법칙을 이용한다.

유형 005 간단한 곱셈 공식

※ [01~05] 곱셈 공식을 이용하여 다음 식을 전개하여라.

01 $(2x+y)^2$

02 $(x-2y)^2$

03 $(x+2y)(x-2y)$

04 $(x+2)(x-5)$

05 $(2x-1)(3x+4)$

유형 006 $(a+b+c)^2$의 꼴

※ [06~08] 곱셈 공식을 이용하여 다음 식을 전개하여라.

06 $(2x+y+z)^2$

해설 | $(2x+y+z)^2$
$$=(2x)^2+y^2+z^2+2\cdot\boxed{}\cdot y+2\cdot\boxed{}\cdot z$$
$$+2\cdot z\cdot\boxed{}$$
$$=4x^2+y^2+z^2+\boxed{}+\boxed{}+\boxed{}$$

07 $(x-2y+z)^2$

08 $(x+y-2z)^2$

학교시험 필수예제

09 $(2x-3y+z)^2$을 전개하였을 때, xz의 계수는?

① -4 ② -2 ③ 0

④ 2 ⑤ 4

유형 007 $(a \pm b)^3$의 꼴

※ [10~19] 곱셈 공식을 이용하여 다음 식을 전개하여라.

10 $(x+1)^3$

해설 | $(x+1)^3$

$$= x^3 + \boxed{} \cdot x^2 \cdot 1 + \boxed{} \cdot x \cdot 1^2 + 1^3$$
$$= x^3 + \boxed{} + \boxed{} + 1$$

11 $(x+2)^3$

12 $(2x+1)^3$

13 $(x+2y)^3$

14 $(2x+3y)^3$

15 $(x-1)^3$

16 $(x-2)^3$

17 $(2x-1)^3$

18 $(x-2y)^3$

19 $(2x-3y)^3$

학교시험 필수예제

20 등식 $(2+1)(2^2+1)(2^4+1)(2^8+1)=2^a-1$을 만족시키는 자연수 a의 값은?

① 12   ② 14   ③ 16

④ 18   ⑤ 20

1. $(x+a)(x+b)(x+c)=x^3+(a+b+c)x^2+(ab+bc+ca)x+abc$
2. $(a+b)(a^2-ab+b^2)=a^3+b^3$, $(a-b)(a^2+ab+b^2)=a^3-b^3$
3. $(a^2+ab+b^2)(a^2-ab+b^2)=a^4+a^2b^2+b^4$

$$(a^2+ab+b^2)(a^2-ab+b^2)$$
$$=\{(a^2+b^2)+ab\}\{(a^2+b^2)-ab\}$$
$$=(a^2+b^2)^2-(ab)^2$$
$$=a^4+a^2b^2+b^4$$

유형 008 $(x+a)(x+b)(x+c)$의 꼴

※ [01~04] 곱셈 공식을 이용하여 다음 식을 전개하여라.

01 $(x+1)(x+2)(x+3)$

02 $(x-1)(x-2)(x-3)$

03 $(x+1)(x-2)(x+3)$

04 $(x-1)(x+2)(x-3)$

유형 009 $(a\pm b)(a^2\mp ab+b^2)$의 꼴

※ [05~14] 곱셈 공식을 이용하여 다음 식을 전개하여라.

05 $(x+1)(x^2-x+1)$

해설ㅣ $(x+1)(x^2-x+1)$
$=(x+1)(x^2-x\times1+1^2)$
$=x^3+\boxed{}^3$
$=x^3+\boxed{}$

06 $(x+2)(x^2-2x+4)$

07 $(2x+1)(4x^2-2x+1)$

08 $(x+y)(x^2-xy+y^2)$

09 $(2x+3y)(4x^2-6xy+9y^2)$

10 $(x-1)(x^2+x+1)$

11 $(x-3)(x^2+3x+9)$

12 $(3x-1)(9x^2+3x+1)$

13 $(x-y)(x^2+xy+y^2)$

14 $(2x-3y)(4x^2+6xy+9y^2)$

유형 010　$(a^2+ab+b^2)(a^2-ab+b^2)$의 꼴

※ [15~18] 곱셈 공식을 이용하여 다음 식을 전개하여라.

15 $(x^2+x+1)(x^2-x+1)$

16 $(x^2-2x+4)(x^2+2x+4)$

17 $(x^2+xy+y^2)(x^2-xy+y^2)$

18 $(4x^2-2xy+y^2)(4x^2+2xy+y^2)$

학교시험 **필수**예제

19 다음 등식을 만족시키는 자연수 a, b에 대하여 $a+b$의 값을 구하여라.

$$(x-2)(x+2)(x^2-2x+4)(x^2+2x+4)=x^a-b$$

05 곱셈 공식의 변형

1. $a^2+b^2=(a+b)^2-2ab=(a-b)^2+2ab$
2. $(a+b)^2=(a-b)^2+4ab$
3. $a^3+b^3=(a+b)^3-3ab(a+b)$, $a^3-b^3=(a-b)^3+3ab(a-b)$
4. $a^2+b^2+c^2=(a+b+c)^2-2(ab+bc+ca)$
5. $a^2+b^2+c^2+ab+bc+ca=\dfrac{1}{2}\{(a+b)^2+(b+c)^2+(c+a)^2\}$

   $a^2+b^2+c^2-ab-bc-ca=\dfrac{1}{2}\{(a-b)^2+(b-c)^2+(c-a)^2\}$
6. $a^3+b^3+c^3=(a+b+c)(a^2+b^2+c^2-ab-bc-ca)+3abc$

세 실수 a, b, c에 대하여
$a+b+c=0$이면
$a^3+b^3+c^3=3abc$

유형 O11 곱셈 공식의 변형

※ [01~04] $a+b=5$, $ab=5$일 때, 다음 식의 값을 구하여라. (단, $a>b$)

01 a^2+b^2

02 $(a-b)^2$

03 a^3+b^3

04 a^3-b^3

※ [05~07] $a+b=3$, $ab=-6$일 때, 다음 식의 값을 구하여라. (단, $a>b$)

05 a^2+b^2

06 $(a-b)^2$

07 a^3-b^3

학교시험 필수예제

08 두 실수 x, y에 대하여 $x+y=3$, $x^2+xy+y^2=10$일 때, x^3+y^3의 값을 구하여라.

※ [09~13] 다음을 구하여라.

09 $a+b+c=5$, $ab+bc+ca=4$일 때, $a^2+b^2+c^2$의 값

10 $a^2+b^2+c^2=33$, $a+b+c=7$일 때, $ab+bc+ca$의 값

11 $a+b=2-\sqrt{3}$, $b+c=2+\sqrt{3}$, $c+a=3$일 때, $a^2+b^2+c^2+ab+bc+ca$의 값

12 $a^2+b^2+c^2=ab+bc+ca$, $abc=3$일 때, $a^3+b^3+c^3$의 값

13 $a+b+c=1$, $a^2+b^2+c^2=3$, $a^3+b^3+c^3=1$일 때, abc의 값

※ [14~16] $x^2-x-1=0$일 때, 다음 식의 값을 구하여라.

14 $x-\dfrac{1}{x}$

15 $x^2+\dfrac{1}{x^2}$

16 $x^3-\dfrac{1}{x^3}$

17 삼각형의 세 변의 길이 a, b, c에 대하여 $a^2+b^2+c^2=ab+bc+ca$가 성립할 때, 이 삼각형은 어떤 삼각형인가?

① 직각삼각형　　　　② $a=b$인 이등변삼각형
③ 정삼각형　　　　　④ $b=c$인 이등변삼각형
⑤ 둔각삼각형

다항식의 나눗셈

1. **다항식의 나눗셈**
   다항식의 나눗셈은 각 다항식을 내림차순으로 정리한 후 자연수의 나눗셈과 같은 방법으로 계산하여 몫과 나머지를 구한다.

2. **다항식의 나눗셈에 대한 등식**
   다항식 A를 다항식 $B(B \neq 0)$로 나누었을 때의 몫을 Q, 나머지를 R라고 하면
   $$A = BQ + R \quad (\text{단, } (R\text{의 차수}) < (B\text{의 차수}))$$
   특히 $R = 0$이면 A는 B로 나누어떨어진다고 한다.

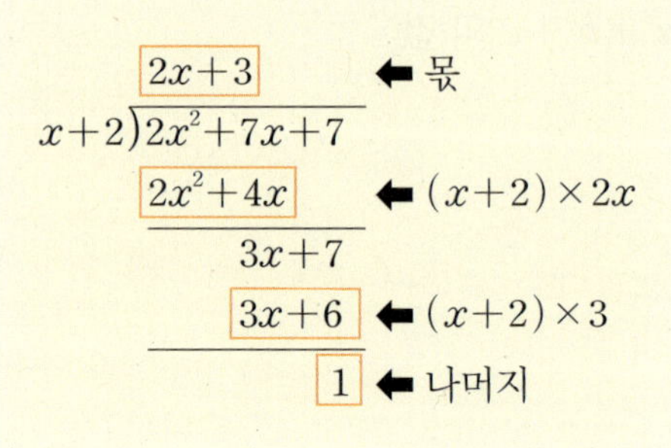

유형 **012** 다항식의 나눗셈

※ [01~12] 다음 다항식 A를 다항식 B로 나누었을 때의 몫과 나머지를 구하여라.

01 $A = 2x^2 - 4x + 5$, $B = x - 1$

해설 |

$$\begin{array}{r} 2x - \square \\ x-1 \overline{)\, 2x^2 - 4x + 5} \\ \underline{\hphantom{xxxx}\square\hphantom{xxxx}} \\ \square \\ \underline{-2x + 2} \\ \square \end{array}$$

$\therefore$ 몫 : $\square$, 나머지 : $\square$

02 $A = x^3 + 2x^2 - 4x - 1$, $B = x + 1$

해설 |

$$\begin{array}{r} x^2 + \square - \square \\ x+1 \overline{)\, x^3 + 2x^2 - 4x - 1} \\ \underline{\hphantom{xxxx}\square\hphantom{xxxx}} \\ x^2 - 4x \\ \underline{\hphantom{xxxx}\square\hphantom{xxxx}} \\ -5x - 1 \\ \underline{\hphantom{xxxx}\square\hphantom{xxxx}} \\ \square \end{array}$$

$\therefore$ 몫 : $\square$, 나머지 : $\square$

03 $A = x^2 + 3x - 6$, $B = x + 1$

04 $A = 3x^2 - x - 7$, $B = -x - 2$

05 $A = 4x^2 - 6x + 3$, $B = 2x - 1$

06 $A=x^3-2x^2+3x-5,\ B=x-1$

07 $A=2x^3-x^2-x+5,\ B=x+1$

08 $A=-x^3+3x^2+2x-4,\ B=x-2$

09 $A=3x^3-4x^2+x+2,\ B=x+2$

10 $A=x^3-2x^2+4x-1,\ B=x^2-1$

11 $A=x^3+4x^2-3x-5,\ B=x^2+x-2$

12 $A=2x^3-7x^2+4,\ B=x^2-x+1$

13   다항식 $A=x^3-4x^2+5x+1$을 다항식 $B=x^2-5x$로 나누었을 때의 나머지를 $ax+b$라 하자. 이때 상수 a, b의 합 $a+b$의 값을 구하여라.

※ [14~17] 다음 다항식 A를 다항식 B로 나누었을 때의 몫 Q와 나머지 R를 구하여 $A=BQ+R$의 꼴로 나타내어라.

14 $A=x^3+2x^2+3x-1,\ B=x^2-x-1$

해설ㅣ

$$
\begin{array}{r}
\boxed{} \\
x^2-x-1\,)\overline{\,x^3+2x^2+3x-1\,} \\
x^3-\ x^2-\ x \\
\hline
3x^2+4x-1 \\
3x^2-3x-3 \\
\hline
\boxed{}
\end{array}
$$

$\therefore\ x^3+2x^2+3x-1$
$=(x^2-x-1)(\boxed{})+\boxed{}$

15 $A=x^3-5x^2-3x+2,\ B=x^2-2x+1$

16 $A=3x^3-x+7,\ B=x^2+x$

17 $A=2x^3+x^2-1,\ B=x^2+1$

※ [18~20] 다음 물음에 답하여라.

18 다항식 A를 $2x+1$로 나누었을 때의 몫은 x^2+2x+2이고 나머지는 3일 때, 다항식 A를 구하여라.

19 다항식 A를 x^2-2로 나누었을 때의 몫은 $x+3$이고 나머지는 $4x-1$일 때, 다항식 A를 구하여라.

20 다항식 A를 $x-2$로 나누었을 때의 몫은 x^2+3x-2이고 나머지는 0일 때, 다항식 A를 구하여라.

학교시험 **필수**예제

21 다항식 x^3+ax^2+b가 x^2+x-1로 나누어떨어질 때, 상수 a, b에 대하여 a^2+b^2의 값을 구하여라.

07 조립제법

> **조립제법** : 다항식을 일차식으로 나눌 때 <u>계수만을 이용하여</u> 몫과 나머지를 구하는 방법
> **예** $3x^2+2x+1$을 $x-2$로 나눈 몫과 나머지를 조립제법을 이용하여 구하면 오른쪽과 같다.
> 몫 : $3x+8$, 나머지 : 17

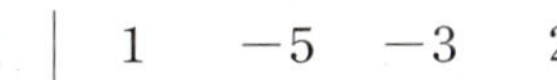

나누어지는 다항식의 계수를 차례로 쓸 때, 다항식의 특정 차수의 항이 없으면 그 자리에 0을 쓰고 조립제법을 이용한다.

유형 014 조립제법

※ [01~13] 조립제법을 이용하여 다음 나눗셈의 몫과 나머지를 구하여라.

01 $(x^3-5x^2-3x+2)\div(x-1)$

해설 |
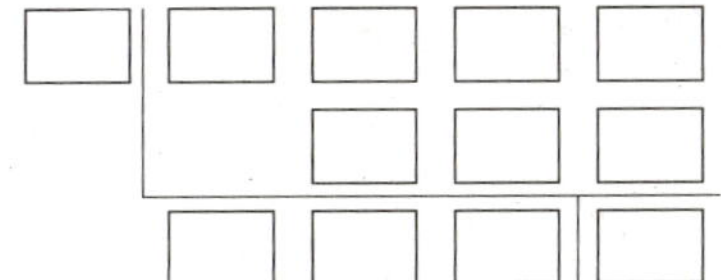

$\therefore$ 몫 : $\boxed{}$, 나머지 : $\boxed{}$

02 $(3x^3-x^2-4x-3)\div(x-2)$

03 $(x^3-4x^2+2x-1)\div(x-3)$

04 $(x^3+x^2-4x-8)\div(x+1)$

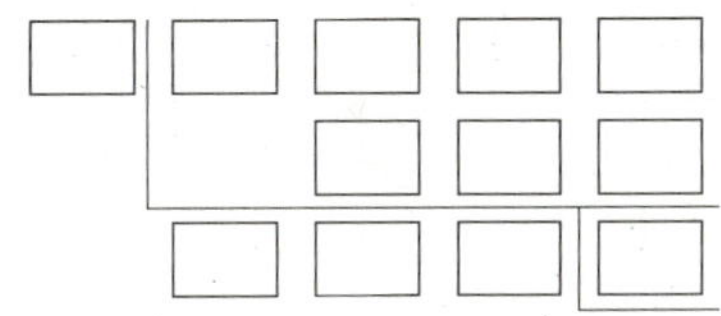

05 $(2x^3+3x^2-x-4)\div(x+2)$

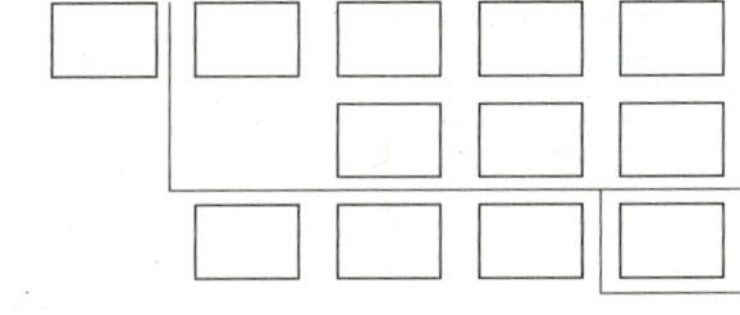

06 $(x^3+2x^2+3x-1)\div(x+3)$

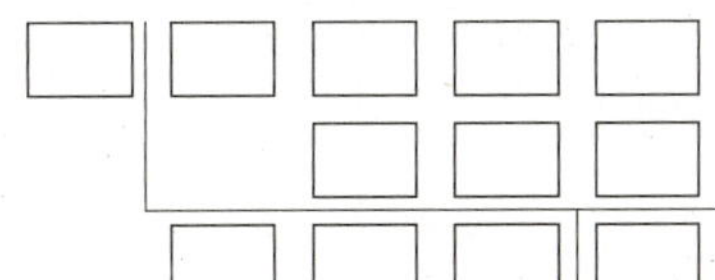

07 $(3x^3-7x^2+5)\div(x-1)$

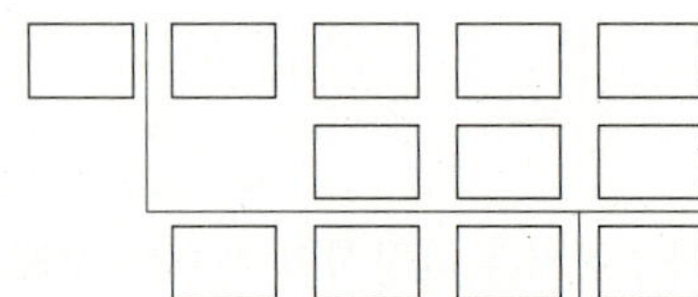

08 $(2x^3-x+2)\div(x+1)$

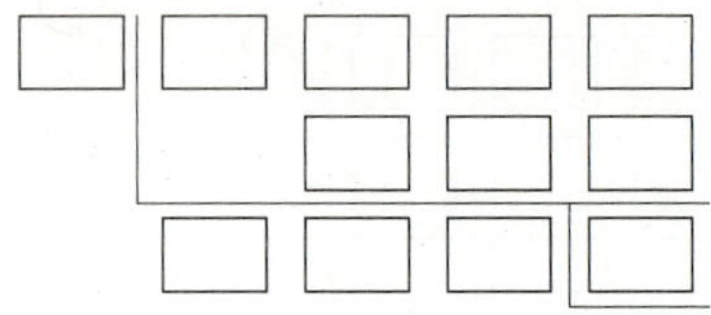

09 $(x^3-4x^2+4)\div(x-2)$

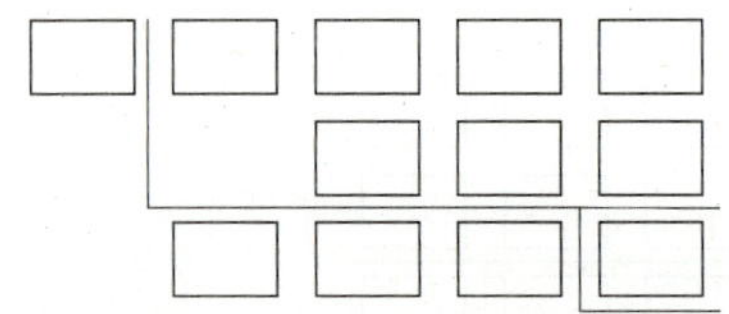

10 $(2x^3-5x+6)\div(x+2)$

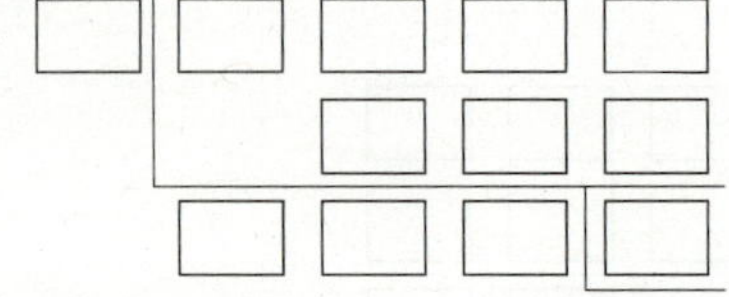

11 $(2x^3+5x^2-3x+2)\div\left(x-\dfrac{1}{2}\right)$

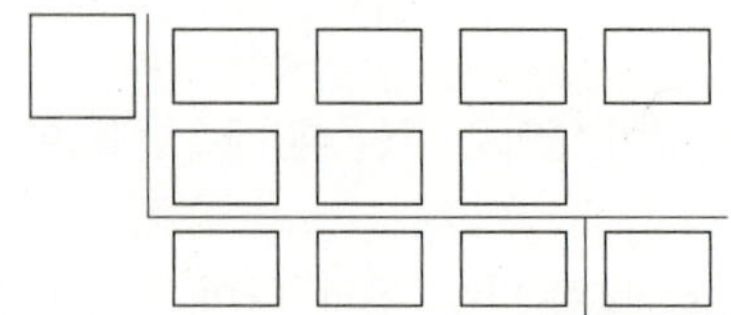

12 $(3x^3+10x^2-2)\div\left(x+\dfrac{1}{3}\right)$

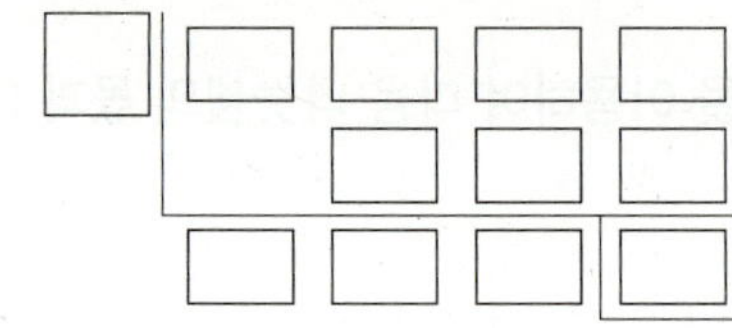

13 $(4x^3-3x+1)\div\left(x+\dfrac{1}{2}\right)$

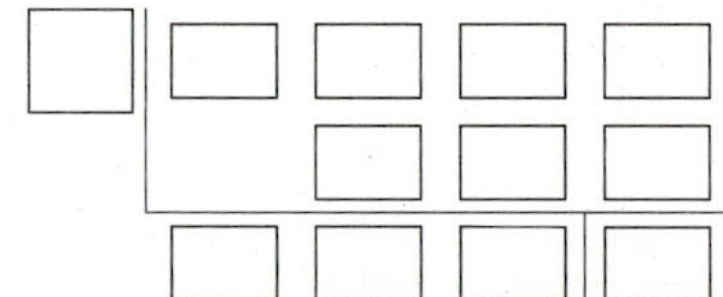

|참고| $f(x)=\left(x+\dfrac{b}{a}\right)Q(x)+R=(ax+b)\times\dfrac{1}{a}Q(x)+R$

14 조립제법을 이용하여 다항식 $2x^3+3x^2-3$을 $2x-1$로 나누었을 때의 몫과 나머지를 각각 구하여라.

 08 항등식

1. **항등식** : 등식 $x^2-2x=x(x-2)$와 같이 x에 어떤 값을 대입해도 항상 성립하는 등식
   (1) $ax+b=0$이 x에 대한 항등식이면 $a=0$, $b=0$
   (2) $ax+b=cx+d$가 x에 대한 항등식이면 $a=c$, $b=d$
   (3) $ax^2+bx+c=0$이 x에 대한 항등식이면 $a=0$, $b=0$, $c=0$
   (4) $ax^2+bx+c=dx^2+ex+f$가 x에 대한 항등식이면 $a=d$, $b=e$, $c=f$
2. **미정계수법** : 항등식의 뜻이나 성질을 이용하여 등식에 포함된 미지의 계수를 정하는 방법

미정계수법에는 항등식의 양변의 동류항의 계수를 비교하는 계수비교법과 항등식의 문자에 적당한 수를 대입하여 계수를 정하는 수치대입법이 있다.

유형 O15 항등식

※ [01~06] 다음 중 x에 대한 항등식인 것에는 ○표, 항등식이 아닌 것에는 ×표를 하여라.

01 $x+3=x-1$　　　　　　(　　)

02 $2(x-1)=2x-2$　　　　(　　)

03 $x^2-2x+1=(x-1)^2$　　(　　)

04 $x(x-1)=x^2+x$　　　　(　　)

05 $x^2-2x+1=x^2+2x+1$　(　　)

06 $(x-1)(x^2+x+1)=x^3-1$　(　　)

※ [07~10] 다음 등식이 x에 대한 항등식일 때, 상수 a, b의 값을 구하여라.

07 $ax+b-1=0$

08 $(a+1)x+b=2x+1$

※ 다음 등식이 x에 대한 항등식일 때, 상수 a, b, c의 값을 구하여라.

09 $ax^2+(b+1)x+2c=0$

10 $(a-1)x^2+bx+c=x^2+3x$

학교시험 필수예제

11 다항식 $4x^3+ax+b$를 $2x^2+1$로 나눈 나머지가 $x+1$일 때, 상수 a, b에 대하여 ab의 값은?

① 2　　　　　② 3　　　　　③ 4
④ 5　　　　　⑤ 6

12 다음은 등식 $a(x-1)+b(x+2)=2x-5$가 x에 대한 항등식일 때, 상수 a, b의 값을 계수비교법으로 구하는 과정이다. ☐ 안에 알맞은 것을 써넣어라.

> 주어진 등식의 좌변을 전개하여 정리하면
> $(\boxed{})x-a+2b=2x-5$
> 양변의 동류항의 계수를 서로 비교하면
> $\boxed{}=2,\ -a+2b=\boxed{}$
> 위의 두 식을 연립하여 풀면
> $a=\boxed{},\ b=\boxed{}$

※ [13~15] 다음 등식이 x에 대한 항등식일 때, 상수 a, b의 값을 계수비교법으로 구하여라.

13 $a(x-3)+bx-1=x-4$

14 $(x-1)(x-2)-3=x^2+ax+b$

15 $a(x-1)(x+1)+b(x-1)=x^2+2x-3$

※ [16~19] 다음 등식이 x에 대한 항등식일 때, 상수 a, b, c의 값을 계수비교법으로 구하여라.

16 $ax(x+1)+bx+c=x^2-2x+3$

17 $(bx-2)(x-c)=x^2+ax+6$

18 $ax(x+1)+bx(x-1)+c(x-1)(x+1)$
$=2x^2+3x-5$

19 $a(x-1)^2+b(x-1)+c=x^2-3x+2$

20 다음 등식이 x에 대한 항등식일 때, 세 상수 a, b, c의 합 $a+b+c$의 값을 구하여라.

(단, 계수비교법으로 구하여라.)

> $(x-2)(x^2+bx+c)=x^3+ax-12$

21 다음은 등식 $a(x-1)+b(x+2)=2x-5$가 x에 대한 항등식일 때, 상수 a, b의 값을 수치대입법으로 구하는 과정이다. □ 안에 알맞은 것을 써넣어라.

> 항등식은 x에 어떠한 값을 대입하여도 항상 성립하므로
> 주어진 등식의 양변에 $x=$ □ 를 대입하면
> $-3a=$ □ 　　∴ $a=$ □
> 주어진 등식의 양변에 $x=$ □ 을 대입하면
> $3b=$ □ 　　∴ $b=$ □

※ [22~24] 다음 등식이 x에 대한 항등식일 때, 상수 a, b의 값을 수치대입법으로 구하여라.

22 $a(x-3)+bx-1=x-4$

23 $(x-1)(x-2)-3=x^2+ax+b$

24 $a(x-1)(x+1)+b(x-1)=x^2+2x-3$

※ [25~28] 다음 등식이 x에 대한 항등식일 때, 상수 a, b, c의 값을 수치대입법으로 구하여라.

25 $ax(x+1)+bx+c=x^2-2x+3$

26 $(bx-2)(x-c)=x^2+ax+6$

27 $ax(x+1)+bx(x-1)+c(x-1)(x+1)$
　　$=2x^2+3x-5$

28 $a(x-1)^2+b(x-1)+c=x^2-3x+2$

29 다음 등식이 x에 대한 항등식일 때, 세 상수 a, b, c의 합 $a+b+c$의 값을 구하여라.
　　　　　　(단, 수치대입법으로 구하여라.)

> $(x-2)(x^2+bx+c)=x^3+ax-12$

※ [30~32] $(x+1)^{10}=a_0+a_1x+a_2x^2+a_3x^3+\cdots+a_{10}x^{10}$이 x에 대한 항등식일 때, 다음 식의 값을 구하여라.
(단, $a_0, a_1, a_2, a_3,$ y, a_{10}은 상수이다.)

30 $a_0+a_1+a_2+a_3+\cdots+a_{10}$

31 $a_0-a_1+a_2-a_3+\cdots+a_{10}$

32 $a_1+a_2+a_3+\cdots+a_{10}$

※ [33~35] $(x^2-x+1)^5=a_0+a_1x+a_2x^2+a_3x^3+\cdots+a_{10}x^{10}$이 x에 대한 항등식일 때, 다음 식의 값을 구하여라. (단, $a_0, a_1, a_2, a_3, \cdots, a_{10}$은 상수이다.)

33 $a_0+a_1+a_2+a_3+\cdots+a_{10}$

34 $a_0-a_1+a_2-a_3+\cdots+a_{10}$

35 $a_1+a_2+a_3+\cdots+a_{10}$

※ [36~38] 등식
$$(x^2-x+1)^5$$
$$=a_0+a_1(x-1)+a_2(x-1)^2+a_3(x-1)^3+\cdots+a_{10}(x-1)^{10}$$
이 x에 대한 항등식일 때, 다음 식의 값을 구하여라.
(단, $a_0, a_1, a_2, a_3, \cdots, a_{10}$은 상수이다.)

36 $a_0+a_1+a_2+a_3+\cdots+a_{10}$

37 $a_0-a_1+a_2-a_3+\cdots+a_{10}$

38 $a_1+a_2+a_3+\cdots+a_{10}$

09 나머지정리

1. x에 대한 다항식 $f(x)$를 일차식 $x-a$로 나누었을 때의 나머지는 $f(a)$이다.
2. x에 대한 다항식 $f(x)$를 일차식 $ax+b$로 나누었을 때의 나머지는 $f\left(-\dfrac{b}{a}\right)$이다.

다항식을 일차식으로 나누었을 때의 나머지는 상수이다.

유형 018 나머지정리

※ [01~09] x에 대한 다항식 $f(x)=x^3-x^2+2x+1$을 다음 일차식으로 나누었을 때의 나머지를 구하여라.

01 $x-1$

해설 | 다항식 $f(x)$를 일차식 $x-1$로 나누었을 때의 나머지는 $f(\square)$이므로
$$f(\square)=1^3-1^2+2\times1+1=\square$$

02 $x-2$

03 $x-3$

04 $x-\dfrac{1}{2}$

05 $x-\dfrac{1}{3}$

06 $x+1$

07 $x+2$

08 $x+3$

09 $x+\dfrac{1}{2}$

10 x에 대한 다항식 x^3+ax^2+8x+1을 $x+2$와 $x-1$로 나눈 나머지가 같을 때, 상수 a의 값을 구하여라.

※ [11~22] x에 대한 다항식 $f(x) = -x^3 + 2x^2 + x - 1$ 을 다음 일차식으로 나누었을 때의 나머지를 구하여라.

11 $2x - 1$

해설| 다항식 $f(x)$를 일차식 $2x-1$로 나누었을 때의 나머지는 $f\left(\boxed{}\right)$이므로

$$f\left(\boxed{}\right) = -\left(\frac{1}{2}\right)^3 + 2 \times \left(\frac{1}{2}\right)^2 + \frac{1}{2} - 1 = \boxed{}$$

12 $2x - 2$

13 $2x - 3$

14 $3x - 1$

15 $3x - 2$

16 $3x - 3$

17 $2x + 1$

18 $2x + 2$

19 $2x + 3$

20 $3x + 1$

21 $3x + 2$

22 $3x + 3$

Tip

나머지정리를 이용하여 나머지를 구하려면 (나누는 식)$=0$을 만족시키는 값을 주어진 다항식에 대입하면 된다.

※ [23~28] x에 대한 다항식 $f(x)=x^3-ax^2-2$를 다음 일차식으로 나누었을 때의 나머지가 [ ] 안의 수가 되도록 하는 상수 a의 값을 구하여라.

23 $x-1$　　　　[2]

24 $x+1$　　　　[1]

25 $x-2$　　　　[−2]

26 $2x-1$　　　　[−3]

27 $3x+1$　　　　[−3]

28 $3x+6$　　　　[2]

※ [29~33] x에 대한 다항식 $f(x)=x^3-x^2+ax+1$을 다음 일차식으로 나누었을 때의 나머지가 [ ] 안의 수가 되도록 하는 상수 a의 값을 구하여라.

29 $x-1$　　　　[1]

30 $x+1$　　　　[2]

31 $x-2$　　　　[−1]

32 $x+2$　　　　[−2]

33 $2x+1$　　　　[2]

34 다항식 $x^{11}+5x^7-3x^4+k$를 $x-1$로 나눈 나머지가 10일 때, 상수 k의 값은?

① 1　　　　② 3　　　　③ 5
④ 7　　　　⑤ 9

※ [35~41] 다음 물음에 답하여라.

35 다항식 $xf(x)$를 $x+1$로 나누었을 때의 나머지는?

① $f(-1)$　　　② $f(1)$　　　③ $-f(-1)$
④ $-f(1)$　　　⑤ $f(0)$

36 다항식 $f(x)$를 $x+1$, $x-1$로 나눈 나머지가 각각 2, 1일 때, 다항식 $f(x-1)$을 $x-2$로 나누었을 때의 나머지를 구하여라.

37 다항식 $f(x)$를 $x-1$, $x-2$로 나눈 나머지가 각각 1, 2일 때, 다항식 $f(x-1)f(x-2)$를 $x-3$으로 나누었을 때의 나머지를 구하여라.

38 다항식 $f(x)$를 $x+1$, $x+2$로 나눈 나머지가 각각 -1, 1일 때, 다항식 $f(x+1)f(x+2)$를 $x+3$으로 나누었을 때의 나머지를 구하여라.

39 다항식 $f(x)$를 $x-1$로 나눈 나머지가 1일 때, 다항식 $(x+1)f(x-2)$를 $x-3$으로 나누었을 때의 나머지를 구하여라.

40 다항식 $f(x)$를 $x+1$로 나눈 나머지가 2일 때, 다항식 $(x^2+1)f(x+1)$을 $x+2$로 나누었을 때의 나머지를 구하여라.

41 다항식 $f(x)$를 $x+2$로 나눈 나머지는 2이고, 다항식 $g(x)$를 $x+2$로 나눈 나머지는 -2일 때, 다항식 $f(x)-2g(x)$를 $x+2$로 나누었을 때의 나머지를 구하여라.

42 다항식 $P(x)$를 $x-5$로 나눈 나머지는 10이고, $x+3$으로 나눈 나머지는 -6이다.
$P(x)$를 $(x-5)(x+3)$으로 나눈 나머지를 $R(x)$라 할 때, $R(1)$의 값을 구하여라.

10 인수정리

1. x에 대한 다항식 $f(x)$가 일차식 $x-\alpha$로 나누어떨어지면 $f(\alpha)=0$이다.
2. x에 대한 다항식 $f(x)$에서 $f(\alpha)=0$이면 $f(x)$는 일차식 $x-\alpha$로 나누어떨어진다.

다항식 $f(x)$가 $x-\alpha$로 나누어떨어진다는 것은 $f(x)$는 $x-\alpha$를 인수로 갖는다는 것과 같다.

유형 020 인수정리

※ [01~05] 다항식 $f(x)=x^4-5x^3+5x^2+5x-6$을 다음 일차식으로 나눌 때 나누어떨어지는 것에는 ○표, 나누어떨어지지 않는 것에는 ×표를 하여라.

01 $x+2$ $\qquad$ ( )

02 $x+1$ $\qquad$ ( )

03 $x-1$ $\qquad$ ( )

04 $x-2$ $\qquad$ ( )

05 $x-3$ $\qquad$ ( )

※ [06~09] x에 대한 다항식 $f(x)=x^3+ax^2-3$이 다음 일차식으로 나누어떨어지도록 하는 상수 a의 값을 구하여라.

06 $x-1$

해설ㅣ 다항식 $f(x)=x^3+ax^2-3$이 $x-1$로 나누어떨어지려면 인수정리에 의하여 $f(1)=\boxed{}$이어야 하므로
$f(1)=1+a-3=\boxed{}$
$\therefore a=\boxed{}$

07 $x+1$

08 $x-2$

09 $x+2$

학교시험 필수예제

10 다항식 x^3+ax^2+bx-6은 $x-2$로 나누어떨어지고, $x+1$로 나누면 나머지가 -3이다. 이때 상수 a, b의 합 $a+b$의 값을 구하여라.

※ [11~15] x에 대한 다항식 $f(x)=-x^3+2x^2+ax-1$ 이 다음 일차식을 인수로 가지도록 하는 상수 a의 값을 구하여라.

11 $x-1$

12 $x+1$

13 $x-2$

14 $x+2$

15 $x-3$

※ [16~18] x에 대한 다항식 $f(x)=x^3+ax^2-bx+2$가 다음 이차식으로 나누어떨어지도록 하는 상수 a, b의 값을 구하여라.

16 $(x+1)(x-1)$

17 $(x-1)(x+2)$

18 $(x+1)(x-2)$

19 x^3의 계수가 1인 삼차 다항식 $f(x)$가 다음 조건을 만족시킬 때, $f(0)$의 값을 구하여라.

$$f(1)=f(2)=f(3)=4$$

 인수분해 공식 (1)

1. $a^2+2ab+b^2=(a+b)^2$, $a^2-2ab+b^2=(a-b)^2$
2. $a^2-b^2=(a+b)(a-b)$
3. $x^2+(a+b)x+ab=(x+a)(x+b)$
4. $acx^2+(ad+bc)x+bd=(ax+b)(cx+d)$
5. $a^2+b^2+c^2+2ab+2bc+2ca=(a+b+c)^2$
6. $a^3+3a^2b+3ab^2+b^3=(a+b)^3$, $a^3-3a^2b+3ab^2-b^3=(a-b)^3$

$$\boxed{\text{합·차의 꼴}} \underset{\text{전개}}{\overset{\text{인수분해}}{\rightleftarrows}} \boxed{\text{곱의 꼴}}$$

유형 021 간단한 인수분해 공식

※ [01~05] 다음 식을 인수분해하여라.

01 $4x^2+4xy+y^2$

02 $x^2-4xy+4y^2$

03 x^2-4y^2

04 $x^2-3x-10$

05 $6x^2+5x-4$

유형 022 $a^2+b^2+c^2+2ab+2bc+2ca$의 꼴

※ [06~09] 다음 식을 인수분해하여라.

06 $4x^2+y^2+z^2+4xy+2yz+4zx$

해설 | $4x^2+y^2+z^2+4xy+2yz+4zx$
$= (\boxed{})^2+y^2+z^2+2\cdot\boxed{}\cdot y+2\cdot y\cdot z$
$\qquad +2\cdot z\cdot\boxed{}$
$= (\boxed{}+y+z)^2$

07 $x^2+4y^2+z^2-4xy-4yz+2zx$

08 $x^2+y^2+4z^2+2xy-4yz-4zx$

09 $x^2+4y^2+4z^2-4xy+8yz-4zx$

※ [10~19] 다음 식을 인수분해하여라.

10　x^3+3x^2+3x+1

11　$x^3+6x^2+12x+8$

12　$8x^3+12x^2+6x+1$

13　$x^3+6x^2y+12xy^2+8y^3$

14　$8x^3+36x^2y+54xy^2+27y^3$

15　x^3-3x^2+3x-1

16　$x^3-6x^2+12x-8$

17　$8x^3-12x^2+6x-1$

18　$x^3-6x^2y+12xy^2-8y^3$

19　$8x^3-36x^2y+54xy^2-27y^3$

20　다항식 $3x^3+27x^2+81x+81$을 인수분해하면 $a(x+b)^3$일 때, 두 정수 a, b의 합 $a+b$의 값은?

① 3　　　　② 4　　　　③ 5
④ 6　　　　⑤ 7

12 인수분해 공식 (2)

1. $a^3+b^3=(a+b)(a^2-ab+b^2)$, $a^3-b^3=(a-b)(a^2+ab+b^2)$
2. $a^4+a^2b^2+b^4=(a^2+ab+b^2)(a^2-ab+b^2)$
3. $a^3+b^3+c^3-3abc=(a+b+c)(a^2+b^2+c^2-ab-bc-ca)$

인수분해 공식은 곱셈 공식의 좌변과 우변을 바꾸어 놓은 것이다.

유형 024 $a^3\pm b^3$의 꼴

※ [01~10] 다음 식을 인수분해하여라.

01 x^3+1

해설 | x^3+1
$=x^3+\boxed{}^3$
$=(x+\boxed{})(x^2-x\cdot1+\boxed{}^2)$
$=(x+\boxed{})(x^2-x+\boxed{})$

02 x^3+8

03 $8x^3+1$

04 x^3+y^3

05 $8x^3+27y^3$

06 x^3-1

07 x^3-27

08 $27x^3-1$

09 x^3-y^3

10 $8x^3-27y^3$

※ [11~19] 다음 식을 인수분해하여라.

11 x^4+x^2+1

12 x^4+4x^2+16

13 x^4+9x^2+81

14 $x^4+x^2y^2+y^4$

15 $16x^4+4x^2y^2+y^4$

16 $x^3+y^3-z^3+3xyz$

17 $x^3-y^3-z^3-3xyz$

18 $x^3+y^3-3xy+1$

19 $x^3+y^3+6xy-8$

20 세 양수 a, b, c가 $a^3+b^3+c^3=3abc$를 만족시킬 때, $\dfrac{b+c}{a}+\dfrac{c+a}{b}+\dfrac{a+b}{c}$의 값은?

① 3 ② 4 ③ 5
④ 6 ⑤ 7

13 치환을 이용한 인수분해

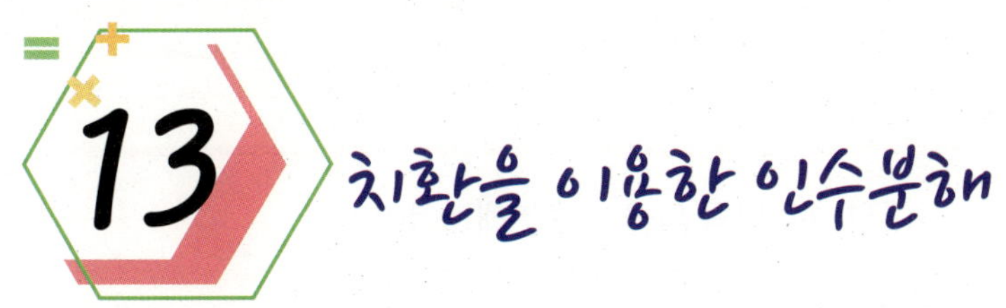

1. **공통부분이 있는 식의 인수분해**
   (i) 공통부분을 X로 치환한다.
   (ii) (i)에서 얻은 식을 인수분해한다.
   (iii) X에 원래의 공통부분을 대입하여 다시 인수분해한다.
2. **x^4+ax^2+b 꼴의 인수분해**
   (i) $x^2=X$로 치환하여 X^2+aX+b를 인수분해한다.
   (ii) ax^2을 적당히 분리하여 A^2-B^2의 꼴로 변형한 후 인수분해한다.

x^4+ax^2+b와 같이 짝수 차수의 항과 상수항으로만 이루어진 다항식을 복이차식이라고 한다.

유형 O27 공통부분이 있는 식

※ [01~09] 다음 식을 인수분해하여라.

01 $(x+1)^2-(x+1)-12$

해설ㅣ $\boxed{}=X$로 치환하면
$(x+1)^2-(x+1)-12$
$=\boxed{}$
$=(X+3)(\boxed{})$
$=(x+1+3)(x+1-\boxed{})$
$=(x+4)(\boxed{})$

02 $(x+y)^2-2(x+y)-3$

03 $(x+y)^2-3(x+y)-10$

04 $(x+y)(x+y+3)+2$

05 $(x-2)^2-7(x-2)+12$

06 $(x-2y-1)(x-2y+2)-18$

 $(x^2-x+1)(x^2-x+2)-2$

11 $x(x-1)(x-2)(x-3)+1$

08 $(x^2+4x)^2-2(x^2+4x)-15$

12 $(x-1)(x-2)(x+3)(x+4)+4$

09 $(x^2+x)^2-6(x^2+x)+8$

13 $(x+1)(x+2)(x+3)(x+4)-48$

14 $(x-1)(x+1)^2(x+3)-12$

학교시험 **필수**예제

10 다음 중 다항식 $(x^2+x)^2-8(x^2+x)+12$의 인수가 <u>아닌</u> 것은?

① $x-2$ ② $x-1$ ③ $x+1$
④ $x+2$ ⑤ $x+3$

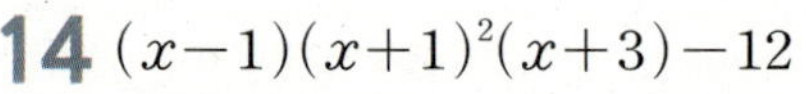

Tip

$(x+a)(x+b)(x+c)(x+d)$ 꼴이 있으면 공통부분이 생기도록 짝을 지어 전개한 후 치환하여 인수분해한다.

유형 O28 x^4+ax^2+b의 꼴

※ [15~22] 다음 식을 인수분해하여라.

15 x^4-4x^2+3

해설| $\boxed{}=X$로 치환하면
$$x^4-4x^2+3=\boxed{}$$
$$=(X-\boxed{})(X-3)$$
$$=(x^2-\boxed{})(x^2-3)$$
$$=(\boxed{})(x-1)(x^2-3)$$

16 x^4-10x^2+9

17 x^4-1

18 x^4-26x^2+25

19 x^4+x^2+1

해설| $x^4+x^2+1=(x^4+2x^2+1)-\boxed{}$
$$=(x^2+1)^2-\boxed{}$$
$$=(x^2+x+1)(\boxed{})$$

20 x^4+5x^2+9

21 $x^4-6x^2y^2+y^4$

22 x^4-2x^2-3

23 다항식 $(x-1)(x-2)(x-3)(x-4)+k$가 x에 대한 이차식의 완전제곱식이 되도록 하는 상수 k의 값은?

① -2 ② -1 ③ 1
④ 2 ⑤ 3

여러 문자를 포함하는 복잡한 식의 인수분해는 다음과 같은 순서로 한다.
(ⅰ) 차수가 가장 낮은 문자에 대하여 내림차순으로 정리한다.
(ⅱ) 공통인수로 묶어 내거나 인수분해 공식을 이용한다.

여러 문자의 차수가 모두 같을 때에는 어느 한 문자에 대하여 내림차순으로 정리한다.

유형 029 문자가 여러 개인 식

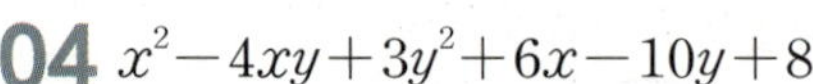

※ [01~13] 다음 식을 인수분해하여라.

01 $x^2+xy+x+2y-2$

해설ㅣ 주어진 식을 y에 대한 내림차순으로 정리하면
$x^2+xy+x+2y-2$
$=(\boxed{})y+x^2+x-2$
$=(\boxed{})y+(x+2)(x-1)$
$=(x+2)(\boxed{})$

02 $x^2-xy-x-2y^2+5y-2$

03 $x^2+xy-2y^2-3y-1$

04 $x^2-4xy+3y^2+6x-10y+8$

05 $x^2+2y^2+3xy+2x+5y-3$

학교시험 필수예제

06 다음 중 $3x^2+4xy+y^2-10x-4y+3$의 인수는?

① $x+y-2$ ② $x+y+3$ ③ $x+2y-1$
④ $3x+y-1$ ⑤ $3x+y+1$

Tip
문자가 여러 개인 식을 차수가 낮은 문자에 대하여 내림차순으로 정리하면 항의 개수가 적어지고 다른 문자는 상수로 생각할 수 있다.

07 $a^3-ab^2-b^2c+a^2c$

08 $a^4-b^4+a^2c^2-b^2c^2$

09 $a^4+2a^2b^2-2b^2c^2-c^4$

10 $(b+c)a^2-(b^2-c^2)a-bc(b+c)$

11 $ab(a-b)+bc(b-c)+ca(c-a)$

12 $a(b^2-c^2)+b(c^2-a^2)+c(a^2-b^2)$

13 $a^2(b+c)+b^2(c+a)+c^2(a+b)+2abc$

14 삼각형의 세 변의 길이 a, b, c에 대하여 $a^3-b^3-ab^2-c^2a+a^2b-bc^2=0$이 성립할 때, 이 삼각형은 무슨 삼각형인가?

① $a=b$인 이등변삼각형
② $b=c$인 이등변삼각형
③ 빗변의 길이가 a인 직각삼각형
④ 빗변의 길이가 b인 직각삼각형
⑤ 빗변의 길이가 c인 직각삼각형

인수분해 공식을 사용하기 어려운 삼차 이상의 다항식 $f(x)$는 인수정리와 조립제법을 이용하여 인수분해한다.

(i) $f(\alpha)=0$을 만족시키는 α의 값을 구한다.

(ii) 조립제법을 이용하여 $f(x)$를 $x-\alpha$로 나눈 몫 $Q(x)$를 구하여
$f(x)=(x-\alpha)Q(x)$로 나타낸다.

(iii) 인수분해 공식을 이용하거나 (i), (ii)의 과정을 반복하여 $Q(x)$가 더 이상 인수분해되지 않을 때까지 인수분해한다.

계수가 모두 정수인 다항식 $f(x)$에서 $f(\alpha)=0$을 만족시키는 α의 값은

$$\pm\dfrac{(\text{상수항의 약수})}{(\text{최고차항의 계수의 약수})}$$

중에서 찾는다.

유형 030 고차식의 인수분해

01 다음은 다항식 x^3-3x+2를 인수분해하는 과정이다. □ 안에 알맞은 것을 써넣어라.

$f(x)=x^3-3x+2$로 놓으면 $f(1)=\boxed{}$이므로
$\boxed{}$은 $f(x)$의 인수이다.
조립제법을 이용하여 인수분해하면

$$\begin{array}{r|rrrr} 1 & 1 & 0 & -3 & 2 \\ & & 1 & 1 & -2 \\ \hline & 1 & 1 & -2 & \boxed{0} \end{array}$$

$$\therefore f(x)=(x-1)(\boxed{})$$
$$=(x-1)(\boxed{})(x+2)$$
$$=\boxed{}$$

※ [02~11] 다음 다항식 $f(x)$를 인수분해하여라.

02 $f(x)=x^3-3x^2-6x+8$

03 $f(x)=x^3-5x^2+6$

04 $f(x)=x^3+5x^2-2x-6$

05 $f(x)=x^3+x^2-8x-12$

06 $f(x)=x^3-x^2+2x-8$

07 $f(x)=x^3-3x^2+3x-2$

08 $f(x)=x^3-10x+9$

09 $f(x)=2x^3-3x^2-2x+3$

10 $f(x)=x^4-3x^3+x^2+3x-2$

11 $f(x)=x^4-2x^3-x+2$

12 다항식 x^4+ax^2+b가 $(x-1)^2$을 인수로 가질 때, 상수 a, b에 대하여 a^2+b^2의 값은?

① 2　　　　② 5　　　　③ 8
④ 10　　　⑤ 13

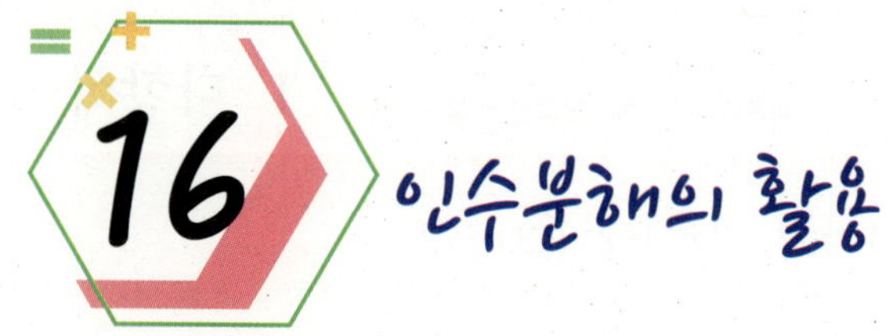

1. 식의 값 구하기
곱셈 공식과 인수분해 공식을 이용하여 식을 변형한 후 주어진 조건을 대입한다.

2. 복잡한 수의 계산
수를 문자로 치환한 다음 인수분해 공식을 이용하여 간단히 한 후 계산한다.

큰 수의 계산
⇩
큰 수를 문자로 치환
⇩
인수분해를 이용

유형 031 인수분해를 이용하여 식의 값 구하기

※ [01~07] 다음을 구하여라.

01 $a+b=5$, $ab=5$일 때, $b(a^2-4)+a(b^2-4)$의 값

02 $x+y=4$, $x^3+y^3-x^2y-xy^2=16$일 때, xy의 값

03 $a+b=3$, $ab=3$일 때, $a^3+b^3+a^2b+ab^2$의 값

04 $x+y=4$, $xy=2$일 때, $x^4+x^2y^2+y^4$의 값

05 $a=1+\sqrt{2}$, $b=1-\sqrt{2}$일 때, $a^3-a^2b+ab^2-b^3$의 값

06 $a+b=3-\sqrt{3}$, $b+c=-1+2\sqrt{3}$, $c+a=-2-\sqrt{3}$일 때, $a^3+b^3+c^3-3abc$의 값

07 $a+b=3$, $b+c=2$, $c+a=1$일 때, $(a+b+c)(bc+ca+ab)-abc$의 값

학교시험 **필수**예제

08 $a+b+c=0$일 때, $\dfrac{a^3+b^3+c^3}{2abc}$의 값을 구하여라. (단, $abc\neq0$)

※ [09~16] 다음을 계산하여라.

09 $2024^2 - 2026^2$

10 $\dfrac{10001^2 - 9999^2}{1001^2 - 999^2}$

11 $\dfrac{2015^3 - 1}{2015 \times 2016 + 1}$

12 $\dfrac{999^3 + 1}{999^2 - 999 + 1}$

13 $\dfrac{2025^3 + 8}{2025 \times 2023 + 4}$

14 $1^2 - 2^2 + 3^2 - 4^2 + \cdots + 9^2 - 10^2$

15 $103^3 - 3 \times 103^2 - 9 \times 103 + 27$

16 $\dfrac{2^{50} - 2^{45} - 2^5 + 1}{2^{45} - 1}$

17 $\sqrt{100 \times 102 \times 104 \times 106 + 16}$의 값을 구하여라.

I. 다항식

1. 다항식의 연산

(1) **다항식의 덧셈과 뺄셈** : 다항식의 덧셈과 뺄셈을 동류항끼리 모아서 간단히 정리한다.
이때 뺄셈은 빼는 식의 각 항의 부호를 바꾸어 더한다.

(2) **다항식의 곱셈** : 분배법칙과 지수법칙을 이용하여 전개한 후 동류항끼리 모아서 정리한다.

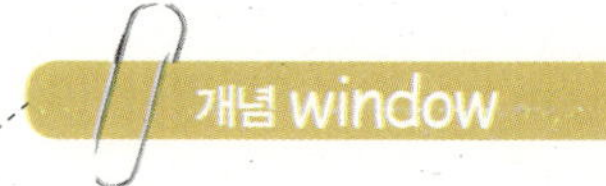

(3) **곱셈 공식**

① $(a+b+c)^2=a^2+b^2+c^2+2ab+2bc+2ca$

② $(a+b)^3=$ ❶ ________________

$(a-b)^3=$ ❷ ________________

③ $(x+a)(x+b)(x+c)=x^3+(a+b+c)x^2+(ab+bc+ca)x+abc$

④ $(a+b)(a^2-ab+b^2)=$ ❸ ________________

$(a-b)(a^2+ab+b^2)=$ ❹ ________________

⑤ $(a^2+ab+b^2)(a^2-ab+b^2)=$ ❺ ________________

(4) **곱셈 공식의 변형**

① $a^3+b^3=(a+b)^3-3ab(a+b)$, $a^3-b^3=(a-b)^3+3ab(a-b)$

② $a^2+b^2+c^2=(a+b+c)^2-2(ab+bc+ca)$

③ $a^2+b^2+c^2+ab+bc+ca=\dfrac{1}{2}\{(a+b)^2+(b+c)^2+(c+a)^2\}$,

$a^2+b^2+c^2-ab-bc-ca=\dfrac{1}{2}\{(a-b)^2+(b-c)^2+(c-a)^2\}$

④ $a^3+b^3+c^3=(a+b+c)(a^2+b^2+c^2-ab-bc-ca)+3abc$

(5) **다항식의 나눗셈**

① 다항식의 나눗셈은 각 다항식을 내림차순으로 정리한 후 자연수의 나눗셈과 같은 방법으로 계산하여 몫과 나머지를 구한다.

② 다항식의 나눗셈에 대한 등식 : 다항식 A를 다항식 $B(B\neq0)$로 나누었을 때의 몫을 Q, 나머지를 R라고 하면

❻ ________________ (단, (R의 차수)<(B의 차수))

특히 $R=0$이면 A는 B로 나누어떨어진다고 한다.

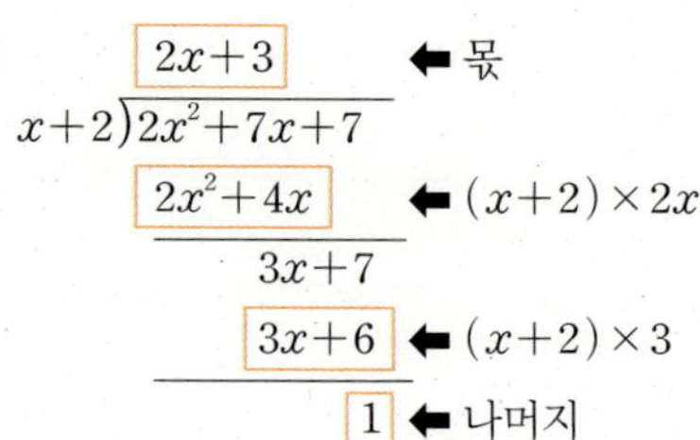

(6) **조립제법** : 다항식을 일차식으로 나눌 때 계수만을 이용하여 몫과 나머지를 구하는 방법

❶ $a^3+3a^2b+3ab^2+b^3$ ❷ $a^3-3a^2b+3ab^2-b^3$ ❸ a^3+b^3 ❹ a^3-b^3 ❺ $a^4+a^2b^2+b^4$ ❻ $A=BQ+R$

2. 나머지정리

(1) ⑦ [　　　] : 등식 $x^2-2x=x(x-2)$와 같이 x에 어떤 값을 대입해도 항상 성립하는 등식

  ① $ax+b=cx+d$가 x에 대한 항등식이면 $a=c$, $b=d$

  ② $ax^2+bx+c=dx^2+ex+f$가 x에 대한 항등식이면 $a=d$, $b=e$, $c=f$

  ③ 미정계수법 : 항등식의 뜻이나 성질을 이용하여 등식에 포함된 미지의 계수를 정하는

    방법

(2) 나머지정리 : x에 대한 다항식 $f(x)$를 일차식 $x-\alpha$로 나누었을 때의 나머지는 ⑧ [　　　]

  이다.

(3) 인수정리 : x에 대한 다항식 $f(x)$가 일차식 $x-\alpha$로 나누어떨어지면 ⑨ [　　　]이고,

  $f(\alpha)=0$이면 $f(x)$는 일차식 $x-\alpha$로 나누어떨어진다.

▮ 다항식을 일차식으로 나누었을 때
의 나머지는 상수이다.

3. 인수분해

(1) 인수분해 공식

  ① $a^2+b^2+c^2+2ab+2bc+2ca=$ ⑩ [　　　]

  ② $a^3+3a^2b+3ab^2+b^3=(a+b)^3$,　$a^3-3a^2b+3ab^2-b^3=(a-b)^3$

  ③ $(a+b)(a^2-ab+b^2)=a^3+b^3$,　$(a-b)(a^2+ab+b^2)=a^3-b^3$

  ④ $(a^2+ab+b^2)(a^2-ab+b^2)=a^4+a^2b^2+b^4$

  ⑤ $a^3+b^3+c^3-3abc=$ ⑪ [　　　]

(2) 복잡한 식의 인수분해

  ① 공통부분이 있는 식 : 공통부분을 한 문자로 치환하여 인수분해한다.

  ② x^4+ax^2+b의 꼴 : $x^2=X$로 치환하거나 A^2-B^2의 꼴로 변형한 후 인수분해한다.

  ③ 문자가 여러 개인 식 : 차수가 가장 낮은 문자에 대하여 내림차순으로 정리한 후 공통인

    수로 묶어 내거나 인수분해 공식을 이용한다.

  ④ 고차식의 인수분해 : 인수분해 공식을 사용하기 어려운 삼차 이상의 다항식 $f(x)$는

    ⑫ [　　　]와 조립제법을 이용하여 인수분해한다.

    (i) $f(\alpha)=0$을 만족시키는 α의 값을 구한다.

    (ii) 조립제법을 이용하여 $f(x)$를 $x-\alpha$로 나눈 몫 $Q(x)$를 구하여

      $f(x)=(x-\alpha)Q(x)$로 나타낸다.

    (iii) 인수분해 공식을 이용하거나 (i), (ii)의 과정을 반복하여 $Q(x)$가 더 이상 인수분해

      되지 않을 때까지 인수분해한다.

▮ 합·차의 꼴 $\xrightarrow[\text{전개}]{\text{인수분해}}$ 곱의 꼴

▮ 계수가 모두 정수인 다항식 $f(x)$
에서 $f(\alpha)=0$을 만족시키는 α의
값은
$$\pm\frac{(\text{상수항의 약수})}{(\text{최고차항의 계수의 약수})}$$
중에서 찾는다.

---

⑦ 항등식　　⑧ $f(\alpha)$　　⑨ $f(\alpha)=0$　　⑩ $(a+b+c)^2$　　⑪ $(a+b+c)(a^2+b^2+c^2-ab-bc-ca)$　　⑫ 인수정리

II 방정식과 부등식

01 복소수의 뜻을 알고, 그 성질을 이해하고, 사칙계산을 할 수 있다.

02 이차방정식의 실근과 허근, 판별식의 의미를 이해한다.

03 이차방정식에서 근과 계수의 관계를 이해한다.

04 이차함수와 이차방정식의 관계와 이차함수의 그래프와 직선의 위치 관계를 이해한다.

05 이차함수의 최대, 최소를 이해하고, 이를 활용할 수 있다.

06 간단한 삼차방정식과 사차방정식, 연립일차방정식과 연립이차방정식을 풀 수 있다.

07 부등식의 성질을 이해하고, 연립일차부등식과 절댓값을 포함한 일차부등식을 풀 수 있다.

08 이차함수와 이차부등식의 관계를 이해하고, 이차부등식과 연립이차부등식을 풀 수 있다.

01 복소수

1. **허수단위** : 제곱하여 -1이 되는 수를 i로 나타내고, 이것을 허수단위라고 한다. 즉, $i=\sqrt{-1}$, $i^2=-1$이다.
2. **복소수** : 실수 a, b에 대하여 $a+bi$의 꼴로 나타내어지는 수를 복소수라 하고, a를 실수부분, b를 허수부분이라고 한다.
3. **복소수가 서로 같을 조건** : 실수 a, b, c, d에 대하여
   $a+bi=c+di$이면 $a=c$, $b=d$
4. **켤레복소수** : 복소수 $z=a+bi$ (a, b는 실수)에 대하여 허수부분의 부호를 바꾼 복소수 $a-bi$를 z의 켤레복소수라고 하고, $\bar{z}$로 나타낸다.
   즉, $\bar{z}=\overline{a+bi}=a-bi$이다.

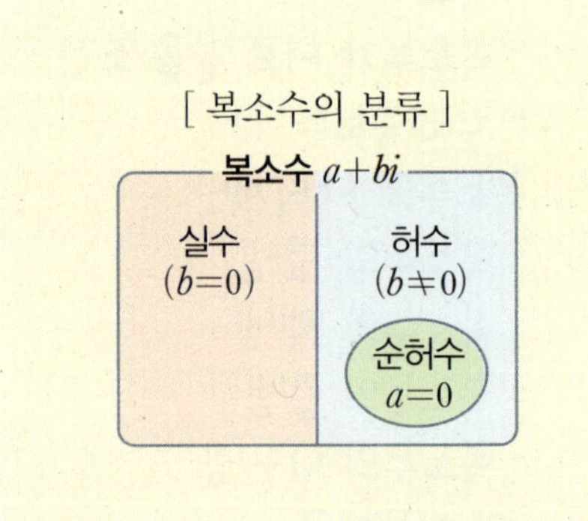

유형 033 복소수

※ [01~08] 다음 복소수의 실수부분과 허수부분을 구하여라.

01 $2+3i$

02 $-5+7i$

03 $3-8i$

04 $-4-6i$

05 $1+\sqrt{2}i$

06 $\sqrt{3}-2i$

07 21

08 $12i$

※ [09~12] 다음 수를 보기에서 있는 대로 골라라.

보기

ㄱ. $1+2i$ ㄴ. $-2+5i$
ㄷ. $3i$ ㄹ. $\sqrt{2}-1$
ㅁ. 0 ㅂ. $-5-7i$
ㅅ. $-11i$ ㅇ. $\sqrt{3}i$
ㅈ. $-3i-2$ ㅊ. $2+7$

09 실수

10 허수

11 순허수

12 순허수가 아닌 허수

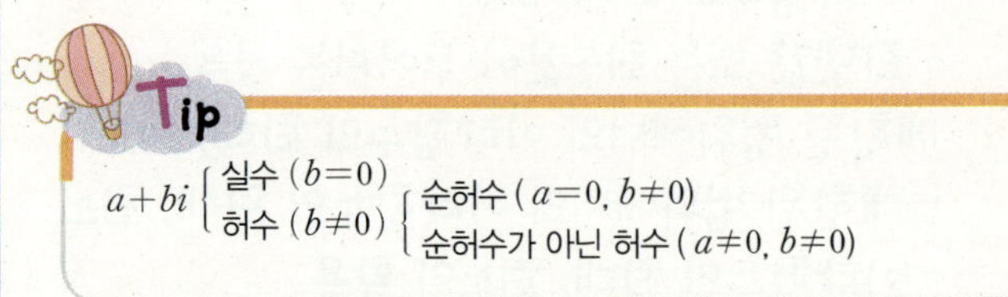

Tip

$a+bi$ $\begin{cases} 실수\ (b=0) \\ 허수\ (b\neq0) \end{cases}$ $\begin{cases} 순허수\ (a=0,\ b\neq0) \\ 순허수가\ 아닌\ 허수\ (a\neq0,\ b\neq0) \end{cases}$

※ [13~17] 다음 중 옳은 것에는 ○표, 옳지 않은 것에는 ×표를 하여라.

13 실수와 허수를 통틀어서 복소수라 한다. (　　)

14 복소수 중에서 실수가 아닌 수는 모두 순허수이다. (　　)

15 순허수의 실수부분은 양수이다. (　　)

16 -1의 제곱근은 i이다. (　　)

17 복소수 $3+2i$의 허수부분은 $2i$이다. (　　)

18 복소수 $z=a^2(1-2i)+a(1+i)-(2-i)$가 순허수가 되도록 하는 실수 a의 값은?

① -2　　　　② -1　　　　③ 0
④ 1　　　　⑤ 2

유형 034 복소수가 서로 같을 조건

※ [19~28] 다음 등식을 만족시키는 실수 x, y의 값을 구하여라.

19 $x+yi=3-i$

20 $-x+2yi=5-4i$

21 $3x+4yi=8i$

22 $2x-4yi=8$

23 $3x+4i=3-2yi$

24 $(x-2)+(y-3)i=0$

25 $(x+2)+(y-5)i=-3-2i$

26 $(x+y)+3i=2-yi$

27 $(x-y)+(x+y)i=5-i$

28 $(x-y)+(2x+y-8)i=7$

※ [29~33] 다음 복소수의 켤레복소수를 구하여라.

29 $-5+7i$

30 $-4-6i$

31 $1+\sqrt{2}\,i$

32 $\sqrt{3}-2i$

33 $12i$

학교시험 **필수**예제

34 복소수 $z=5+i$에 대하여
$(3x+y)+(x-y)i=\overline{z}$를 만족시키는 두 실수 x, y의
합 $x+y$의 값은?

① 1   ② 2   ③ 3
④ 4   ⑤ 5

02 복소수의 사칙계산

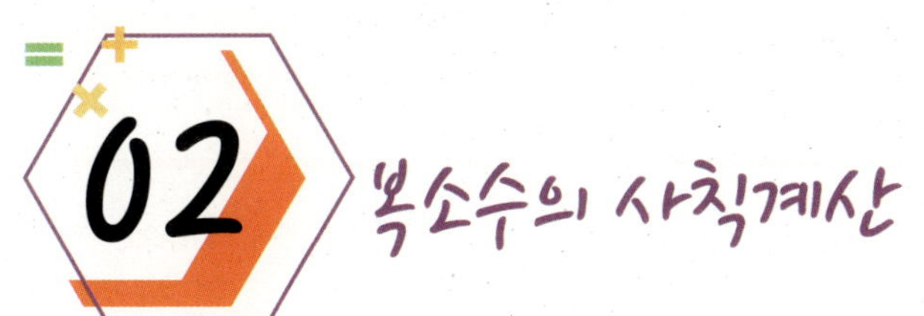

실수 a, b, c, d에 대하여

1. **복소수의 덧셈과 뺄셈** : 실수부분은 실수부분끼리, 허수부분은 허수부분끼리 계산한다.
$$(a+bi)\pm(c+di)=(a\pm c)+(b\pm d)i \text{ (복부호 동순)}$$

2. **복소수의 곱셈** : 분배법칙을 이용하여 전개한 다음 계산한다.
$$(a+bi)(c+di)=(ac-bd)+(ad+bc)i$$

3. **복소수의 나눗셈** : 분모의 켤레복소수를 분모, 분자에 각각 곱하여 계산한다.
$$\frac{a+bi}{c+di}=\frac{(a+bi)(c-di)}{(c+di)(c-di)}=\frac{ac+bd}{c^2+d^2}+\frac{bc-ad}{c^2+d^2}i$$

복소수 $a+bi$ (a, b는 실수)와 그 켤레복소수 $a-bi$의 합과 곱은 실수이다.
$$(a+bi)+(a-bi)=2a$$
$$(a+bi)(a-bi)=a^2+b^2$$

유형 036 복소수의 덧셈

※ [01~05] 다음을 계산하여라.

01 $(5+i)+(-2-3i)$

02 $(4-3i)+(3-4i)$

03 $(-1+2i)+4i$

04 $(-i+3)+(-5+6i)$

05 $(-3-4i)+(3i-7)$

유형 037 복소수의 뺄셈

※ [06~10] 다음을 계산하여라.

06 $(3-2i)-(4+6i)$

07 $(6+i)-(-1+8i)$

08 $(-1+3i)-(5+4i)$

09 $(i-3)-(1-7i)$

10 $(2-3i)-(5i-1)$

※ [11~21] 다음을 계산하여 $a+bi$의 꼴로 나타내어라.
(단, a, b는 실수)

11 $(1+2i)(2-i)$

해설 | $(1+2i)(2-i)=2-i+4i-2i^2$
$$=2-i+4i+\square$$
$$=\square+3i$$

12 $(3+2i)(-2+3i)$

13 $(4-i)(-1+3i)$

14 $(2-i)(-3+4i)$

15 $(2-3i)(5+4i)$

16 $(2+3i)(5-2i)$

17 $(-2-i)(-2+i)$

18 $i(5+2i)$

19 $-2i(3-4i)$

20 $(6-i)^2$

21 $(-2+3i)^2$

학교시험 **필수**예제

22 등식 $(x+yi)^2=8+4i$를 만족시키는 실수 x, y 에 대하여 $\dfrac{x}{y}-\dfrac{y}{x}$의 값을 구하여라.

※ [23~32] 다음을 계산하여 $a+bi$의 꼴로 나타내어라.
(단, a, b는 실수)

23 $\dfrac{1}{2+i}$

해설 | $\dfrac{1}{2+i} = \dfrac{\boxed{}}{(2+i)(\boxed{})} = \dfrac{2-i}{2^2-\boxed{}}$

$\qquad = \dfrac{2-i}{\boxed{}} = \dfrac{2}{\boxed{}} - \dfrac{1}{\boxed{}}i$

24 $\dfrac{2}{1+i}$

25 $\dfrac{1}{5-2i}$

26 $\dfrac{i}{1-i}$

27 $\dfrac{i}{2+3i}$

28 $\dfrac{i}{3+i}$

29 $\dfrac{1-i}{2-i}$

30 $\dfrac{1+2i}{3-i}$

31 $\dfrac{2+i}{1-i}$

32 $\dfrac{3+2i}{2+i}$

33 등식 $\dfrac{x}{1+i} + \dfrac{y}{1-i} = 2-i$를 만족시키는 실수 x, y에 대하여 x^2+y^2의 값을 구하여라.

i^n (n은 자연수)은 i, -1, $-i$, 1이 반복되어 나타나므로 다음과 같은 규칙성을 찾을 수 있다.

$$i^{4k+1}=i,\ \ i^{4k+2}=-1,\ \ i^{4k+3}=-i,\ \ i^{4k+4}=1\ (\text{단},\ k=0,\ 1,\ 2,\ 3,\ \cdots)$$

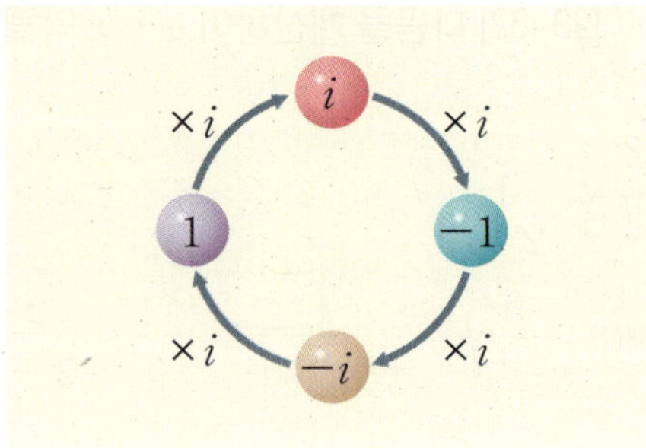

유형 040 i의 거듭제곱

※ [01~10] 다음을 계산하여 $a+bi$의 꼴로 나타내어라. (단, a, b는 실수)

01 i^3

02 i^4

03 i^5

04 i^6

05 i^7

06 i^8

07 i^{12}

08 $(-i)^{21}$

09 i^{2015}

10 $i^{100}+i^{200}$

학교시험 **필수**예제

11 $(1+i)^{10}=a+bi$일 때, 실수 a, b의 합 $a+b$의 값을 구하여라.

※ [12~19] 다음을 계산하여라.

12 $\left(\dfrac{1+i}{1-i}\right)^2$

13 $\left(\dfrac{1+i}{1-i}\right)^{100}$

14 $\left(\dfrac{1-i}{1+i}\right)^2$

15 $\left(\dfrac{1-i}{1+i}\right)^{100}$

16 $\dfrac{1}{i}+\dfrac{1}{i^2}+\dfrac{1}{i^3}+\dfrac{1}{i^4}$

17 $i+i^2+i^3+i^4+i^5+i^6+i^7+i^8$

18 $1+i+i^2+i^3+i^4+i^5+i^6+\cdots+i^{100}$

19 $1+\dfrac{1}{i}+\dfrac{1}{i^2}+\dfrac{1}{i^3}+\dfrac{1}{i^4}+\dfrac{1}{i^5}+\dfrac{1}{i^6}+\cdots+\dfrac{1}{i^{100}}$

20 $f(x)=\left(\dfrac{1+x}{1-x}\right)^9$일 때, $f\left(\dfrac{1+i}{1-i}\right)+f\left(\dfrac{1-i}{1+i}\right)$의 값은?

① $-i$　　　　② -1　　　　③ 0
④ 1　　　　⑤ i

음수의 제곱근

---

1. 음수의 제곱근 : $a>0$일 때

(1) $\sqrt{-a}=\sqrt{a}\,i$

(2) $-a$의 제곱근은 $\pm\sqrt{a}i$이다.

2. 음수의 제곱근의 성질

(1) $a<0$, $b<0$일 때, $\sqrt{a}\,\sqrt{b}=-\sqrt{ab}$

(2) $a>0$, $b<0$일 때, $\dfrac{\sqrt{a}}{\sqrt{b}}=-\sqrt{\dfrac{a}{b}}$

|참고| $ab\neq0$이고 $\sqrt{a}\,\sqrt{b}=-\sqrt{ab}$이면 $a<0$, $b<0$

$ab\neq0$이고 $\dfrac{\sqrt{a}}{\sqrt{b}}=-\sqrt{\dfrac{a}{b}}$이면 $a>0$, $b<0$

$a<0$, $b<0$ 이외의 모든 경우는
$$\sqrt{a}\,\sqrt{b}=\sqrt{ab}$$

$a>0$, $b<0$ 이외의 모든 경우는
$$\dfrac{\sqrt{a}}{\sqrt{b}}=\sqrt{\dfrac{a}{b}}$$

유형 041 음수의 제곱근

※ [01~14] 다음 수를 허수단위 i를 사용하여 나타내어라.

01 $\sqrt{-2}$

02 $\sqrt{-5}$

03 $\sqrt{-25}$

04 $\sqrt{-\dfrac{1}{2}}$

05 $-\sqrt{-3}$

06 $-\sqrt{-16}$

07 $-\sqrt{-\dfrac{1}{4}}$

※ [08~14] 다음 수의 제곱근을 구하여라.

08 -3

09 -4

10 -8

11 -36

12 $-\dfrac{1}{3}$

13 $-\dfrac{1}{5}$

14 $-\dfrac{1}{9}$

유형 042 음수의 제곱근의 성질

※ [15~24] 다음을 계산하여 $a+bi$의 꼴로 나타내어라.
(단, a, b는 실수)

15 $\sqrt{2}\,\sqrt{-3}$

16 $\sqrt{-2}\,\sqrt{3}$

17 $\sqrt{-2}\,\sqrt{-3}$

18 $\dfrac{\sqrt{-2}}{\sqrt{3}}$

19 $\dfrac{\sqrt{2}}{\sqrt{-3}}$

20 $\dfrac{\sqrt{-2}}{\sqrt{-3}}$

21 $\dfrac{\sqrt{-2}}{\sqrt{3}}+\dfrac{\sqrt{2}}{\sqrt{-3}}$

22 $\sqrt{-4}\,\sqrt{-6}+\dfrac{\sqrt{12}}{\sqrt{-4}}$

23 $\sqrt{2}\,\sqrt{-8}+\sqrt{-2}\,\sqrt{8}+\sqrt{-2}\,\sqrt{-8}$

24 $\dfrac{\sqrt{-8}}{\sqrt{2}}+\dfrac{\sqrt{8}}{\sqrt{-2}}+\dfrac{\sqrt{-8}}{\sqrt{-2}}$

학교시험 필수예제

25 두 실수 a, b에 대하여 $\sqrt{a}\sqrt{b}=-\sqrt{ab}$가 성립할 때, $|a|+|a+b|-|b|$를 간단히 하면?

① $-2a-2b$ ② $-2a$ ③ $-2b$
④ 0 ⑤ $2a+2b$

Tip
$\sqrt{-2}\,\sqrt{-3}$을 $\sqrt{(-2)(-3)}$과 같이 계산하지 않도록 주의한다.

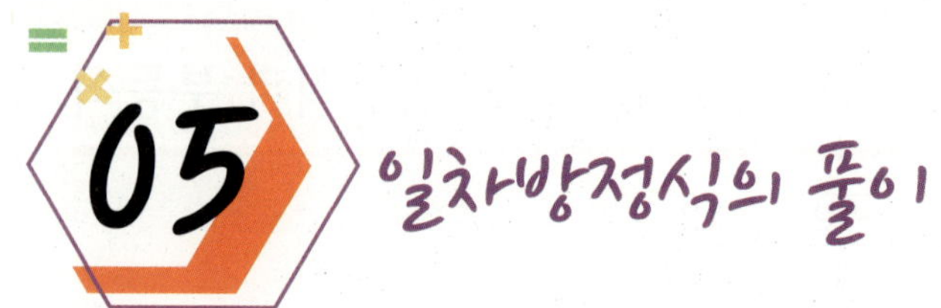

05 일차방정식의 풀이

1. x에 대한 방정식 $ax=b$의 풀이
   (1) $a\neq0$이면 $x=\dfrac{b}{a}$
   (2) $a=0$, $b\neq0$이면 해는 없다.
   (3) $a=0$, $b=0$이면 해는 무수히 많다.
2. **절댓값 기호를 포함한 일차방정식의 풀이**
   절댓값 기호를 포함한 일차방정식은
   $$|A|=\begin{cases} A & (A\geq0) \\ -A & (A<0) \end{cases}$$
   임을 이용하여 절댓값 기호 안의 식의 값이 0이 되는 x의 값을 경계로 하여 x의 값의 범위를 나누어 푼다.

절댓값 기호를 포함한 방정식은 다음과 같이 풀 수도 있다.
(1) $|x-a|=b\,(b>0)$에서
$x-a=\pm b$
$\therefore x=a\pm b$
(2) $|f(x)|=|g(x)|$에서
$f(x)=\pm g(x)$

유형 043 방정식 $ax=b$의 풀이

※ [01~05] 다음 중 x에 대한 방정식 $ax=b$에 대한 설명으로 옳은 것에는 ○표, 옳지 않은 것에는 ×표를 하여라.

01 $a\neq0$이면 $x=b$이다. (　　)

02 $a=0$이면 b의 값에 관계없이 해가 없다. (　　)

03 $a=1$, $b=1$이면 $x=0$이다. (　　)

04 $a\neq0$, $b=0$이면 해가 없다. (　　)

05 $a=0$, $b=0$이면 해가 무수히 많다. (　　)

※ [06~08] x에 대한 방정식 $(a+1)(a-1)x=a-1$에 대하여 다음 □ 안에 알맞은 것을 써넣어라.

06 $a\neq-1$, $a\neq1$이면 해는 ☐

07 ☐ 이면, 해는 없다.

08 ☐ 이면, 해는 무수히 많다.

학교시험 필수예제

09 x에 대한 방정식 $(a^2-9)x=a-3$의 해가 무수히 많을 때, 상수 a의 값을 구하여라.

※ [10~17] 다음 방정식을 풀어라.

10 $|x-1|=2$

11 $|x+2|=3$

12 $|x-4|=5$

13 $|x-1|=2x+1$

해설 | $|x-1|=2x+1$에서

(ⅰ) $x<1$일 때, $x-1<0$이므로

$$\boxed{}=2x+1,\ 3x=0$$

$$\therefore\ x=0$$

(ⅱ) $x\geq1$일 때, $x-1\geq0$이므로

$$\boxed{}=2x+1\quad\therefore\ x=-2$$

그런데 $x\geq1$이므로 $x=-2$는 해가 아니다.

(ⅰ), (ⅱ)에서 주어진 방정식의 해는 $\boxed{}$

14 $|x+3|=x-1$

15 $|x|-3=\dfrac{x}{2}$

16 $|x-3|=2|x+1|$

17 $|3x+5|=|x-1|$

18 방정식 $|x-1|+|x+2|=3$의 해가 $a\leq x\leq b$일 때, $a+b$의 값은?

① -2　　　② -1　　　③ 0

④ 1　　　⑤ 2

06 이차방정식의 풀이

1. **인수분해를 이용한 이차방정식의 풀이**

   x에 대한 이차방정식이 $(ax-b)(cx-d)=0$의 꼴로 변형되면 해는

   $$x=\frac{b}{a} \ \text{또는} \ x=\frac{d}{c}$$

2. **근의 공식을 이용한 이차방정식의 풀이**

   계수가 실수인 x에 대한 이차방정식 $ax^2+bx+c=0$의 해는

   $$x=\frac{-b\pm\sqrt{b^2-4ac}}{2a}$$

   |참고| 계수가 실수인 x에 대한 이차방정식 $ax^2+2b'x+c=0$의 해는 $x=\dfrac{-b'\pm\sqrt{b'^2-ac}}{a}$

계수가 실수인 이차방정식은 복소수의 범위에서 항상 2개의 근을 가지며 실수인 근을 실근, 허수인 근을 허근이라고 한다.

유형 045 이차방정식의 풀이

※ [01~19] 다음 이차방정식을 복소수의 범위에서 풀어라.

01 $x^2+4x+3=0$

02 $x^2+3x-10=0$

03 $x^2-3x-28=0$

04 $2x^2+5x-3=0$

05 $x^2+6x-16=0$

06 $x^2+4=0$

해설| $x^2+4=0$에서 $x^2=\boxed{}$

∴ $x=\boxed{}$

07 $x^2+5=0$

08 $x^2+\dfrac{1}{9}=0$

09 $2x^2+18=0$

10 $\dfrac{1}{2}x^2+1=0$

11 $x^2+5x-16=0$

12 $x^2-2x+4=0$

13 $3x^2-5x+4=0$

14 $x^2+8x+20=0$

15 $\dfrac{1}{2}x^2-\dfrac{1}{3}x+\dfrac{1}{4}=0$

16 $3x^2-6x+6=0$

17 $0.2x^2+0.3x+0.2=0$

18 $(\sqrt{2}+1)x^2+x-(2+\sqrt{2})=0$

19 $(\sqrt{2}-1)x^2-(\sqrt{2}+1)x+2=0$

20 x에 대한 이차방정식 $x^2+ax+b=0$의 한 근이 $1+i$일 때, 두 실수 a, b의 곱 ab의 값은?

① -4　　　② -2　　　③ 0
④ 2　　　⑤ 4

07 이차방정식의 판별식

1. 계수가 실수인 이차방정식 $ax^2+bx+c=0$의 판별식을 $D=b^2-4ac$라 할 때, 이차방정식 $ax^2+bx+c=0$은
   (1) $D>0$이면 서로 다른 두 실근을 갖는다.
   (2) $D=0$이면 중근을 갖는다.
   (3) $D<0$이면 서로 다른 두 허근을 갖는다.
2. x에 대한 이차식 ax^2+bx+c가 완전제곱식이 되도록 하는 조건은 $b^2-4ac=0$이다.

계수가 실수인 이차방정식 $ax^2+bx+c=0$이 실근을 가질 조건은 $D\geq0$이다.

유형 046 이차방정식의 근의 판별 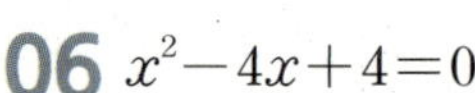

※ [01~09] 다음 이차방정식의 근을 판별하여라.

01 $x^2+5x+2=0$

해설ㅣ 주어진 이차방정식의 판별식을 D라고 하면
$$D=5^2-4\times1\times2=17>0$$
$$\therefore \boxed{}$$

02 $x^2+3x+5=0$

03 $x^2-2x+1=0$

04 $x^2-x+4=0$

05 $2x^2+4x+1=0$

06 $x^2-4x+4=0$

07 $4x^2-6x+9=0$

08 $2x^2-4x-3=0$

09 $x^2-3x+3=0$

학교시험 **필수**예제

10 이차방정식 $x^2-2ax+b-1=0$이 허근을 갖도록 하는 상수 a, b의 관계식으로 옳은 것은?

① $a^2-b+1>0$ ② $a^2-b+1<0$
③ $a^2+b-1>0$ ④ $a^2+b-1<0$
⑤ $a^2-b-1<0$

Tip
이차방정식 $ax^2+bx+c=0$에서 $b=2b'$이면 b'^2-ac의 값으로 근을 판별할 수 있고 $\dfrac{D}{4}$로 나타낸다. 즉, $\dfrac{D}{4}=b'^2-ac$이다.

※ [11~20] x에 대한 이차방정식 $x^2-3x+k=0$의 근이 다음과 같도록 하는 실수 k의 값 또는 그 범위를 구하여라.

11 서로 다른 두 실근

해설ㅣ 주어진 이차방정식이 서로 다른 두 실근을 갖기 위한 조건은 판별식 D가 $D\ \square\ 0$이므로

$$9-4k\ \square\ 0 \qquad \therefore k\ \square\ \frac{9}{4}$$

12 중근

13 서로 다른 두 허근

※ [14~16] x에 대한 이차방정식 $x^2-2kx+k^2-2k=0$의 근이 다음과 같도록 하는 실수 k의 값 또는 그 범위를 구하여라.

14 서로 다른 두 실근

15 중근

16 서로 다른 두 허근

유형 047 이차식이 완전제곱식이 될 조건

※ x에 대한 다음 이차식이 완전제곱식이 되도록 하는 실수 k의 값을 구하여라.

17 $2x^2-4x+k$

18 kx^2-6x+3

19 $x^2-2(k-1)x+4$

20 $x^2+2(2+k)x+k^2$

학교시험 필수예제

21 이차방정식 $x^2-4x+k=0$은 실근을 갖고, $x^2+2x+k=0$은 허근을 갖도록 하는 정수 k의 개수는?

① 1 　　　② 2 　　　③ 3
④ 4 　　　⑤ 5

08 이차방정식의 근과 계수의 관계

1. **이차방정식의 근과 계수의 관계**

   이차방정식 $ax^2+bx+c=0$의 두 근을 α, β라 하면

   $$(\text{두 근의 합}): \alpha+\beta=-\frac{b}{a}, \quad (\text{두 근의 곱}): \alpha\beta=\frac{c}{a}$$

2. **두 수를 근으로 하는 이차방정식**

   x^2의 계수가 1이고 α, β를 두 근으로 하는 이차방정식은

   $$(x-\alpha)(x-\beta)=0, \ \text{즉} \ x^2-(\alpha+\beta)x+\alpha\beta=0$$

3. **이차식의 인수분해**

   이차방정식 $ax^2+bx+c=0$의 두 근이 α, β일 때, 이차식 ax^2+bx+c를 인수분해하면

   $$ax^2+bx+c=a(x-\alpha)(x-\beta)$$

이차방정식은 복소수의 범위에서 항상 근을 가지므로 모든 이차식은 복소수의 범위에서 인수분해할 수 있다.

유형 048 이차방정식의 근과 계수의 관계

※ [01~09] 다음 이차방정식의 두 근의 합과 곱을 근과 계수의 관계를 이용하여 구하여라.

01 $x^2-8x-3=0$

해설ㅣ $x^2-8x-3=0$의 두 근을 α, β라 하면

두 근의 합은 $\alpha+\beta=-\dfrac{\boxed{}}{1}=\boxed{}$

두 근의 곱은 $\alpha\beta=\dfrac{\boxed{}}{1}=\boxed{}$

02 $x^2+5x-2=0$

03 $x^2-x+4=0$

04 $x^2+3x-6=0$

05 $x^2-7=0$

06 $2x^2-5x-4=0$

07 $2x^2+x-3=0$

08 $3x^2-2x-9=0$

09 $3x^2+x=0$

학교시험 필수예제

10 이차방정식 $x^2+ax+b=0$의 두 근이 2, 3일 때, 이차방정식 $ax^2+bx+2=0$의 두 근의 합은?

① $\dfrac{1}{5}$ ② $\dfrac{2}{5}$ ③ $\dfrac{3}{5}$

④ $\dfrac{4}{5}$ ⑤ $\dfrac{6}{5}$

※ [11~18] 이차방정식 $x^2+5x+3=0$의 두 근을 α, β라 할 때, 다음 식의 값을 구하여라.

11 $\alpha+\beta$

12 $\alpha\beta$

13 $\dfrac{1}{\alpha}+\dfrac{1}{\beta}$

14 $(\alpha+1)(\beta+1)$

15 $\alpha^2+\beta^2$

16 $\dfrac{\beta}{\alpha}+\dfrac{\alpha}{\beta}$

17 $\alpha^3+\beta^3$

18 $\alpha^4+\beta^4$

※ [19~26] 이차방정식 $x^2-2x-1=0$의 두 근을 α, β라 할 때, 다음 식의 값을 구하여라.

19 $\alpha+\beta$

20 $\alpha\beta$

21 $\dfrac{1}{\alpha}+\dfrac{1}{\beta}$

22 $(\alpha+1)(\beta+1)$

23 $\alpha^2+\beta^2$

24 $\dfrac{\beta}{\alpha}+\dfrac{\alpha}{\beta}$

25 $\alpha^3+\beta^3$

26 $\alpha^4+\beta^4$

※ [27~32] 다음 두 수를 근으로 하고 x^2의 계수가 1인 이차방정식을 구하여라.

27 3, 4

해설| (두 근의 합)$=3+4=7$

(두 근의 곱)$=3\times4=12$

따라서 구하는 이차방정식은 ☐

28 2, -5

29 -1, -3

30 $\sqrt{3}$, $-\sqrt{3}$

31 $1+\sqrt{2}$, $1-\sqrt{2}$

32 $2+i$, $2-i$

※ [33~36] 이차방정식 $x^2+x-3=0$의 두 근을 α, β라고 할 때, 다음을 두 근으로 하고 x^2의 계수가 1인 이차방정식을 구하여라.

33 $-\alpha$, $-\beta$

34 2α, 2β

35 $\alpha-1$, $\beta-1$

36 $\alpha+\beta$, $\alpha\beta$

37 이차방정식 $x^2-4x+2=0$의 두 근을 α, β라 할 때, 이차항의 계수가 1이고 α^2, β^2을 두 근으로 하는 방정식은 $x^2+ax+b=0$이다. 이때 상수 a, b의 합 $a+b$의 값을 구하여라.

※ [38~45] 다음 이차식을 복소수의 범위에서 인수분해하여라.

38 x^2-2x-5

39 x^2+4

40 x^2+2x+4

41 x^2-2x-1

42 x^2+3x+4

43 $2x^2-4x+5$

44 $3x^2-6x+6$

45 $3x^2-4x+2$

46 이차방정식 $x^2+ax+b=0$의 두 근이 -1, 2이고, 이차방정식 $x^2-(a+b)x+ab=0$의 두 근이 α, β일 때, $\alpha^2+\beta^2$의 값은? (단, a, b는 상수)

① 1　　　　② 3　　　　③ 5
④ 7　　　　⑤ 9

1. 계수가 유리수인 이차방정식이 $a+b\sqrt{m}$을 근으로 가지면 $a-b\sqrt{m}$도 근이다.
   (단, a, b는 유리수, $b\neq0$, $\sqrt{m}$은 무리수)
2. 계수가 실수인 이차방정식이 $a+bi$를 근으로 가지면 $a-bi$도 근이다.
   (단, a, b는 실수, $b\neq0$)

$a+b\sqrt{m}$과 $a-b\sqrt{m}$, $a+bi$와 $a-bi$를 각각 켤레근이라고 한다.

유형 051 이차방정식의 켤레근

※ [01~02] 이차방정식 $x^2+ax+b=0$의 한 근이 $1-\sqrt{3}$일 때, 다음을 구하여라. (단, a, b는 유리수)

01 다른 한 근

해설| a, b가 유리수이고 주어진 이차방정식의 한 근이 $1-\sqrt{3}$이므로 다른 한 근은 □ 이다.

02 $a+b$의 값

해설| 근과 계수의 관계에 의하여

$-a=(1-\sqrt{3})+(1+\sqrt{3})=$ □　　∴ $a=$ □

$b=(1-\sqrt{3})($ □ $)=$ □

∴ $a+b=$ □

※ [03~04] 이차방정식 $x^2+ax+b=0$의 한 근이 $2+\sqrt{2}$일 때, 다음을 구하여라. (단, a, b는 유리수)

03 다른 한 근

04 $a-b$의 값

※ [05~06] 이차방정식 $x^2+ax+b=0$의 한 근이 $1+i$일 때, 다음을 구하여라. (단, a, b는 실수)

05 다른 한 근

06 $a+b$의 값

※ [07~08] 이차방정식 $x^2+ax+b=0$의 한 근이 $2-3i$일 때, 다음을 구하여라. (단, a, b는 실수)

07 다른 한 근

08 $a-b$의 값

유형 052 이차방정식의 응용

※ [09~11] 다음 이차방정식의 두 근의 비가 1 : 2일 때, 상수 k의 값을 구하여라.

09 $x^2+6x+k=0$

해설ㅣ 두 근의 비가 1 : 2이므로 두 근을 α, $\boxed{}$ $(\alpha \neq 0)$라 하면 근과 계수의 관계에 의하여

(두 근의 합)$=\alpha+2\alpha=\boxed{}$에서 $\alpha=\boxed{}$

(두 근의 곱)$=\alpha \cdot 2\alpha=\boxed{}$에서 $k=\boxed{}$

10 $x^2-3x+2k=0$

11 $x^2-12x+k+1=0$

※ [12~13] 다음 이차방정식의 두 근의 비가 2 : 3일 때, 상수 k의 값을 구하여라.

12 $x^2+5x+1-k=0$

13 $x^2-10x+2k-2=0$

※ [14~16] 다음 이차방정식의 두 근의 차가 2일 때, 상수 k의 값을 구하여라.

14 $x^2+2x+k+1=0$

15 $x^2-4x+2k=0$

16 $x^2-(k+3)x+3=0$

학교시험 필수예제

17 x에 대한 이차방정식 $x^2-2kx+3k=0$의 한 근이 다른 근의 3배일 때, 상수 k의 값을 구하여라.

(단, $k \neq 0$)

10 이차함수의 그래프

1. **이차함수 $y=a(x-p)^2+q$의 그래프**
   이차함수 $y=ax^2$의 그래프를 x축의 방향으로 p만큼, y축의 방향으로 q만큼 평행이동한 그래프이다.
   (1) 꼭짓점의 좌표 : $(p,\ q)$
   (2) 축의 방정식 : $x=p$

2. **이차함수 $y=ax^2+bx+c$의 그래프**
   $y=a(x-p)^2+q$의 꼴로 고쳐서 그래프를 그린다.
   (1) 꼭짓점의 좌표 : $\left(-\dfrac{b}{2a},\ -\dfrac{b^2-4ac}{4a}\right)$
   (2) 축의 방정식 : $x=-\dfrac{b}{2a}$
   (3) 점 $(0,\ c)$를 지난다.

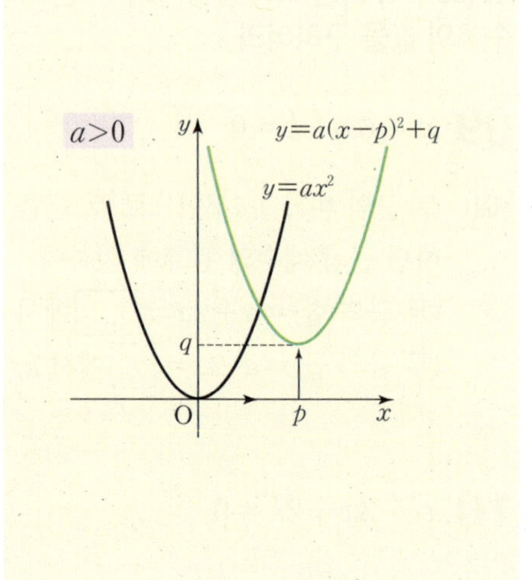

유형 053 이차함수의 그래프

※ [01~04] 다음 이차함수의 그래프의 꼭짓점의 좌표와 축의 방정식을 구하고, 그 그래프를 그려라.

01 $y=x^2+2$

02 $y=-(x-1)^2$

03 $y=(x-2)^2+3$

04 $y=-(x+1)^2-2$

※ [05~06] 다음 이차함수의 그래프의 꼭짓점의 좌표와 y절편을 구하고, 그 그래프를 그려라.

05 $y=-x^2-4x-7$

06 $y=3x^2-12x+2$

학교시험 필수예제

07 이차함수 $y=x^2-2kx+2k+3$의 그래프의 꼭짓점이 x축 위에 오도록 하는 모든 상수 k의 값의 합을 구하여라.

Tip
이차함수 $y=ax^2+bx+c$의 그래프는 $a>0$이면 아래로 볼록, $a<0$이면 위로 볼록한 포물선이다.

11 이차함수와 이차방정식의 관계

1. 이차함수 $y=ax^2+bx+c$의 그래프와 x축이 만나는 점의 x좌표는 이차방정식 $ax^2+bx+c=0$의 실근과 같다.

2. 이차함수의 그래프와 x축의 위치 관계

이차함수 $y=ax^2+bx+c$의 그래프와 x축의 위치 관계는 이차방정식 $ax^2+bx+c=0$의 판별식 $D=b^2-4ac$에 대하여 다음과 같다.

D	$D>0$	$D=0$	$D<0$
$y=ax^2+bx+c$ $(a>0)$의 그래프			
$y=ax^2+bx+c$ $(a<0)$의 그래프			
$y=ax^2+bx+c$ 의 그래프와 x축의 위치 관계	서로 다른 두 점에서 만난다.	한 점에서 만난다. (접한다.)	만나지 않는다.
$ax^2+bx+c=0$ 의 근	서로 다른 두 실근 ($x=\alpha$ 또는 $x=\beta$)	중근 ($x=\alpha$)	서로 다른 두 허근

이차함수 $y=ax^2+bx+c$의 그래프와 x축이 만나는 점의 개수는 이차방정식 $ax^2+bx+c=0$의 서로 다른 실근의 개수와 같다.

유형 054 이차함수와 이차방정식의 관계

※ [01~06] 이차함수 $y=ax^2+bx+c$의 그래프가 다음 그림과 같을 때, 이차방정식 $ax^2+bx+c=0$의 근을 구하여라.

01

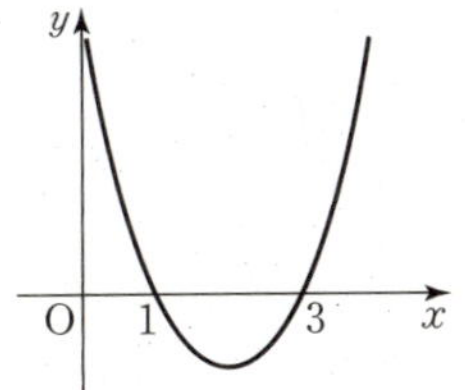

02

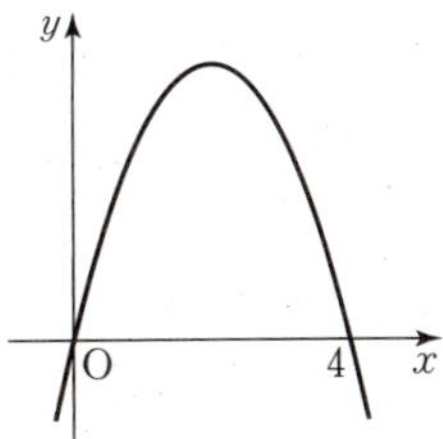

03

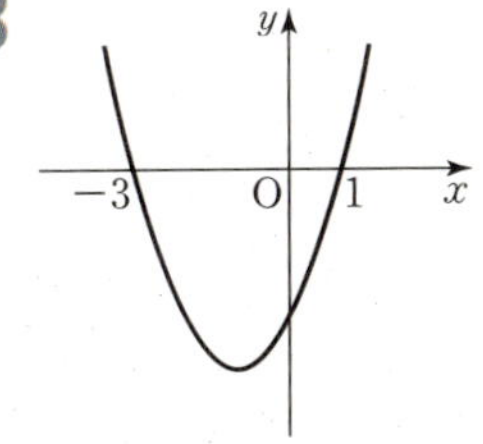

04

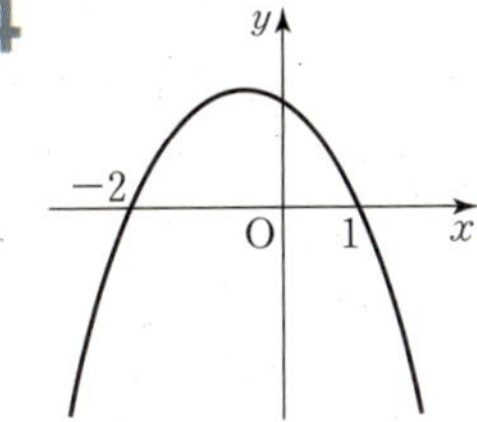

05

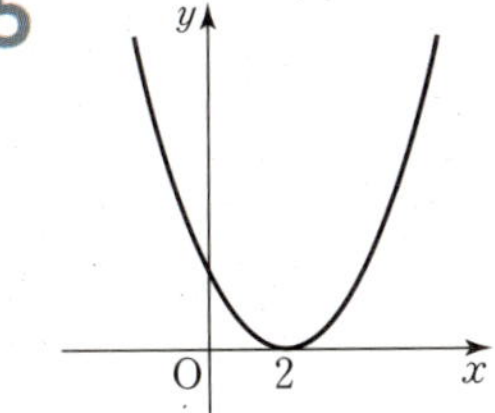

06

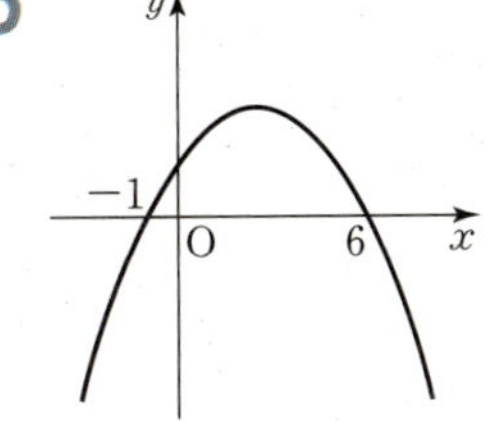

※ [07~12] 다음 이차함수의 그래프와 x축이 만나는 점의 좌표를 구하여라.

07 $y=x^2-2x$

08 $y=x^2-x-20$

09 $y=-x^2+10x-16$

10 $y=x^2-4x+4$

11 $y=-x^2-2x+15$

12 $y=2x^2-x-1$

※ [13~18] 다음 이차함수의 그래프와 x축의 교점의 개수를 구하여라.

13 $y=x^2-5x+2$

해설ㅣ 이차방정식 $x^2-5x+2=0$의 판별식을 D라 하면
$$D=(-5)^2-4\times1\times2=17>0$$
이므로 $x^2-5x+2=0$은 $\boxed{}$을 갖는다.
따라서 주어진 이차함수의 그래프와 x축의 교점은 $\boxed{}$개이다.

14 $y=-x^2+2x-1$

15 $y=x^2-x+1$

16 $y=-x^2+4x+1$

17 $y=2x^2-x+1$

18 $y=-4x^2+4x-1$

※ [19~21] 이차함수 $y=x^2+4x-k$의 그래프와 x축의 위치 관계가 다음과 같도록 하는 상수 k의 값 또는 그 범위를 구하여라.

19 서로 다른 두 점에서 만난다.

해설| 이차함수 $y=x^2+4x-k$의 그래프가 x축과 서로 다른 두 점에서 만나려면 이차방정식
$x^2+4x-k=0$의 판별식 D가 $D\boxed{}0$이어야 하므로
$$\frac{D}{4}=2^2-(-k)\boxed{}0 \qquad \therefore k\boxed{}-4$$

20 접한다.

21 만나지 않는다.

※ [22~24] 이차함수 $y=-x^2-2x+k+1$의 그래프와 x축의 위치 관계가 다음과 같도록 하는 상수 k의 값 또는 그 범위를 구하여라.

22 서로 다른 두 점에서 만난다.

23 접한다.

24 만나지 않는다.

※ [25~28] 이차함수 $y=x^2+2kx+k^2-3k$의 그래프와 x축의 위치 관계가 다음과 같도록 하는 상수 k의 값 또는 그 범위를 구하여라.

25 서로 다른 두 점에서 만난다.

26 접한다.

27 만나지 않는다.

28 만난다.

29 이차함수 $y=x^2-2ax+2am-2m+b$의 그래프가 m의 값에 관계없이 x축에 접할 때, 상수 a, b의 곱 ab의 값을 구하여라.

12 이차함수의 그래프와 직선의 위치 관계

1. **이차함수의 그래프와 직선의 교점**
   이차함수 $y=ax^2+bx+c$의 그래프와 직선 $y=mx+n$의 교점의 x좌표는
   이차방정식 $ax^2+bx+c=mx+n$의 실근과 같다.

2. **이차함수의 그래프와 직선의 위치 관계**
   이차함수 $y=ax^2+bx+c$의 그래프와 직선 $y=mx+n$의 위치 관계는
   이차방정식 $ax^2+bx+c=mx+n$, 즉 $ax^2+(b-m)x+c-n=0$의
   판별식 D에 대하여
   (1) $D>0$이면 서로 다른 두 점에서 만난다.
   (2) $D=0$이면 한 점에서 만난다. (접한다.)
   (3) $D<0$이면 만나지 않는다.

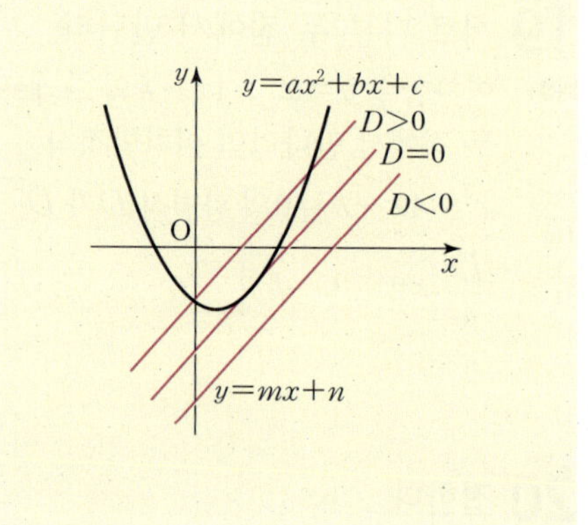

유형 056 이차함수의 그래프와 직선의 교점

※ [01~07] 다음 이차함수의 그래프와 직선의 교점의 x좌표를 구하여라.

01 $y=x^2,\ y=x+2$

02 $y=-x^2+3,\ y=2x-5$

03 $y=-x^2+4x+1,\ y=-x+5$

04 $y=2x^2+5x+3,\ y=x+1$

05 $y=x^2-2x-1,\ y=2x-5$

06 $y=x^2-x-4,\ y=-2x+2$

07 $y=-x^2-2x+7,\ y=3x+1$

학교시험 **필수**예제

08 이차함수 $y=-3x^2-2x+4$의 그래프와 직선 $y=x-2$의 교점의 x좌표를 구하여라.

유형 **057** 이차함수의 그래프와 직선의 위치 관계

※ [09~18] 다음 이차함수의 그래프와 직선의 위치 관계를 조사하여라.

09 $y=x^2,\ y=x-1$

해설| 이차방정식 $x^2=x-1$, 즉 $x^2-x+1=0$의 판별식을 D라 하면

$$D=(-1)^2-4\times1\times1\ \boxed{}\ 0$$

따라서 주어진 이차함수의 그래프와 직선은

$$\boxed{}.$$

10 $y=2x^2-1,\ y=x-2$

11 $y=-x^2+2x,\ y=x-1$

12 $y=2x^2-3x+1,\ y=x-1$

13 $y=-x^2-x+2,\ y=2x+3$

14 $y=x^2-2x+1,\ y=2x-1$

15 $y=-x^2+3x-1,\ y=x+3$

16 $y=x^2-5x+2,\ y=-3x+1$

17 $y=-2x^2+x-2,\ y=3x+2$

18 $y=2x^2-x+2,\ y=x+3$

※ [19~21] 이차함수 $y=x^2+4x+6$의 그래프와 직선 $y=x+k$의 위치 관계가 다음과 같도록 하는 상수 k의 값 또는 그 범위를 구하여라.

19 서로 다른 두 점에서 만난다.

20 한 점에서 만난다.

21 만나지 않는다.

※ [22~24] 이차함수 $y=-x^2+x-k$의 그래프와 직선 $y=-x+3$의 위치 관계가 다음과 같도록 하는 상수 k의 값 또는 그 범위를 구하여라.

22 서로 다른 두 점에서 만난다.

23 한 점에서 만난다.

24 만나지 않는다.

※ [25~28] 이차함수 $y=x^2-2x-1$의 그래프와 직선 $y=-3x+k$의 위치 관계가 다음과 같도록 하는 상수 k의 값 또는 그 범위를 구하여라.

25 서로 다른 두 점에서 만난다.

26 한 점에서 만난다.

27 만나지 않는다.

28 만난다.

29 이차함수 $y=x^2+3x+1$의 그래프에 접하고 원점을 지나는 두 직선의 기울기의 곱은?

① 3 　　② 5 　　③ 7
④ 9 　　⑤ 11

13 이차함수의 최대, 최소

x의 값이 범위가 실수 전체일 때, 이차함수 $y=a(x-p)^2+q$는
(1) $a>0$이면 $x=p$에서 최솟값 q를 갖고, 최댓값은 없다.
(2) $a<0$이면 $x=p$에서 최댓값 q를 갖고, 최솟값은 없다.

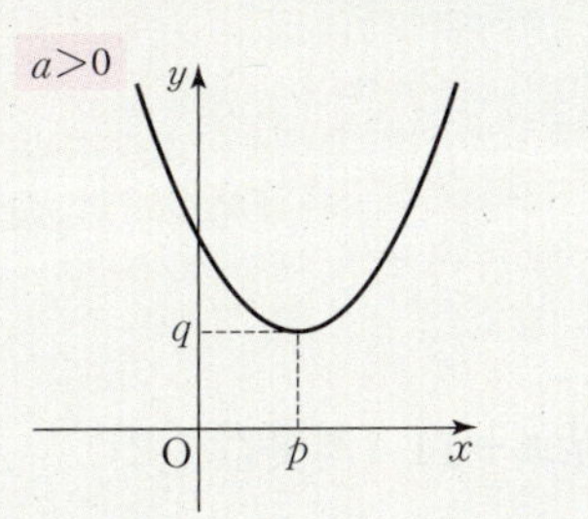
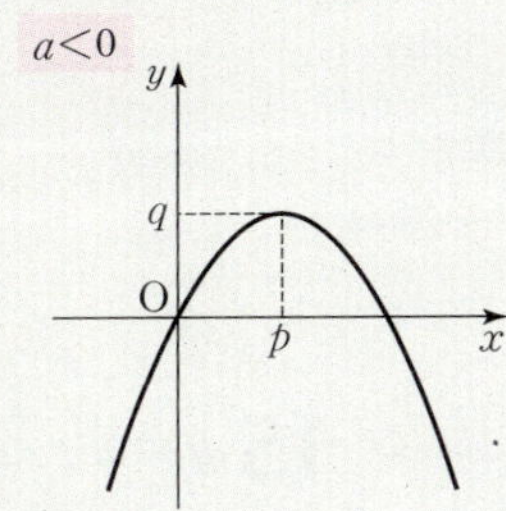

이차함수의 식이
$y=ax^2+bx+c$ 꼴로 주어지면
$y=a(x-p)^2+q$ 꼴로 변형하여
최대, 최소를 구한다.

유형 058 이차함수의 최대, 최소

※ [01~07] 다음 이차함수의 최댓값과 최솟값을 구하여라.

01 $y=x^2+2$

02 $y=2(x-3)^2+5$

03 $y=-3x^2+4$

04 $y=-(x+5)^2-1$

05 $y=x^2+2x-3$

06 $y=\dfrac{1}{2}x^2-4x-1$

07 $y=-3x^2+6x+9$

학교시험 필수예제

08 이차함수 $y=x^2-2ax+a$가 $x=3$에서 최솟값 -6을 가질 때, 상수 a의 값을 구하여라.

※ [09~16] 주어진 이차함수의 최댓값 또는 최솟값이 다음과 같을 때, 상수 k의 값을 구하여라.

09 $y=x^2-6x+k$ [최솟값 : 5]

10 $y=x^2+4x-k$ [최솟값 : -2]

11 $y=-x^2-2x+k+3$ [최댓값 : 1]

12 $y=-2x^2+16x+k$ [최댓값 : 20]

13 $y=x^2-2x+k$ [최솟값 : -4]

14 $y=-\dfrac{1}{2}x^2+4x+k$ [최댓값 : 8]

15 $y=x^2-2kx+11$ [최솟값 : 2]

16 $y=-x^2+6kx+12k$ [최댓값 : 12]

17 이차함수 $y=ax^2+bx+c$가 $x=1$에서 최솟값 -4를 갖고, 그 그래프가 점 $(3,\ 8)$을 지날 때, 상수 $a,\ b,\ c$에 대하여 $a+b-c$의 값은?

① -2　　② -1　　③ 0
④ 1　　⑤ 2

14 제한된 범위에서 이차함수의 최대, 최소

x의 값의 범위가 $\alpha \le x \le \beta$인 이차함수 $f(x)=a(x-m)^2+n$의 최대, 최소는 다음과 같다.

1. 꼭짓점의 x좌표가 $\alpha \le x \le \beta$에 속할 때
   (1) 최댓값 : $f(\alpha), f(\beta), f(m)$ 중 가장 큰 값
   (2) 최솟값 : $f(\alpha), f(\beta), f(m)$ 중 가장 작은 값

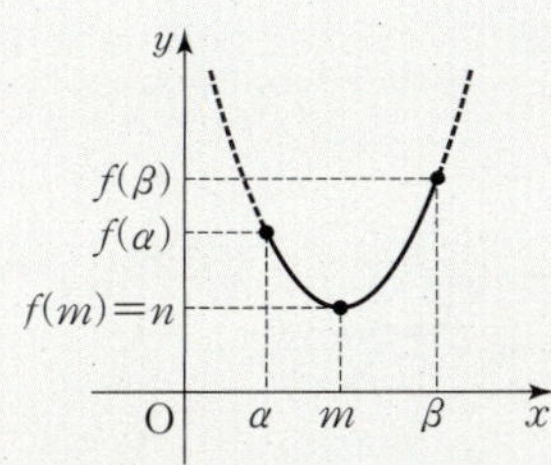
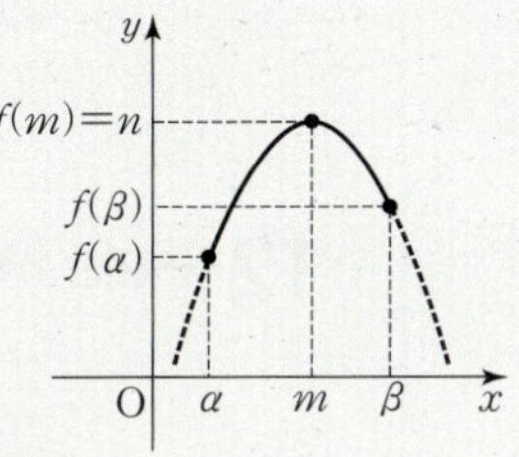

2. 꼭짓점의 x좌표가 $\alpha \le x \le \beta$에 속하지 않을 때
   (1) 최댓값 : $f(\alpha), f(\beta)$ 중 큰 값
   (2) 최솟값 : $f(\alpha), f(\beta)$ 중 작은 값

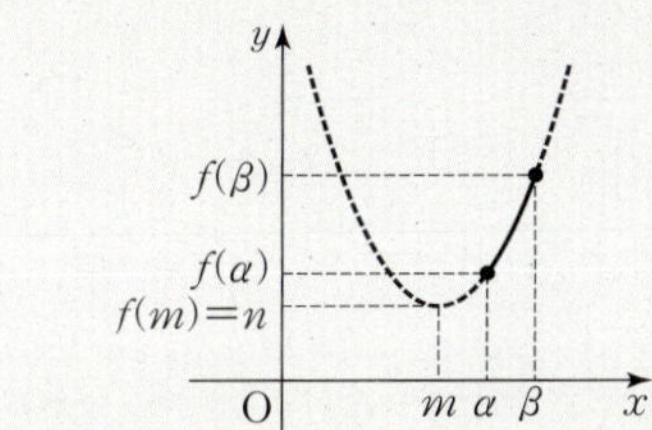
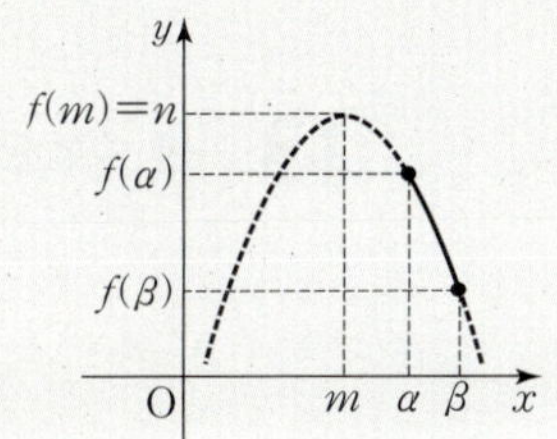

이차함수의 식이 같더라도 x의 값의 범위가 다르면 최댓값과 최솟값이 달라질 수 있다.

유형 060 제한된 범위에서 이차함수의 최대, 최소

01 다음은 x의 값의 범위가 $-1 \le x \le 2$일 때, 이차함수 $f(x)=x^2-2x-1$의 최댓값과 최솟값을 구하는 과정이다. $\square$ 안에 알맞은 것을 써넣어라.

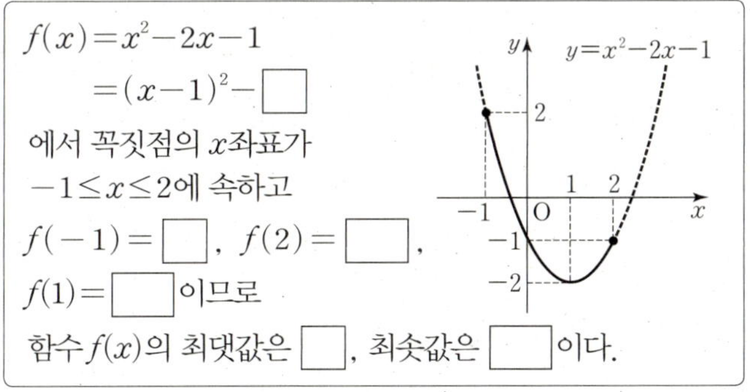

$f(x)=x^2-2x-1$
$\quad =(x-1)^2-\square$
에서 꼭짓점의 x좌표가
$-1 \le x \le 2$에 속하고
$f(-1)=\square$, $f(2)=\square$,
$f(1)=\square$ 이므로
함수 $f(x)$의 최댓값은 $\square$, 최솟값은 $\square$ 이다.

※ [02~04] x의 값의 범위가 다음과 같을 때, 이차함수 $f(x)=x^2+2x+2$의 최댓값과 최솟값을 구하여라.

02 $-4 \le x \le -2$

03 $-2 \le x \le 0$

04 $0 \le x \le 2$

Tip
제한된 범위에서 이차함수의 최대, 최소는 꼭짓점의 x좌표가 주어진 범위에 속하는지 먼저 확인한다.

※ [05~10] x의 값의 범위가 다음과 같을 때, 이차함수 $f(x)=x^2-4x+1$의 최댓값과 최솟값을 구하여라.

05 $-2\leq x\leq 0$

06 $-2\leq x\leq 2$

07 $-1\leq x\leq 1$

08 $0\leq x\leq 2$

09 $0\leq x\leq 4$

10 $1\leq x\leq 5$

※ [11~16] x의 값의 범위가 다음과 같을 때, 이차함수 $f(x)=-x^2+2x+5$의 최댓값과 최솟값을 구하여라.

11 $-3\leq x\leq -1$

12 $-2\leq x\leq 1$

13 $-1\leq x\leq 2$

14 $0\leq x\leq 2$

15 $1\leq x\leq 3$

16 $2\leq x\leq 4$

※ [17~21] x의 값의 범위가 다음과 같을 때, 이차함수 $f(x)=-x^2-6x+1$의 최댓값과 최솟값을 구하여라.

17 $-6\leq x\leq-4$

18 $-6\leq x\leq-2$

19 $-5\leq x\leq-1$

20 $-4\leq x\leq0$

21 $-3\leq x\leq1$

학교시험 **필수**예제

22 이차함수 $f(x)=x^2+2x+a$가 $b\leq x\leq0$에서 최댓값 3, 최솟값 -1을 가질 때, $a+b$의 값은?
(단, $b<-1$)

① -4 ② -3 ③ -1
④ 1 ⑤ 2

유형 061 이차함수의 최대, 최소의 활용

※ [23~27] 오른쪽 그림과 같이 길이가 12 m인 철망을 이용하여 직사각형 모양의 울타리를 만들려고 한다. 울타리로 둘러싸인 바닥의 넓이가 최대일 때, 울타리의 가로의 길이를 다음 순서대로 구하여라. (단, 울타리의 한쪽 면은 벽이다.)

23 세로의 길이를 x m라고 할 때, 가로의 길이를 구하여라.

24 x의 값의 범위를 구하여라.

25 울타리로 둘러싸인 바닥의 넓이를 y m^{2}라고 할 때, y를 x에 대한 식으로 나타내어라.

26 울타리로 둘러싸인 바닥의 넓이의 최댓값을 구하여라.

27 울타리로 둘러싸인 바닥의 넓이가 최대일 때, 울타리의 가로의 길이를 구하여라.

※ [28~32] 너비가 20 cm인 판지의 양쪽을 똑같이 접어서 단면이 직사각형인 쓰레받기를 만들려고 한다. 오른쪽 그림과 같이 어둡게 표시된 단면의 넓이가 최대가 되려면 양쪽은 각각 몇 cm씩 접어야 하는지 다음 순서대로 구하여라.

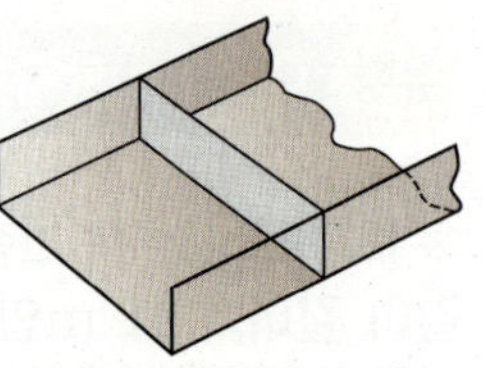

28 어둡게 표시된 단면의 세로의 길이를 x cm라고 할 때, 가로의 길이를 구하여라.

29 x의 값의 범위를 구하여라.

30 어둡게 표시된 단면의 넓이를 y cm^2 라고 할 때, y를 x에 대한 식으로 나타내어라.

31 어둡게 표시된 단면의 넓이의 최댓값을 구하여라.

32 어둡게 표시된 단면의 넓이가 최대일 때, 양쪽은 각각 몇 cm씩 접어야 하는지 구하여라.

※ [33~35] 길이가 20인 선분 AB를 오른쪽 그림과 같이 둘로 나누어 $\overline{\mathrm{AP}}$, $\overline{\mathrm{BP}}$를 각각 한 변으로 하는 정사각형을 만들려고 한다. 두 정사각형의 넓이의 합이 최소가 되는 선분 AP의 길이를 다음 순서대로 구하여라.

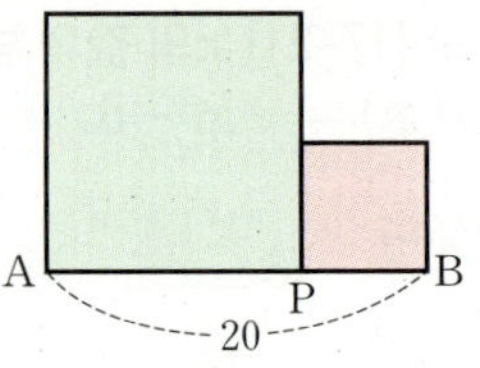

33 $\overline{\mathrm{AP}}=x$일 때, $\overline{\mathrm{BP}}$의 길이를 구하여라.

34 x의 값의 범위를 구하여라.

35 두 정사각형의 넓이의 합이 최소가 되는 선분 AP의 길이를 구하여라.

36 두 실수 x, y가 $2x+y^2=1$을 만족시킬 때, x^2+y^2-2x의 최솟값을 구하여라.

15 삼차방정식과 사차방정식 (1)

1. x에 대한 다항식 $f(x)$가 삼차식일 때 방정식 $f(x)=0$을 삼차방정식이라 하고, $f(x)$가 사차식일 때 방정식 $f(x)=0$을 사차방정식이라 한다.
2. **인수분해를 이용한 삼차, 사차방정식의 풀이**
   방정식 $f(x)=0$은 $f(x)$를 인수분해한 후 다음을 이용한다.
   (1) $ABC=0$이면 $A=0$ 또는 $B=0$ 또는 $C=0$
   (2) $ABCD=0$이면 $A=0$ 또는 $B=0$ 또는 $C=0$ 또는 $D=0$
3. **인수정리를 이용한 삼차, 사차방정식의 풀이**
   다항식 $f(x)$에 대하여 $f(\alpha)=0$이면 $f(x)=(x-\alpha)Q(x)$임을 이용한다.

계수가 실수인 삼차방정식과 사차방정식은 복소수의 범위에서 각각 3개, 4개의 근을 갖는다.

유형 062 인수분해를 이용한 삼차, 사차방정식의 풀이

※ [01~15] 인수분해를 이용하여 다음 방정식을 풀어라.

01 $x^3+1=0$

해설ㅣ 인수분해 공식 $a^3+b^3=(a+b)(a^2-ab+b^2)$을 이용하여 주어진 방정식의 좌변을 인수분해하면
$(x+1)(x^2-x+1)=0$
$x+1=0$ 또는 $x^2-x+1=0$
$\therefore x=-1$ 또는 $x=\boxed{}$

02 $x^3+8=0$

03 $x^3+27=0$

04 $x^3-1=0$

05 $x^3-8=0$

06 $x^3-27=0$

07 $x^3 - 2x^2 = 0$

08 $x^3 - 4x = 0$

09 $x^3 - x^2 - 6x = 0$

10 $x^3 + x^2 - 42x = 0$

11 $x^3 - 2x^2 - x + 2 = 0$

12 $x^4 - 1 = 0$

13 $x^4 - 16 = 0$

14 $x^4 - 9x^2 = 0$

15 $x^4 + x = 0$

16 사차방정식 $x^4 - 3x^3 - x + 3 = 0$의 모든 정수근의 합을 구하여라.

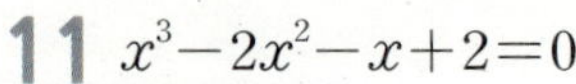

Tip

인수분해를 할 때, 이차식까지만 하면 이차방정식을 이용하여 삼차 · 사차방정식을 풀 수 있으므로 인수분해는 이차 이하로 한다.

유형 063 인수정리를 이용한 삼차, 사차방정식의 풀이

※ [17~23] 인수정리를 이용하여 다음 방정식을 풀어라.

17 $x^3+x+2=0$

해설ㅣ $f(x)=x^3+x+2$로 놓으면 $f(-1)=\boxed{}$이므로 $\boxed{}$은 $f(x)$의 인수이다.

조립제법을 이용하여 $f(x)$를 인수분해하면

$$\begin{array}{r|rrrr} \boxed{} & 1 & 0 & 1 & 2 \\ & & -1 & 1 & -2 \\ \hline & 1 & -1 & 2 & \boxed{0} \end{array}$$

$f(x)=(x+\boxed{})(x^2-x+2)$

즉, 주어진 방정식은 $(x+\boxed{})(x^2-x+2)=0$

$\therefore\ x=\boxed{}$ 또는 $x=\dfrac{1\pm\sqrt{7}i}{2}$

18 $x^3-3x+2=0$

19 $x^3+6x^2+11x+6=0$

20 $x^3+2x^2-5x+2=0$

21 $x^3-x^2-6x+8=0$

22 $x^3+5x^2-2x-6=0$

23 $x^3-x^2+2x-8=0$

24 삼차방정식 $x^3-3x^2-6x+8=0$의 세 근의 절댓값의 합을 구하여라.

25 $x^4-3x^3+x^2+3x-2=0$

26 $x^4-3x^3+3x^2+x-6=0$

27 $x^4-2x^3-x+2=0$

28 $x^4+x^3-x^2-7x-6=0$

29 $x^4-5x-6=0$

30 $x^4-4x+3=0$

31 삼차방정식 $x^3-(2k+1)x+2k=0$의 근이 모두 실수가 되도록 하는 실수 k의 값의 범위를 구하여라.

> **Tip**
> 삼차, 사차방정식을 이차식이 포함된 방정식으로 바꾸면 해를 구할 수 있으므로 삼차방정식은 인수정리를 최소한 한 번, 사차방정식은 인수정리를 최소한 두 번 사용하면 된다.

 16 삼차방정식과 사차방정식 (2)

1. 방정식에 공통부분이 있으면 하나의 문자로 치환하여 푼다.
2. $x^4+ax^2+b=0$ 꼴의 방정식
   (i) $x^2=X$로 치환하여 푼다.
   (ii) ax^2을 적당히 분리하여 A^2-B^2의 꼴로 변형하여 푼다.
3. $ax^4+bx^3+cx^2+bx+a=0\ (a\neq 0)$ 꼴의 방정식
   (i) $x\neq 0$이므로 방정식의 양변을 x^2으로 나눈다.
   (ii) $x^2+\dfrac{1}{x^2}=\left(x+\dfrac{1}{x}\right)^2-2$임을 이용하여 좌변을 정리한 후 $x+\dfrac{1}{x}=X$로
   치환하여 푼다.

$ax^4+bx^3+cx^2+bx+a=0$과 같이 x에 대한 내림차순으로 정리하였을 때 가운데 항을 중심으로 계수가 서로 대칭인 방정식을 상반방정식이라고 한다.

유형 064 치환을 이용한 방정식의 풀이

※ [01~09] 다음 방정식을 풀어라.

01 $(x^2+2)^2-(x^2+2)-2=0$

해설| $\boxed{}=X$로 치환하면
$(x^2+2)^2-(x^2+2)-2=0$에서
$X^2-X-2=0,\ (X+1)(X-2)=0$
$\therefore X=-1$ 또는 $X=2$
(i) $X=-1$, 즉 $\boxed{}=-1$일 때
  $x^2=-3$ $\therefore x=\boxed{}$
(ii) $X=2$, 즉 $\boxed{}=2$일 때
  $x^2=0$ $\therefore x=\boxed{}$
(i), (ii)에서 $x=0$ 또는 $x=\pm\sqrt{3}i$

02 $(x^2-3)^2+3(x^2-3)+2=0$

03 $(x^2+4x)^2-2(x^2+4x)-15=0$

04 $(x^2+x)^2-6(x^2+x)+8=0$

05 $(x^2+3x+1)(x^2+3x-1)-3=0$

06 $(x^2+2x+3)(x^2+2x+5)-15=0$

07 $(x^2-x+1)(x^2-x+2)-2=0$

08 $x(x-1)(x+1)(x+2)-24=0$

09 $(x-1)(x-2)(x+3)(x+4)+4=0$

10 방정식 $x(x-1)(x-2)(x-3)+1=0$을 풀어라.

유형 065 $x^4+ax^2+b=0$ 꼴의 방정식의 풀이

※ [11~19] 다음 방정식을 풀어라.

11 $x^4+3x^2-10=0$

해설 | $\boxed{}=X$ 로 치환하면
$x^4+3x^2-10=0$ 에서
$X^2+3X-10=0,\ (X-2)(X+5)=0$
$\therefore X=2$ 또는 $X=-5$
(ⅰ) $X=2$, 즉 $\boxed{}=2$ 일 때 $x=\pm\sqrt{2}$
(ⅱ) $X=-5$, 즉 $\boxed{}=-5$ 일 때 $x=\boxed{}$
(ⅰ), (ⅱ)에서 $x=\pm\sqrt{2}$ 또는 $x=\boxed{}$

12 $x^4-4x^2+3=0$

13 $x^4-x^2-12=0$

14 $x^4-5x^2+6=0$

15 $x^4+3x^2+4=0$

16 $x^4+4=0$

17 $x^4+2x^2+9=0$

18 $x^4-11x^2+1=0$

19 $x^4+2x^2-3=0$

※ [20~23] 다음 방정식을 풀어라.

20 $x^4+2x^3+3x^2+2x+1=0$

해설 | $x\neq0$이므로 주어진 방정식의 양변을 x^2으로 나누면

$$x^2+2x+3+\frac{2}{x}+\frac{1}{x^2}=0$$

$$\left(x^2+\frac{1}{x^2}\right)+2\left(x+\frac{1}{x}\right)+3=0$$

$$\left(x+\frac{1}{x}\right)^2+2\left(x+\frac{1}{x}\right)+\boxed{}=0$$

$$\boxed{}=X로\ 치환하면\ X^2+2X+1=0$$

$$(X+1)^2=0 \quad \therefore X=-1(중근)$$

즉, $\boxed{}=-1$이므로

$x+\dfrac{1}{x}+1=0$에서 $x^2+x+1=0$

$$\therefore x=\boxed{}$$

21 $x^4+5x^3+6x^2+5x+1=0$

22 $x^4+4x^3+6x^2+4x+1=0$

23 $x^4-2x^3-x^2-2x+1=0$

학교시험 **필수**예제

24   사차방정식 $x^4+3x^2+a=0$의 한 근이 1일 때, 다음 중 이 사차방정식의 허근은?

① i ② $2i$ ③ $3i$

④ $4i$ ⑤ $5i$

 17 삼차방정식의 근과 계수의 관계

1. 삼차방정식의 근과 계수의 관계

삼차방정식 $ax^3+bx^2+cx+d=0$의 세 근을 α, β, γ라 하면

$$\alpha+\beta+\gamma=-\frac{b}{a}, \qquad \alpha\beta+\beta\gamma+\gamma\alpha=\frac{c}{a}, \qquad \alpha\beta\gamma=-\frac{d}{a}$$

2. 세 수를 근으로 하는 삼차방정식

x^3의 계수가 1이고 α, β, γ를 세 근으로 하는 삼차방정식은

$$(x-\alpha)(x-\beta)(x-\gamma)=0$$

즉, $x^3-(\alpha+\beta+\gamma)x^2+(\alpha\beta+\beta\gamma+\gamma\alpha)x-\alpha\beta\gamma=0$

세 근의 합 　　 두 근끼리의 곱의 합　 세 근의 곱

3. 삼차방정식의 켤레근

(1) 계수가 유리수인 삼차방정식이 $a+b\sqrt{m}$을 근으로 가지면
$a-b\sqrt{m}$도 근이다. (단, a, b는 유리수, $b\neq0$, $\sqrt{m}$은 무리수)

(2) 계수가 실수인 삼차방정식이 $a+bi$를 근으로 가지면 $a-bi$도 근이다.
(단, a, b는 실수, $b\neq0$)

세 수 α, β, γ를 근으로 하고 x^3의
계수가 a인 삼차방정식은

$$a\{x^3-(\alpha+\beta+\gamma)x^2 \\ +(\alpha\beta+\beta\gamma+\gamma\alpha)x-\alpha\beta\gamma\}=0$$

유형 067　삼차방정식의 근과 계수의 관계

※ [01~09] 다음 삼차방정식의 세 근을 α, β, γ라 할 때, $\alpha+\beta+\gamma, \alpha\beta+\beta\gamma+\gamma\alpha, \alpha\beta\gamma$의 값을 각각 구하여라.

01 $x^3-3x^2-4x+2=0$

02 $x^3+4x^2-3x-5=0$

03 $x^3-2x^2+4x-8=0$

04 $x^3+3x-2=0$

05 $x^3-5x^2+5x+3=0$

06 $x^3-x^2+3x-1=0$

07 $2x^3-4x^2+8x-1=0$

08 $2x^3+x^2-3=0$

09 $2x^3-3x^2+7x-1=0$

※ [10~16] 삼차방정식 $x^3-x^2+5x-2=0$의 세 근을 α, β, γ라 할 때, 다음 식의 값을 구하여라.

10 $\alpha+\beta+\gamma$

11 $\alpha\beta+\beta\gamma+\gamma\alpha$

12 $\alpha\beta\gamma$

13 $\dfrac{1}{\alpha}+\dfrac{1}{\beta}+\dfrac{1}{\gamma}$

14 $\alpha^2+\beta^2+\gamma^2$

15 $(\alpha-1)(\beta-1)(\gamma-1)$

16 $(\alpha+\beta)(\beta+\gamma)(\gamma+\alpha)$

※ [17~22] 삼차방정식 $x^3-6x-4=0$의 세 근을 α, β, γ라 할 때, 다음 식의 값을 구하여라.

17 $\alpha+\beta+\gamma$

18 $\alpha\beta+\beta\gamma+\gamma\alpha$

19 $\alpha\beta\gamma$

20 $\dfrac{1}{\alpha}+\dfrac{1}{\beta}+\dfrac{1}{\gamma}$

21 $\alpha^2+\beta^2+\gamma^2$

22 $(\alpha-1)(\beta-1)(\gamma-1)$

23 삼차방정식 $x^3-3x^2+6x-10=0$의 세 근을 α, β, γ라 할 때, $(\alpha+\beta)(\beta+\gamma)(\gamma+\alpha)$의 값을 구하여라.

유형 068 세 수를 근으로 하는 삼차방정식

※ [24~28] 다음 세 수를 근으로 하고 x^3의 계수가 1인 삼차방정식을 구하여라.

24 $-1,\ 1,\ 2$

해설ㅣ (세 근의 합)$=(-1)+1+2=2$
(두 근끼리의 곱의 합)$=-1+2+(-2)=-1$
(세 근의 곱)$=(-1)\times1\times2=-2$
따라서 구하는 삼차방정식은 ☐

25 $1,\ 2,\ 3$

26 $1,\ 1+\sqrt{2},\ 1-\sqrt{2}$

27 $-1,\ i,\ -i$

28 $2,\ 1+i,\ 1-i$

※ [29~33] 삼차방정식 $x^3+x-1=0$의 세 근을 $\alpha,\ \beta,\ \gamma$라 할 때, 다음을 세 근으로 하고 x^3의 계수가 1인 삼차방정식을 구하여라.

29 $-\alpha,\ -\beta,\ -\gamma$

30 $\alpha+1,\ \beta+1,\ \gamma+1$

31 $\dfrac{1}{\alpha},\ \dfrac{1}{\beta},\ \dfrac{1}{\gamma}$

32 $\alpha+\beta,\ \beta+\gamma,\ \gamma+\alpha$

33 $\alpha\beta,\ \beta\gamma,\ \gamma\alpha$

※ [34~35] 삼차방정식 $x^3+ax+b=0$의 한 근이 $1+\sqrt{2}$ 일 때, 다음을 구하여라. (단, a, b는 유리수)

34 나머지 두 근

해설| $a,\ b$가 유리수이고 주어진 삼차방정식의 한 근이 $1+\sqrt{2}$이므로 다른 한 근은 $\boxed{}$이다.

나머지 한 근을 α라고 하면 근과 계수의 관계에 의하여

$(1+\sqrt{2})+(\boxed{})+\alpha=\boxed{}$이므로 $\alpha=\boxed{}$

따라서 나머지 두 근은 $\boxed{},\ \boxed{}$이다.

35 $a+b$의 값

※ [36~37] 삼차방정식 $x^3+ax^2+bx-3=0$의 한 근이 $2+\sqrt{3}$일 때, 다음을 구하여라. (단, a, b는 유리수)

36 나머지 두 근

37 $a+b$의 값

※ [38~39] 삼차방정식 $x^3-x^2+ax+b=0$의 한 근이 $1+i$일 때, 다음을 구하여라. (단, a, b는 실수)

38 나머지 두 근

39 $a+b$의 값

※ [40~41] 삼차방정식 $x^3+ax^2+bx-10=0$의 한 근이 $2+i$일 때, 다음을 구하여라. (단, a, b는 실수)

40 나머지 두 근

41 $a+b$의 값

42 삼차방정식 $x^3-12x^2+ax+b=0$의 세 근의 비가 $1:2:3$일 때, 두 실수 a, b의 합 $a+b$의 값을 구하여라.

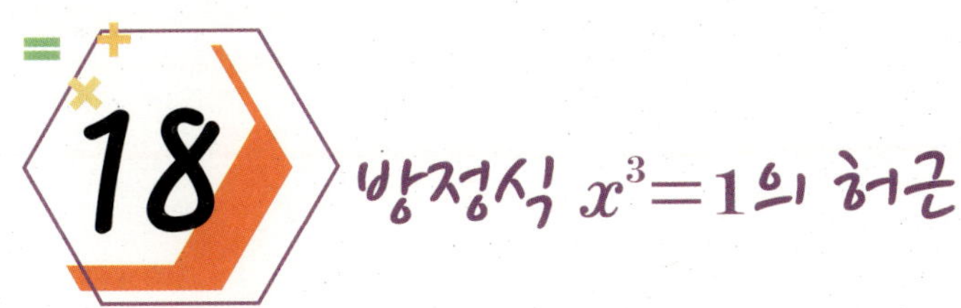

18 방정식 $x^3=1$의 허근

1. 삼차방정식 $x^3=1$의 한 허근을 ω라고 하면 다음이 성립한다.

   (단, $\bar{\omega}$는 ω의 켤레복소수)

   (1) $\omega^3=1$, $\omega^2+\omega+1=0$
   (2) $\omega+\bar{\omega}=-1$, $\omega\bar{\omega}=1$, $\omega^2=\bar{\omega}=\dfrac{1}{\omega}$

2. 삼차방정식 $x^3=-1$의 한 허근을 ω라고 하면 다음이 성립한다.

   (단, $\bar{\omega}$는 ω의 켤레복소수)

   (1) $\omega^3=-1$, $\omega^2-\omega+1=0$
   (2) $\omega+\bar{\omega}=1$, $\omega\bar{\omega}=1$, $\omega^2=-\bar{\omega}=-\dfrac{1}{\omega}$

$x^3=1$의 한 허근을 ω라 하면 다른 한 허근은 $\omega^2(=\bar{\omega})$이다.

유형 070 방정식 $x^3=1$의 허근

※ [01~08] 방정식 $x^3=1$의 한 허근을 ω라고 할 때, 다음 식의 값을 구하여라. (단, $\bar{\omega}$는 ω의 켤레복소수)

01 $\omega^2+\omega$

해설 | $x^3=1$의 한 허근을 ω라 하면 $\omega^3=\boxed{}$

$x^3-1=0$에서 $(x-1)(\boxed{})=0$이므로

$\boxed{}=0$의 한 허근이 ω이다.

따라서 $\omega^2+\omega+1=\boxed{}$이므로 $\omega^2+\omega=\boxed{}$

02 $\omega+\bar{\omega}$

03 $\omega\bar{\omega}$

04 $\omega+\dfrac{1}{\omega}$

05 $2\omega^2+2\omega+4$

06 $\dfrac{\omega^4}{\omega^2+1}$

07 $\omega^{20}+\omega^{10}+2$

08 $1+\omega+\omega^2+\omega^3+\omega^4+\omega^5+\cdots+\omega^{30}$

학교시험 **필수**예제

09 삼차방정식 $x^3=1$의 한 허근을 ω라 할 때, $(1+\omega)(1+\omega^2)(1+\omega^3)(1+\omega^4)(1+\omega^5)(1+\omega^6)$의 값은?

① 1 ② 2 ③ 3
④ 4 ⑤ 5

※ [10~17] 방정식 $x^3=-1$의 한 허근을 ω라고 할 때, 다음 식의 값을 구하여라. (단, $\bar{\omega}$는 ω의 켤레복소수)

10 $\omega^2-\omega$

해설 | $x^3=-1$의 한 허근을 ω라 하면 $\omega^3=\boxed{}$

$x^3+1=0$에서 $(x+1)(\boxed{})=0$이므로

$\boxed{}=0$의 한 허근이 ω이다.

따라서 $\omega^2-\omega+1=\boxed{}$이므로 $\omega^2-\omega=\boxed{}$

11 $\omega+\bar{\omega}$

12 $\omega\bar{\omega}$

13 $\omega+\dfrac{1}{\omega}$

14 $2\omega^2-2\omega-4$

15 $\dfrac{\omega^4}{\omega^2+1}$

16 $\omega^{20}+\omega^{10}+2$

17 $1+\omega+\omega^2+\omega^3+\omega^4+\omega^5+\cdots+\omega^{30}$

학교시험 **필수**예제

18 삼차방정식 $x^3=-1$의 한 허근을 ω라 할 때, $(2+3\omega)(2+3\bar{\omega})$의 값은?

① 15 ② 17 ③ 19

④ 21 ⑤ 23

Tip

$x^3=1$의 한 허근을 ω라 하면 $\omega^3=1$이고,
$x^3=-1$의 한 허근을 ω라 하면 $\omega^6=1$이다.

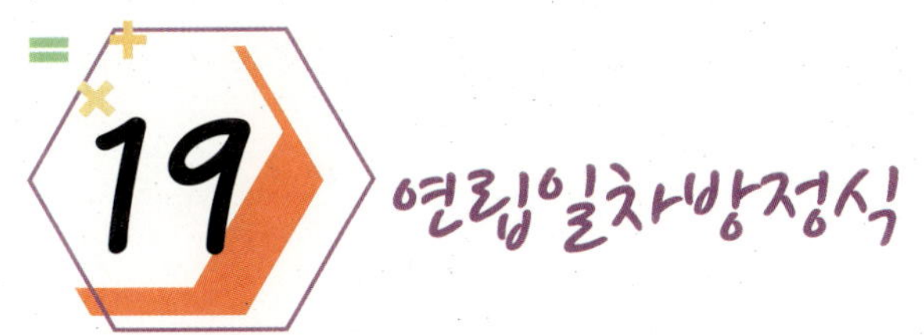

19 연립일차방정식

1. 미지수가 2개인 연립일차방정식

$\begin{cases} 2x+y=10 \\ x+y=6 \end{cases}$ 과 같이 미지수가 2개인 일차방정식 2개를 한 쌍으로 묶어 나타낸 것

2. 미지수가 2개인 연립일차방정식의 풀이

(ⅰ) 가감법 또는 대입법을 이용하여 2개의 미지수 중 1개를 소거한다.

(ⅱ) 일차방정식을 풀어 남아 있는 미지수의 값을 구한다.

(ⅲ) 구한 미지수의 값을 한 일차방정식에 대입하여 다른 미지수의 값을 구한다.

- 가감법: 두 일차방정식을 변끼리 더하거나 빼어서 한 미지수를 소거하여 연립방정식의 해를 구하는 방법
- 대입법: 한 방정식을 한 미지수에 대하여 정리한 다음 그것을 다른 방정식에 대입하여 연립방정식의 해를 구하는 방법

유형 072 미지수가 2개인 연립일차방정식

※ [01~04] 다음 연립방정식을 풀어라.

01 $\begin{cases} x+y=7 & \cdots\cdots\ \text{㉠} \\ x-y=3 & \cdots\cdots\ \text{㉡} \end{cases}$

02 $\begin{cases} 2x-3y=12 & \cdots\cdots\ \text{㉠} \\ 4x-9y=30 & \cdots\cdots\ \text{㉡} \end{cases}$

03 $\begin{cases} y=2x+1 & \cdots\cdots\ \text{㉠} \\ 3x+y=11 & \cdots\cdots\ \text{㉡} \end{cases}$

04 $\begin{cases} 2x+y=2 & \cdots\cdots\ \text{㉠} \\ x+2y=7 & \cdots\cdots\ \text{㉡} \end{cases}$

유형 073 특수한 형태의 연립일차방정식

※ [05~06] 다음 연립방정식을 풀어라.

05 $\begin{cases} x+y=8 & \cdots\cdots\ \text{㉠} \\ y+z=4 & \cdots\cdots\ \text{㉡} \\ z+x=2 & \cdots\cdots\ \text{㉢} \end{cases}$

해설 | ㉠+㉡+㉢을 하면 $\boxed{}(x+y+z)=14$

∴ $x+y+z=\boxed{}$ ⋯ ㉣

㉣−㉡을 하면 $x=\boxed{}$

㉣−㉢을 하면 $y=\boxed{}$

㉣−㉠을 하면 $z=\boxed{}$

06 $\begin{cases} x+y=3 & \cdots\cdots\ \text{㉠} \\ y+z=6 & \cdots\cdots\ \text{㉡} \\ z+x=7 & \cdots\cdots\ \text{㉢} \end{cases}$

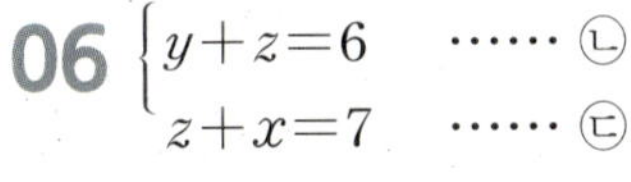

학교시험 **필수**예제

07 연립방정식 $\begin{cases} x+2y=1 & \cdots\cdots\ \text{㉠} \\ 2y+3z=6 & \cdots\cdots\ \text{㉡} \\ 3z+x=7 & \cdots\cdots\ \text{㉢} \end{cases}$ 의 해를

$x=a$, $y=b$, $z=c$라 할 때, $a+b+c$의 값을 구하여라.

20 연립이차방정식

1. **일차방정식과 이차방정식으로 이루어진 연립방정식**
   일차방정식의 한 미지수를 다른 미지수에 대한 식으로 나타낸 후 이차방정식에 대입하여 푼다.
2. **두 이차방정식으로 이루어진 연립방정식**
   (1) 인수분해되는 식이 있는 경우 : 한 이차방정식이 $AB=0$으로 인수분해되면 두 일차방정식 $A=0$, $B=0$을 다른 이차방정식과 각각 연립하여 푼다.
   (2) 인수분해되는 식이 없는 경우 : 이차항 또는 상수항을 소거하여 푼다.

미지수가 2개인 연립이차방정식은 다음과 같은 두 가지 꼴이 있다.

$$\begin{cases} (\text{일차식})=0 \\ (\text{이차식})=0 \end{cases} \begin{cases} (\text{이차식})=0 \\ (\text{이차식})=0 \end{cases}$$

※ [01~04] 다음 연립방정식을 풀어라.

01 $\begin{cases} x-y=-1 & \cdots\cdots \ \boxdot \\ x^2+y^2=5 & \cdots\cdots \ \boxdot \end{cases}$

해설 | $\boxdot$에서 $y=x+1$ $\cdots$ $\boxdot$
$\boxdot$을 $\boxdot$에 대입하면 $x^2+(x+1)^2=5$
$x^2+x-2=0$, $(x-1)(x+2)=0$
$\therefore\ x=1$ 또는 $x=\boxed{}$
$x=1$을 $\boxdot$에 대입하면 $y=2$
$x=\boxed{}$를 $\boxdot$에 대입하면 $y=\boxed{}$
따라서 주어진 연립방정식의 해는
$\begin{cases} x=\boxed{} \\ y=\boxed{} \end{cases}$ 또는 $\begin{cases} x=1 \\ y=2 \end{cases}$

02 $\begin{cases} x+y=14 & \cdots\cdots \ \boxdot \\ x^2+y^2=100 & \cdots\cdots \ \boxdot \end{cases}$

03 $\begin{cases} 2x-y=-1 & \cdots\cdots \ \boxdot \\ 3x^2-y^2=-6 & \cdots\cdots \ \boxdot \end{cases}$

04 $\begin{cases} x-y=2 & \cdots\cdots \ \boxdot \\ x^2-2xy=-12 & \cdots\cdots \ \boxdot \end{cases}$

05 연립방정식 $\begin{cases} 2x-y=k \\ x^2+y^2=5 \end{cases}$ 가 오직 한 쌍의 해를 가질 때, 양수 k의 값은?

① 4   ② 5   ③ $3\sqrt{3}$
④ $\sqrt{30}$ ⑤ 6

유형 075 두 이차방정식으로 이루어진 연립방정식

※ [06~14] 다음 연립방정식을 풀어라.

06 $\begin{cases} x^2-y^2=0 & \cdots\cdots ㉠ \\ x^2-xy+y^2=3 & \cdots\cdots ㉡ \end{cases}$

해설 | ㉠의 좌변을 인수분해하면

$(x+y)(x-y)=0$

$\therefore x=\boxed{}$ 또는 $x=y$

(i) $x=\boxed{}$ 를 ㉡에 대입하면

$(-y)^2-(-y)\cdot y+y^2=3$

$3y^2=3,\ y^2=1$

$\therefore y=\boxed{}$

$x=-y$ 이므로 $x=\boxed{}$, $y=\boxed{}$

(ii) $x=y$ 를 ㉡에 대입하면

$y^2-y^2+y^2=3,\ y^2=3$

$\therefore y=\pm\sqrt{3}$

$x=y$ 이므로 $x=\pm\sqrt{3},\ y=\pm\sqrt{3}$

따라서 주어진 연립방정식의 해는

$\begin{cases} x=\boxed{} \\ y=-1 \end{cases}$ 또는 $\begin{cases} x=\boxed{} \\ y=1 \end{cases}$

또는 $\begin{cases} x=\sqrt{3} \\ y=\boxed{} \end{cases}$ 또는 $\begin{cases} x=-\sqrt{3} \\ y=\boxed{} \end{cases}$

07 $\begin{cases} x^2+xy-2y^2=0 & \cdots\cdots ㉠ \\ 2x^2+y^2=9 & \cdots\cdots ㉡ \end{cases}$

08 $\begin{cases} x^2-5xy+4y^2=0 & \cdots\cdots ㉠ \\ x^2+2y^2=18 & \cdots\cdots ㉡ \end{cases}$

09 $\begin{cases} x^2-xy=0 & \cdots\cdots ㉠ \\ x^2+xy+y^2=9 & \cdots\cdots ㉡ \end{cases}$

10 $\begin{cases} x^2-xy-6y^2=0 & \cdots\cdots ㉠ \\ x^2-xy+y^2=28 & \cdots\cdots ㉡ \end{cases}$

11 $\begin{cases} x^2+xy-3y^2=-6 & \cdots\cdots \ ㉠ \\ x^2-xy+y^2=6 & \cdots\cdots \ ㉡ \end{cases}$

해설 | ㉠+㉡을 하여 상수항을 소거하면

$2x^2-2y^2=0$, $(x+y)(x-y)=0$

$\therefore x=-y$ 또는 $x=\boxed{}$

(i) $x=-y$를 ㉠에 대입하면

$(-y)^2+(-y)\cdot y-3y^2=-6$

$-3y^2=-6$, $y^2=2$

$\therefore y=\pm\sqrt{2}$

$x=-y$이므로 $x=\pm\sqrt{2}$, $y=\mp\sqrt{2}$

(ii) $x=\boxed{}$를 ㉠에 대입하면

$y^2+y^2-3y^2=-6$, $y^2=6$

$\therefore y=\boxed{}$

$x=y$이므로 $x=\boxed{}$, $y=\boxed{}$

따라서 주어진 연립방정식의 해는

$\begin{cases} x=\boxed{} \\ y=-\sqrt{2} \end{cases}$ 또는 $\begin{cases} x=\boxed{} \\ y=\sqrt{2} \end{cases}$

또는 $\begin{cases} x=\sqrt{6} \\ y=\boxed{} \end{cases}$ 또는 $\begin{cases} x=-\sqrt{6} \\ y=\boxed{} \end{cases}$

12 $\begin{cases} x^2+y^2+2x=0 & \cdots\cdots \ ㉠ \\ x^2+y^2+x+y=2 & \cdots\cdots \ ㉡ \end{cases}$

13 $\begin{cases} x^2-xy=6 & \cdots\cdots \ ㉠ \\ y^2-xy=3 & \cdots\cdots \ ㉡ \end{cases}$

14 $\begin{cases} 2x^2-2y^2+3x-y=4 & \cdots\cdots \ ㉠ \\ x^2-y^2+2x-y=3 & \cdots\cdots \ ㉡ \end{cases}$

15 연립방정식 $\begin{cases} 3x^2+2xy-y^2=0 \\ x^2+y^2+2x=12 \end{cases}$ 의 해를 $x=\alpha$, $y=\beta$라 할 때, $\alpha+\beta$의 최댓값은?

① 0　　　　② 1　　　　③ 2

④ 3　　　　⑤ 4

Tip

연립방정식을 이루는 두 이차방정식이 인수분해되지 않는 경우에는 이차항을 소거할 수 있으면 이차항을 소거하고, 소거할 수 없으면 상수항을 소거한다.

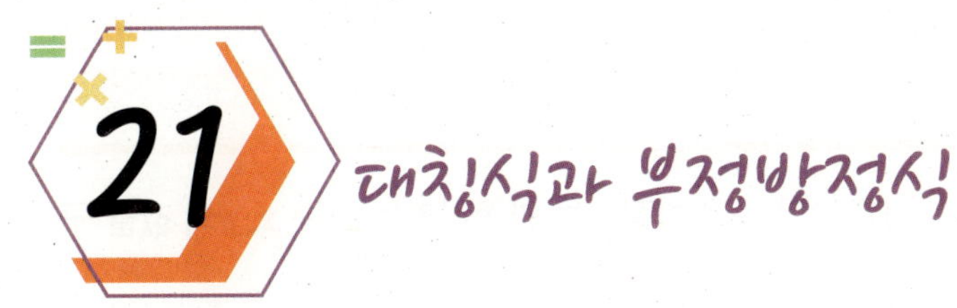

21 대칭식과 부정방정식

1. 대칭식으로 이루어진 연립방정식

(ⅰ) $x+y=u$, $xy=v$로 놓고 주어진 연립방정식을 u, v에 대한 연립방정식으로 변형한다.

(ⅱ) (ⅰ)에서 만든 연립방정식을 풀어 u, v의 값을 구한다.

(ⅲ) x, y는 이차방정식 $t^2-ut+v=0$의 두 근임을 이용하여 해를 구한다.

2. 부정방정식

(1) 정수 조건이 있을 때

　(일차식)×(일차식)=(정수)의 꼴로 변형하여 구한다.

(2) 실수 조건이 있을 때

　① $A^2+B^2=0$이면 $A=0$, $B=0$임을 이용한다.

　② 한 문자에 대하여 정리한 후 판별식 $D\geq0$임을 이용한다.

> 방정식의 개수가 미지수의 개수보다 적어 그 근을 정할 수 없는 방정식을 부정방정식이라고 한다.
> 이때 부정방정식에 특정한 조건이 주어지면 그 해를 유한개로 정할 수 있다.

유형 076　대칭식으로 이루어진 연립방정식

※ [01~04] 다음 연립방정식을 풀어라.

01 $\begin{cases} x+y=8 \\ xy=-20 \end{cases}$

해설 | $x+y=8$, $xy=-20$을 만족시키는 x, y는 이차방정식 $t^2-\boxed{}t-\boxed{}=0$의 두 근이다.

$t^2-8t-20=0$에서 $(t+2)(t-10)=0$

$\therefore t=\boxed{}$ 또는 $t=\boxed{}$

따라서 주어진 연립방정식의 해는

$\begin{cases} x=\boxed{} \\ y=10 \end{cases}$ 또는 $\begin{cases} x=\boxed{} \\ y=-2 \end{cases}$

02 $\begin{cases} x+y=-1 \\ xy=-6 \end{cases}$

03 $\begin{cases} x+y=2 \\ xy=-3 \end{cases}$

04 $\begin{cases} x+y=-2 \\ x-xy+y=1 \end{cases}$

학교시험 필수예제

05 연립방정식 $\begin{cases} x+y=a+2 \\ xy=\dfrac{a^2+1}{4} \end{cases}$ 이 실근을 갖도록 하는 실수 a의 값의 범위를 구하여라.

※ [06~09] 다음 방정식을 만족시키는 정수 x, y의 값을 구하여라.

06 $(x-1)(y-1)=-1$

해설| x, y가 정수이면 $x-1$, $y-1$도 정수이므로 그 값은 다음과 같다.

$x-1$	$\square$	-1
$y-1$	-1	$\square$

(i) $x-1=\square$, $y-1=-1$일 때, $x=\square$, $y=0$

(ii) $x-1=-1$, $y-1=\square$일 때, $x=0$, $y=\square$

따라서 구하는 x, y의 값은 $\begin{cases} x=\square \\ y=0 \end{cases}$ 또는 $\begin{cases} x=0 \\ y=\square \end{cases}$

07 $(x-1)(y-1)=2$

08 $(x+2)(y-2)=3$

09 $xy+x+y-4=0$

※ [10~12] 다음 방정식을 만족시키는 실수 x, y의 값을 구하여라.

10 $x^2+y^2-4y+4=0$

11 $x^2+2xy+2y^2-2y+1=0$

12 $5x^2-4xy-2x+y^2+1=0$

13 방정식 $3x^2+y^2-2xy-8y+24=0$을 만족시키는 실수 x, y에 대하여 xy의 값을 구하여라.

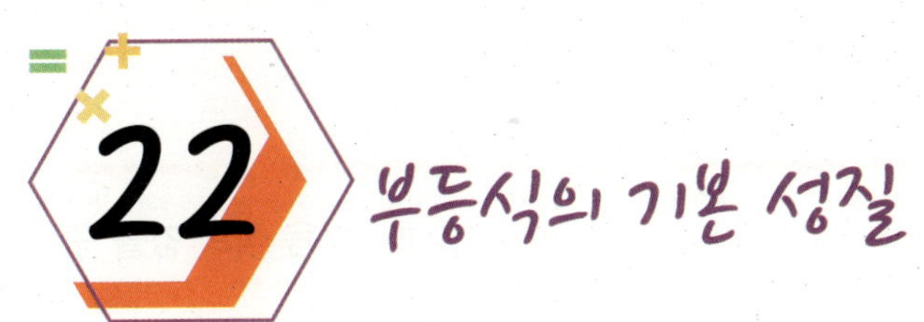

22 부등식의 기본 성질

임의의 실수 a, b, c에 대하여 다음이 성립한다.

(1) $a>b$, $b>c$이면 $a>c$

(2) $a>b$이면 $a+c>b+c$, $a-c>b-c$

(3) $a>b$, $c>0$이면 $ac>bc$, $\dfrac{a}{c}>\dfrac{b}{c}$

(4) $a>b$, $c<0$이면 $ac<bc$, $\dfrac{a}{c}<\dfrac{b}{c}$

| 참고 | $a\le x\le b$, $c\le y\le d$일 때,
① $a+c\le x+y\le b+d$
② $a-d\le x-y\le b-c$
③ (최솟값)$\le xy\le$(최댓값) (ac, ad, bc, bd 중에서)
④ (최솟값)$\le \dfrac{x}{y}\le$(최댓값) $\left(\dfrac{a}{c}, \dfrac{b}{c}, \dfrac{a}{d}, \dfrac{b}{d}$ 중에서$\right)$

부등식의 양변에 같은 음수를 곱하거나 양변을 같은 음수로 나눌 때 부등호의 방향이 바뀜에 주의한다.

유형 O78 부등식의 기본 성질

※ [01~04] $a<b$일 때, 다음 □ 안에 알맞은 부등호를 써넣어라.

01 $a+1 \ \square\ b+1$

02 $a-2 \ \square\ b-2$

03 $\dfrac{a}{2} \ \square\ \dfrac{b}{2}$

04 $-3a+4 \ \square\ -3b+4$

※ [05~08] $a<0<b$일 때, 다음 □ 안에 알맞은 부등호를 써넣어라.

05 $2a \ \square\ a+b$

06 $a+b \ \square\ 2b$

07 $a^2 \ \square\ ab$

08 $ab \ \square\ b^2$

※ [09~11] $-1 < x \leq 3$일 때, 다음 식의 값의 범위를 구하여라.

09 $2x+1$

10 $-x-2$

11 $\dfrac{x}{3}+1$

※ [12~14] $0 \leq x < 5$일 때, 다음 식의 값의 범위를 구하여라.

12 $3x-2$

13 $-2x+3$

14 $-\dfrac{x}{5}+2$

※ [15~18] $1 \leq x \leq 3$, $2 \leq y \leq 4$일 때, 다음 식의 값을 구하여라.

15 $x+y$

16 $x-y$

17 xy

18 $\dfrac{x}{y}$

학교시험 **필수**예제

19 $2 \leq x \leq 4$, $-2 \leq y \leq a$에서 $2x - \dfrac{1}{2}y$의 최댓값이 b이고, 최솟값이 2일 때, $a+b$의 값은?

① 5   ② 7   ③ 9
④ 11   ⑤ 13

23 일차부등식의 풀이

1. x에 대한 부등식 $ax>b$의 풀이

(1) $a>0$일 때, $x>\dfrac{b}{a}$

(2) $a<0$일 때, $x<\dfrac{b}{a}$

(3) $a=0$일 때, $\begin{cases} b\geq0\text{이면 해는 없다.} \\ b<0\text{이면 해는 모든 실수이다.} \end{cases}$

2. 연립일차부등식의 풀이

(1) 두 개 이상의 부등식을 한 쌍으로 묶어서 나타낸 것을 연립부등식이라 하며, 각각의 부등식이 일차부등식인 연립부등식을 연립일차부등식이라 한다.

(2) 연립일차부등식을 풀 때는 각 일차부등식의 해를 구하여 그 공통부분을 구하면 된다.

3. 절댓값 기호를 포함한 일차부등식의 풀이 : $a>0$일 때

(1) $|x|<a$이면 $-a<x<a$

(2) $|x|>a$이면 $x<-a$ 또는 $x>a$

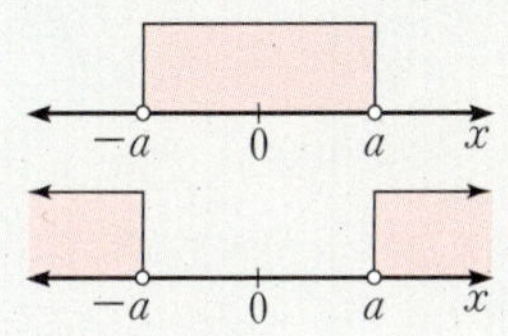

절댓값 기호가 여러 개 포함된 x에 대한 부등식을 풀 때에는 절댓값 기호 안의 식의 값이 0이 되는 x의 값을 경계로 하여 x의 값의 범위를 나누어 해를 구한다.

유형 080 부등식 $ax>b$의 풀이

※ [01~04] 다음 부등식을 풀어라.

01 $4x+2\leq2x-8$

02 $x-4\leq3x+6$

03 $3(x-2)+1>3x-4$

04 $2(x-1)+x<3(x+2)-5$

※ [05~09] 다음 중 x에 대한 부등식 $ax\leq b$에 대한 설명으로 옳은 것에는 ○표, 옳지 않은 것에는 ×표를 하여라.

05 $a>0$일 때, $x\leq\dfrac{b}{a}$　　　　　　(　　　)

06 $a<0$일 때, $x\geq\dfrac{b}{a}$　　　　　　(　　　)

07 $a=0$, $b=0$이면 해는 없다.　　　(　　　)

08 $a=0$, $b<0$이면 해는 없다.　　　(　　　)

09 $a=0$, $b>0$이면 해는 모든 실수이다.　(　　　)

※ [10~16] 다음 연립일차부등식을 풀어라.

10 $\begin{cases} 2x-2<4 & \cdots\cdots ㉠ \\ 2x-6\geq -3x+4 & \cdots\cdots ㉡ \end{cases}$

해설| 부등식 ㉠을 풀면 $2x<6$, 즉 $x<\boxed{}$

부등식 ㉡을 풀면 $5x\geq 10$, 즉 $x\geq\boxed{}$

㉠, ㉡의 해를 수직선 위에 함께 나타내면 다음 그림과 같다.

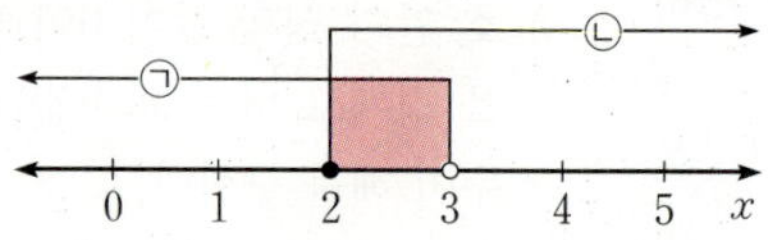

따라서 연립부등식의 해는 $\boxed{}\leq x<\boxed{}$ 이다.

11 $\begin{cases} 4x-2>3x & \cdots\cdots ㉠ \\ 5-x<5x-1 & \cdots\cdots ㉡ \end{cases}$

12 $\begin{cases} 3x+15<x+7 & \cdots\cdots ㉠ \\ 3x-7\geq 5x-9 & \cdots\cdots ㉡ \end{cases}$

13 $\begin{cases} 3x+4>5x-10 & \cdots\cdots ㉠ \\ 2x+4\geq x+3 & \cdots\cdots ㉡ \end{cases}$

14 $\begin{cases} 2(x-4)\leq x-2 & \cdots\cdots ㉠ \\ 7+3x\geq 2(x+5) & \cdots\cdots ㉡ \end{cases}$

15 $\begin{cases} \dfrac{3}{2}x-1<0.6x+0.8 & \cdots\cdots ㉠ \\ 2-\dfrac{x-2}{4}\geq\dfrac{x-1}{2} & \cdots\cdots ㉡ \end{cases}$

16 $\begin{cases} 3(x-2)-1\geq 1+x & \cdots\cdots ㉠ \\ \dfrac{2x-7}{3}<\dfrac{x-3}{2}+1 & \cdots\cdots ㉡ \end{cases}$

17 연립부등식 $\begin{cases} 3x+a<2(x-2) \\ 0.4x-1>0.1x-4 \end{cases}$ 를 만족시키는 자연수 x가 2개일 때, 상수 a의 값의 범위를 구하여라.

※ [18~20] 다음 연립일차부등식을 풀어라.

18 $\begin{cases} 1-x \geq 3 & \cdots\cdots ㉠ \\ x+5 \leq 2x+2 & \cdots\cdots ㉡ \end{cases}$

해설ㅣ 부등식 ㉠을 풀면 $x \leq \boxed{}$

부등식 ㉡을 풀면 $x \geq \boxed{}$

㉠, ㉡의 해를 수직선 위에 나타내면 다음 그림과 같다.

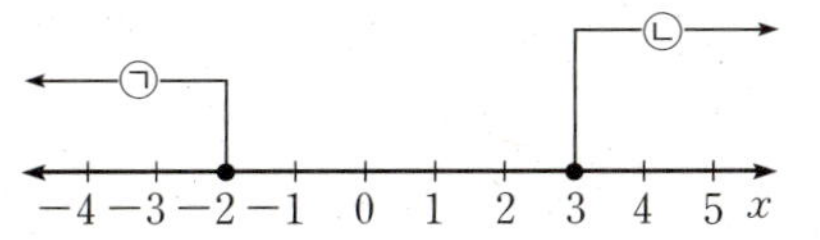

따라서 부등식 ㉠, ㉡을 동시에 만족하는 $\boxed{}$.

즉, 연립부등식의 $\boxed{}$.

19 $\begin{cases} 5x < 2(3x+1) & \cdots\cdots ㉠ \\ 3(x-2) \geq 5x-2 & \cdots\cdots ㉡ \end{cases}$

20 $\begin{cases} \dfrac{2x-1}{3} \leq 3 & \cdots\cdots ㉠ \\[2mm] \dfrac{x-2}{2} \geq -\dfrac{1}{2}x+4 & \cdots\cdots ㉡ \end{cases}$

21 연립부등식 $\begin{cases} 3x-2 < 4 \\ 4+x > a \end{cases}$ 의 해가 없도록 하는 상수 a의 값의 범위를 구하여라.

※ [22~23] 다음 연립일차부등식을 풀어라.

22 $-x-3 < 2x < x+2$

해설ㅣ 주어진 부등식은 다음 연립부등식과 같다.

$\begin{cases} -x-3 < 2x & \cdots\cdots ㉠ \\ 2x < x+2 & \cdots\cdots ㉡ \end{cases}$

부등식 ㉠을 풀면 $-3x < 3$, 즉 $x > \boxed{}$

부등식 ㉡을 풀면 $x < \boxed{}$

㉠, ㉡의 해를 수직선 위에 나타내면 다음 그림과 같다.

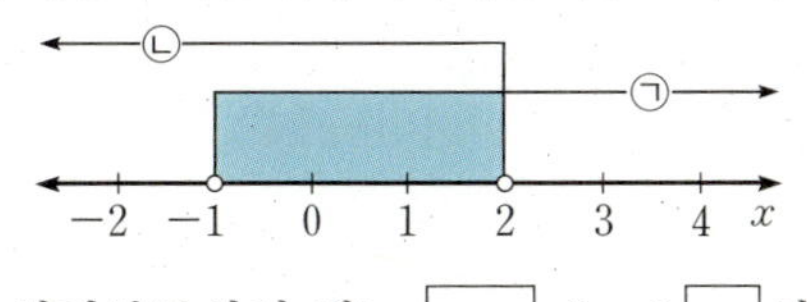

따라서 연립부등식의 해는 $\boxed{} < x < \boxed{}$ 이다.

23 $3(x-3) < 2x+3 < 4(x+2)-1$

24 연립부등식 $\dfrac{3x-5}{4} < \dfrac{3-x}{2} \leq \dfrac{6-x}{3}$ 를 만족시키는 x의 값 중 가장 큰 정수를 M, 가장 작은 정수를 n이라 할 때, Mn의 값은?

① -2 　　② -4 　　③ -6
④ -8 　　⑤ -10

※ [25~32] 다음 부등식을 풀어라.

25 $|x+1|<2$

해설 | $|x+1|<2$에서

$$\boxed{}<x+1<\boxed{}$$

$$\therefore \boxed{}<x<\boxed{}$$

26 $|2x-3|\leq 1$

27 $|x-3|\geq 3$

28 $|3x+2|>5$

29 $2|x-3|\leq x$

해설 | $2|x-3|\leq x$에서

(i) $x<3$일 때, $\boxed{}\leq x$

$\qquad -3x\leq -6 \qquad \therefore x\geq \boxed{}$

그런데 $x<3$이므로 $\boxed{}$

(ii) $x\geq 3$일 때, $\boxed{}\leq x$

$\qquad \therefore x\leq \boxed{}$

그런데 $x\geq 3$이므로 $\boxed{}$

(i), (ii)에 의하여 주어진 부등식의 해는 $\boxed{}$

30 $|x|+|x-1|\leq 5$

31 $|x-1|+|x+2|>5$

32 $|x+1|+|3-x|>6$

학교시험 **필수**예제

33 부등식 $2\leq|x+2|\leq 4$를 만족시키는 정수 x의 개수는?

① 3   ② 4   ③ 5

④ 6   ⑤ 7

24 이차함수와 이차부등식의 관계

1. **이차부등식 $ax^2+bx+c>0$의 해**
   (1) 이차함수 $y=ax^2+bx+c$에서 $y>0$을 만족시키는 x의 값의 범위
   (2) 이차함수 $y=ax^2+bx+c$의 그래프가 x축보다 위쪽에 있는 부분의 x의 값의 범위
2. **이차부등식 $ax^2+bx+c<0$의 해**
   (1) 이차함수 $y=ax^2+bx+c$에서 $y<0$을 만족시키는 x의 값의 범위
   (2) 이차함수 $y=ax^2+bx+c$의 그래프가 x축보다 아래쪽에 있는 부분의 x의 값의 범위

|참고| 이차부등식 $ax^2+bx+c\geq0$의 해는 부등식 $ax^2+bx+c>0$의 해와 방정식 $ax^2+bx+c=0$의 해를 모두 포함한다.

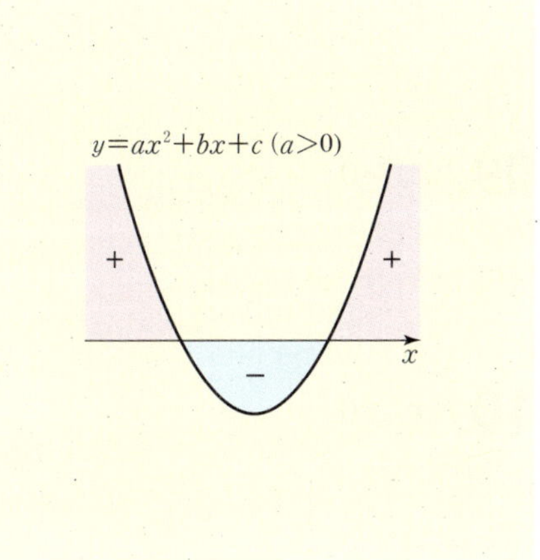

유형 083 이차함수와 이차부등식의 관계

※ [01~04] 이차함수 $y=f(x)$의 그래프가 오른쪽 그림과 같을 때, 다음 이차부등식을 풀어라.

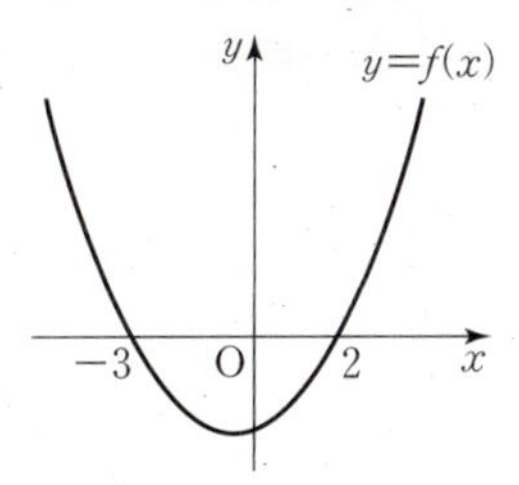

01 $f(x)>0$

해설| $f(x)>0$의 해는 $y=f(x)$의 그래프에서 x축보다 ☐에 있는 부분의 x의 값의 범위이므로
$x<$☐ 또는 $x>$☐

02 $f(x)\geq0$

해설| $f(x)\geq0$의 해는 $y=f(x)$의 그래프에서 x축 위에 있거나 x축보다 ☐에 있는 부분의 x의 값의 범위이므로
x☐-3 또는 x☐2

03 $f(x)<0$

04 $f(x)\leq0$

※ [05~08] 이차함수 $y=f(x)$의 그래프가 오른쪽 그림과 같을 때, 다음 이차부등식을 풀어라.

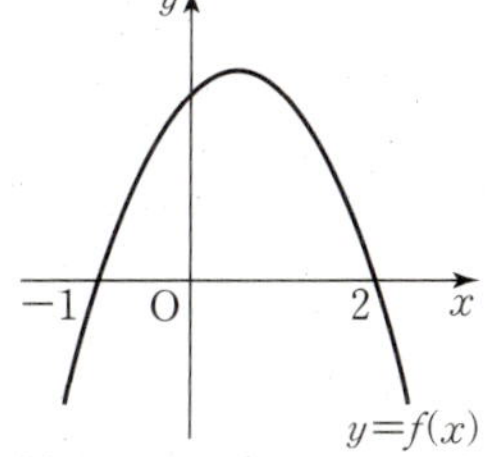

05 $f(x)>0$

06 $f(x)\geq0$

07 $f(x)<0$

08 $f(x)\leq0$

※ [09~12] 이차함수 $y=f(x)$의 그래프가 오른쪽 그림과 같을 때, 다음 이차부등식을 풀어라.

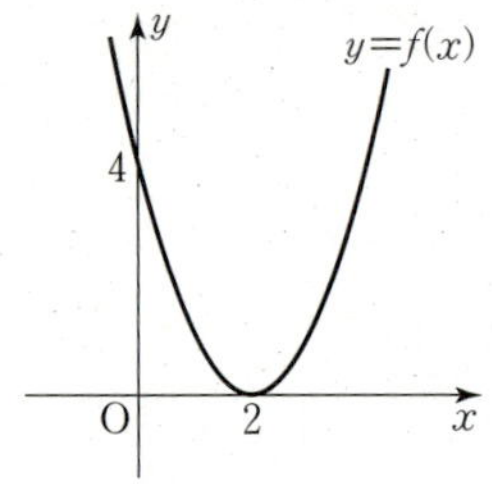

09 $f(x)>0$

10 $f(x)\geq0$

11 $f(x)<0$

12 $f(x)\leq0$

※ [13~16] 이차함수 $y=f(x)$의 그래프가 오른쪽 그림과 같을 때, 다음 이차부등식을 풀어라.

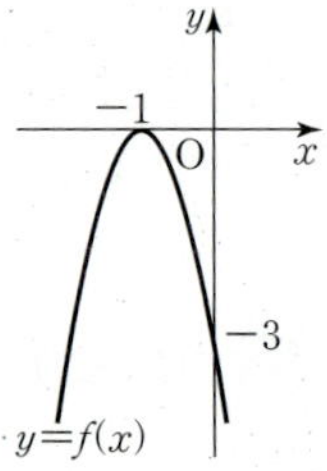

13 $f(x)>0$

14 $f(x)\geq0$

15 $f(x)<0$

16 $f(x)\leq0$

※ [17~18] 이차함수 $y=f(x)$의 그래프가 오른쪽 그림과 같을 때, 다음 이차부등식을 풀어라.

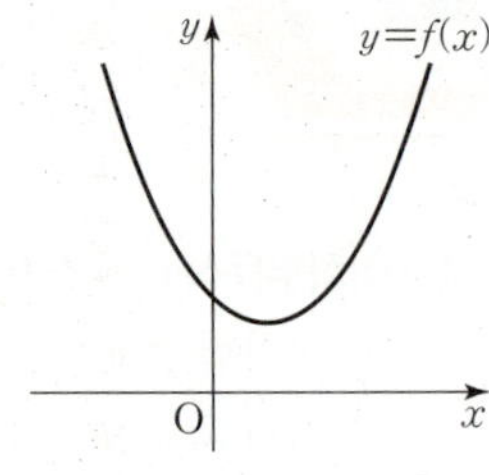

17 $f(x)>0$

18 $f(x)<0$

※ [19~20] 이차함수 $y=f(x)$의 그래프가 오른쪽 그림과 같을 때, 다음 이차부등식을 풀어라.

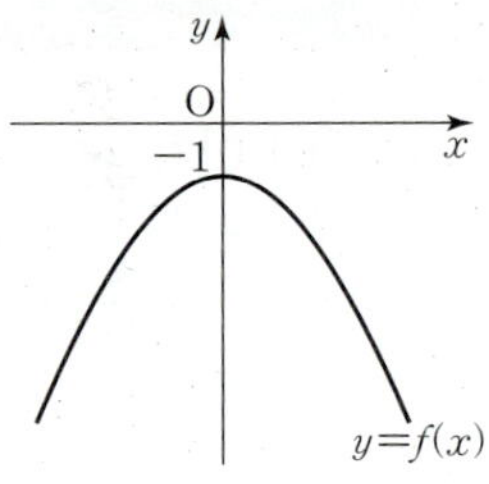

19 $f(x)>0$

20 $f(x)<0$

21 두 이차함수 $y=f(x)$와 $y=g(x)$의 그래프가 오른쪽 그림과 같을 때, 부등식 $f(x)\geq g(x)$의 해는 $a\leq x\leq b$ 이다. 이때 a^2+b^2의 값을 구하여라.

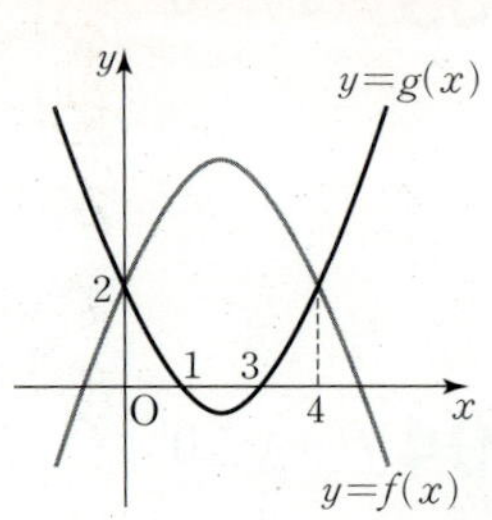

25 이차부등식의 풀이

$a>0$일 때, 이차함수 $y=ax^2+bx+c$의 그래프가 x축과 만나는 점의 x좌표를 α, β $(\alpha \leq \beta)$라 하고 이차방정식 $ax^2+bx+c=0$의 판별식을 $D=b^2-4ac$라 하면 이차부등식의 해는 다음과 같다.

D	$D>0$	$D=0$	$D<0$
$y=ax^2+bx+c$의 그래프			
$ax^2+bx+c>0$의 해	$x<\alpha$ 또는 $x>\beta$	$x\neq\alpha$인 모든 실수	모든 실수
$ax^2+bx+c\geq0$의 해	$x\leq\alpha$ 또는 $x\geq\beta$	모든 실수	모든 실수
$ax^2+bx+c<0$의 해	$\alpha<x<\beta$	없다.	없다.
$ax^2+bx+c\leq0$의 해	$\alpha\leq x\leq\beta$	$x=\alpha$	없다.

$a<0$일 때는 이차부등식의 양변에 -1을 곱하여 x^2의 계수를 양수로 변형한 다음 푼다. 이때 부등호의 방향이 바뀌는 것에 주의한다.

유형 O84 이차부등식의 풀이

※ [01~18] 다음 이차부등식을 풀어라.

01 $x^2-2x-3>0$

02 $x^2-3x+2\geq0$

03 $x^2-x-6<0$

04 $x^2+3x-10\leq0$

05 $x^2-5x-6>0$

06 $2x^2+x-6\geq0$

07 $2x^2+5x+3<0$

08 $2x^2-x-15\leq0$

09 $x^2+8x+16>0$

해설 | $x^2+8x+16>0$에서 $(x+4)^2>0$

따라서 $x^2+8x+16>0$의 해는 $\boxed{}$인 모든 실수이다.

10 $x^2-4x+4\geq0$

11 $x^2-6x+9<0$

12 $9x^2-6x+1\leq0$

13 $2x^2+4x+2>0$

14 $-4x^2+4x-1>0$

15 $x^2-2x+3>0$

해설 | $x^2-2x+3=(x-1)^2+2>0$이므로

$x^2-2x+3>0$의 해는 $\boxed{}$이다.

16 $x^2+2x+2\geq0$

17 $2x^2+4x+3<0$

18 $2x^2-4x+3\leq0$

19 이차부등식 $x^2-2kx+3k\leq0$의 해가 $x=3$일 때, 상수 k의 값은? (단, $k\neq0$)

① -3 ② -1 ③ 1
④ 3 ⑤ 5

26 이차부등식의 응용

1. **이차부등식이 항상 성립할 조건**
   (1) 이차부등식 $ax^2+bx+c>0$이 항상 성립하려면 $a>0$, $D<0$
   (2) 이차부등식 $ax^2+bx+c<0$이 항상 성립하려면 $a<0$, $D<0$
2. **이차부등식 만들기**
   (1) x^2의 계수가 1이고 해가 $\alpha<x<\beta$인 이차부등식은
   $(x-\alpha)(x-\beta)<0$, 즉 $x^2-(\alpha+\beta)x+\alpha\beta<0$
   (2) x^2의 계수가 1이고 해가 $x<\alpha$ 또는 $x>\beta$ $(\alpha<\beta)$인 이차부등식은
   $(x-\alpha)(x-\beta)>0$, 즉 $x^2-(\alpha+\beta)x+\alpha\beta>0$

- 이차부등식 $ax^2+bx+c\geq0$이 항상 성립하려면 $a>0$, $D\leq0$
- 이차부등식 $ax^2+bx+c\leq0$이 항상 성립하려면 $a<0$, $D\leq0$

유형 O85 이차부등식이 항상 성립할 조건

※ [01~05] 다음 이차부등식이 모든 실수 x에 대하여 성립하도록 하는 실수 k의 값의 범위를 구하여라.

01 $x^2-2kx+k>0$

해설ㅣ 모든 실수 x에 대하여 주어진 부등식이 성립하려면 이차함수 $y=x^2-2kx+k$의 그래프가 x축보다 항상 $\boxed{}$에 있어야 하므로 $x^2-2kx+k=0$의 판별식을 D라 하면
$$\frac{D}{4}=(-k)^2-k\,\boxed{}\,0\text{에서 } k(k-1)\,\boxed{}\,0$$
$$\therefore \boxed{}<k<\boxed{}$$

02 $x^2+x+k\geq0$

03 $x^2-2kx+k+2>0$

04 $-x^2+(k-2)x-k^2\leq0$

05 $x^2+(1-k)x-k+1\geq0$

학교시험 필수예제

06 모든 실수 x에 대하여 $\sqrt{-x^2+(k+1)x-k-1}$이 허수가 되도록 하는 실수 k의 값의 범위를 구하여라.

※ [07~12] x^2의 계수가 1이고 해가 다음과 같은 이차부등식을 구하여라.

07 $-2<x<1$

08 $-1\leq x\leq 3$

09 $0\leq x\leq 4$

10 $x<-1$ 또는 $x>5$

11 $x\leq -2$ 또는 $x\geq 3$

12 $x<-2$ 또는 $x>0$

※ [13~16] 이차부등식 $ax^2+bx+c<0$의 해가 다음과 같을 때, $a+b+c$의 값을 구하여라.
(단, $a=1$ 또는 $a=-1$)

13 $1<x<3$

14 $-1<x<4$

15 $x<2$ 또는 $x>3$

16 $x<-2$ 또는 $x>4$

학교시험 **필수**예제

17 x에 대한 이차부등식 $ax^2+5x+b<0$의 해가 $x<2$ 또는 $x>3$일 때, 두 상수 a, b의 합 $a+b$의 값을 구하여라.

27 연립이차부등식

연립이차부등식은 다음과 같은 순서로 푼다.
(ⅰ) 연립부등식을 이루고 있는 각 부등식의 해를 구한다.
(ⅱ) (ⅰ)에서 구한 각 부등식의 해의 공통부분을 구한다.

| 참고 | 부등식 $A<B<C$ 꼴의 부등식은 $\begin{cases} A<B \\ B<C \end{cases}$ 로 변형하여 해를 구해야 한다.

연립부등식을 풀 때 공통부분은 수직선을 이용하면 쉽게 구할 수 있다.

유형 O87 연립이차부등식

※ [01~05] 다음 연립부등식을 풀어라.

01 $\begin{cases} x-2>-x+2 \\ x^2-6x+5\leq 0 \end{cases}$

해설 | $x-2>-x+2$ 에서 $2x>4$
$\therefore\ x>\boxed{}$ $\qquad\cdots$ ㉠
$x^2-6x+5\leq 0$ 에서 $(x-1)(x-5)\leq 0$
$\therefore\ \boxed{}\leq x\leq \boxed{}$ $\qquad\cdots$ ㉡

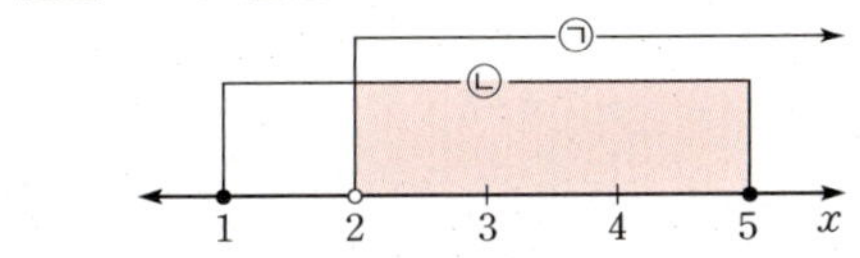

따라서 ㉠, ㉡의 공통부분을 구하면 $\boxed{}$

02 $\begin{cases} 2x+1>x+2 \\ x^2-2x-3<0 \end{cases}$

03 $\begin{cases} 2x+4>x+1 \\ x^2+4x-5<0 \end{cases}$

04 $\begin{cases} x^2-5x+6\geq 0 \\ x^2-3x-4<0 \end{cases}$

05 $\begin{cases} x^2+x-6\leq 0 \\ x^2-x>0 \end{cases}$

학교시험 **필수**예제

06 연립부등식 $\begin{cases} x^2-3x+2\geq 0 \\ x^2-4x<0 \end{cases}$ 을 만족시키는 정수 x의 개수를 구하여라.

07 $\begin{cases} x^2 - 3x - 10 < 0 \\ x^2 - 5x + 4 \geq 0 \end{cases}$

08 $\begin{cases} x^2 - x - 6 \geq 0 \\ x^2 - 6x + 5 < 0 \end{cases}$

09 $\begin{cases} x^2 - 2x > 0 \\ x^2 - 5x - 6 \leq 0 \end{cases}$

10 $\begin{cases} x^2 + 2x - 35 \geq 0 \\ x^2 - 8x + 7 < 0 \end{cases}$

11 $4x < x^2 \leq 2x + 3$

12 $x + 2 < x^2 \leq 4x - 3$

13 연립부등식 $\begin{cases} |x-2| < k \\ x^2 - 2x - 3 \leq 0 \end{cases}$ 을 만족시키는 정수 x가 3개 존재하도록 하는 양수 k의 최댓값은?

① 1 ② $\dfrac{3}{2}$ ③ 2

④ $\dfrac{5}{2}$ ⑤ 3

Ⅱ. 방정식과 부등식

1. 복소수와 이차방정식

(1) 복소수: 실수 a, b에 대하여 $a+bi$의 꼴로 나타내어지는 수를 ❶□□□□라 하고, a를 실수부분, b를 허수부분이라고 한다. (단, $i=\sqrt{-1}$, $i^2=-1$)

① 실수 a, b, c, d에 대하여 $a+bi=c+di$이면 $a=c$, $b=d$

② 켤레복소수 : 복소수 $z=a+bi$ (a, b는 실수)에 대하여 허수부분의 부호를 바꾼 복소수 $a-bi$를 z의 켤레복소수라 하고, $\bar{z}$로 나타낸다.

(2) 복소수의 사칙계산 : 실수 a, b, c, d에 대하여

① $(a+bi)\pm(c+di)=(a\pm c)+(b\pm d)i$ (복부호 동순)

② $(a+bi)(c+di)=(ac-bd)+(ad+bc)i$

③ $\dfrac{a+bi}{c+di}=\dfrac{(a+bi)(c-di)}{(c+di)(c-di)}=\dfrac{ac+bd}{c^2+d^2}+\dfrac{bc-ad}{c^2+d^2}i$

(3) 음수의 제곱근

① $a>0$일 때, $\sqrt{-a}=\sqrt{a}\,i$이고 $-a$의 제곱근은 $\pm\sqrt{a}\,i$이다.

② $a<0$, $b<0$일 때, $\sqrt{a}\sqrt{b}=$ ❷□□□

③ $a>0$, $b<0$일 때, $\dfrac{\sqrt{a}}{\sqrt{b}}=$ ❸□□□

(4) 이차방정식의 판별식 : 계수가 실수인 이차방정식 $ax^2+bx+c=0$의 판별식 D를 $D=b^2-4ac$라 할 때

① $D>0$이면 ❹□□□□□을 갖는다.

② $D=0$이면 중근을 갖는다.

③ $D<0$이면 ❺□□□□□을 갖는다.

(5) 이차방정식의 근과 계수의 관계 : 이차방정식 $ax^2+bx+c=0$의 두 근을 α, β라 하면

(두 근의 합) : $\alpha+\beta=$ ❻□□□,　(두 근의 곱) : $\alpha\beta=$ ❼□□□

(6) 이차방정식의 켤레근

① 계수가 유리수인 이차방정식이 $a+b\sqrt{m}$을 근으로 가지면 $a-b\sqrt{m}$도 근이다.
(단, a, b는 유리수, $b\neq0$, $\sqrt{m}$은 무리수)

② 계수가 실수인 이차방정식이 $a+bi$를 근으로 가지면 $a-bi$도 근이다.
(단, a, b는 실수, $b\neq0$)

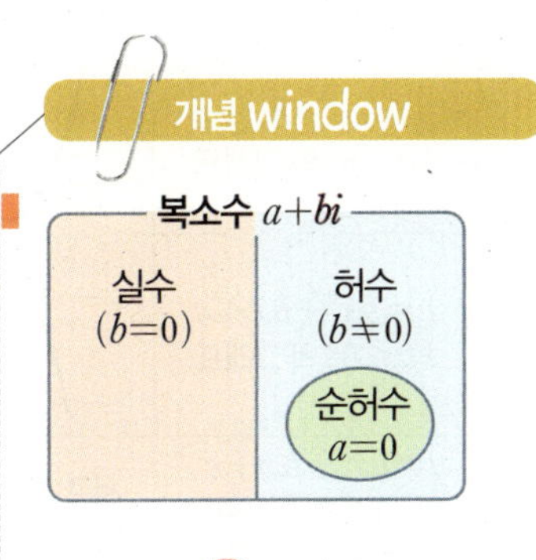
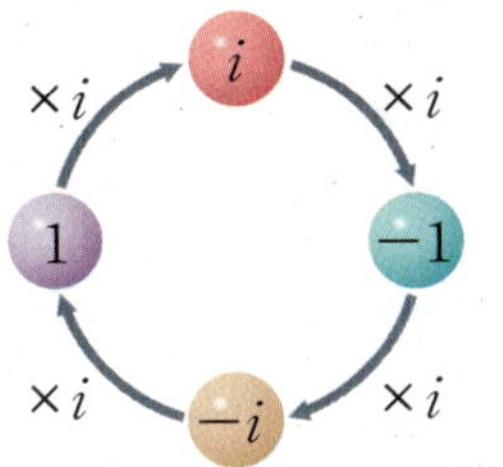

---

❶ 복소수　❷ $-\sqrt{ab}$　❸ $-\sqrt{\dfrac{a}{b}}$　❹ 서로 다른 두 실근　❺ 서로 다른 두 허근　❻ $-\dfrac{b}{a}$　❼ $\dfrac{c}{a}$

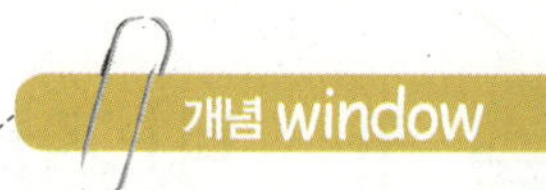
개념 window

2. 이차방정식과 이차함수

(1) 이차함수의 그래프와 x축의 위치 관계 : 이차함수 $y=ax^2+bx+c$의 그래프와 x축의 위치 관계는 이차방정식 $ax^2+bx+c=0$의 판별식 $D=b^2-4ac$에 대하여 다음과 같다.

D	$D>0$	$D=0$	$D<0$
$y=ax^2+bx+c$ $(a>0)$의 그래프	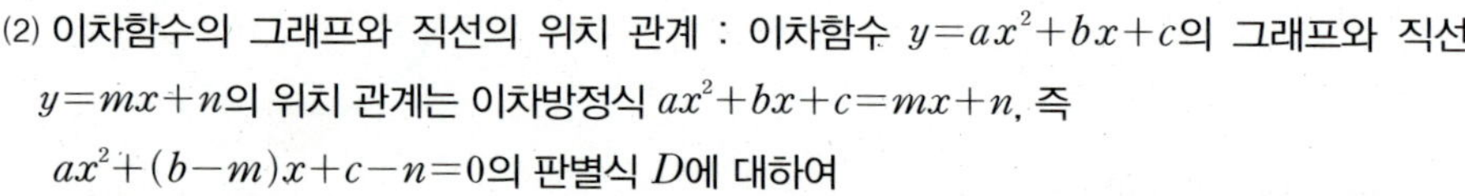		
$y=ax^2+bx+c$ $(a<0)$의 그래프	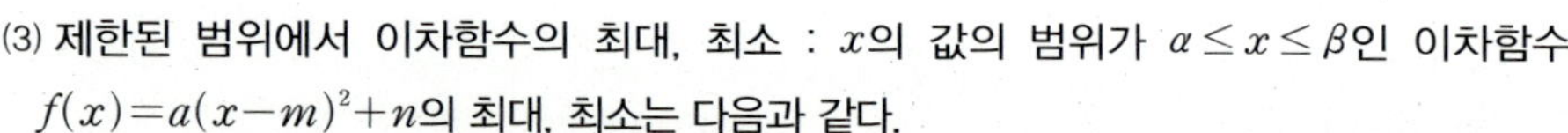		
$y=ax^2+bx+c$ 의 그래프와 x축의 위치 관계	서로 다른 두 점에서 만난다.	한 점에서 만난다. (접한다.)	만나지 않는다.
$ax^2+bx+c=0$ 의 근	서로 다른 두 실근 ($x=\alpha$ 또는 $x=\beta$)	중근 ($x=\alpha$)	서로 다른 두 허근

(2) 이차함수의 그래프와 직선의 위치 관계 : 이차함수 $y=ax^2+bx+c$의 그래프와 직선 $y=mx+n$의 위치 관계는 이차방정식 $ax^2+bx+c=mx+n$, 즉 $ax^2+(b-m)x+c-n=0$의 판별식 D에 대하여

① $D>0$이면 ⑧ [　　　　]에서 만난다.

② $D=0$이면 ⑨ [　　　　]에서 만난다. (접한다.)

③ $D<0$이면 ⑩ [　　　　]

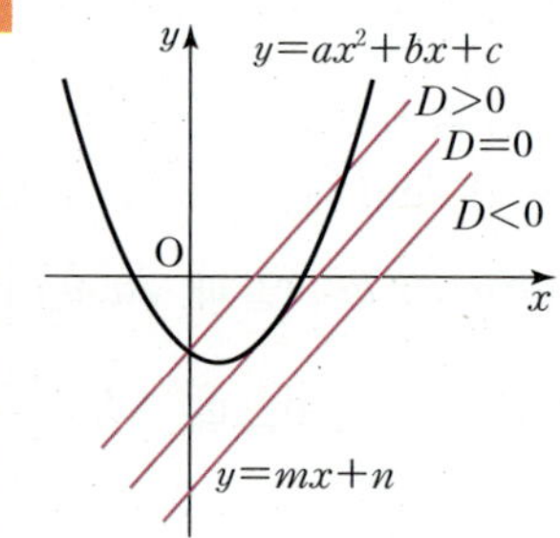

(3) 제한된 범위에서 이차함수의 최대, 최소 : x의 값의 범위가 $\alpha \le x \le \beta$인 이차함수 $f(x)=a(x-m)^2+n$의 최대, 최소는 다음과 같다.

① 꼭짓점의 x좌표가 $\alpha \le x \le \beta$에 ⑪ [　　　　] : $f(\alpha), f(\beta), f(m)$ 중 가장 큰 값이 최댓값, 가장 작은 값이 최솟값이다.

② 꼭짓점의 x좌표가 $\alpha \le x \le \beta$에 ⑫ [　　　　] : $f(\alpha), f(\beta)$ 중 큰 값이 최댓값, 작은 값이 최솟값이다.

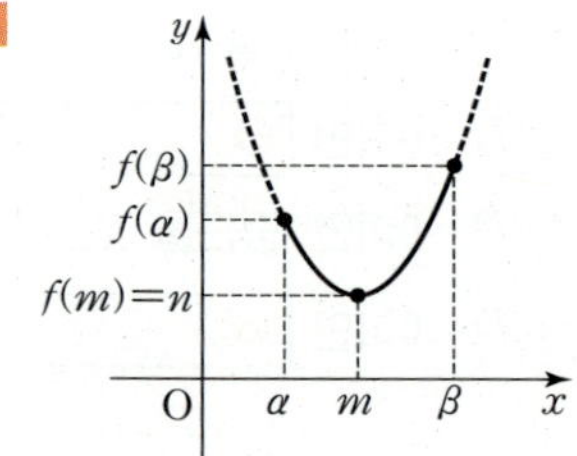

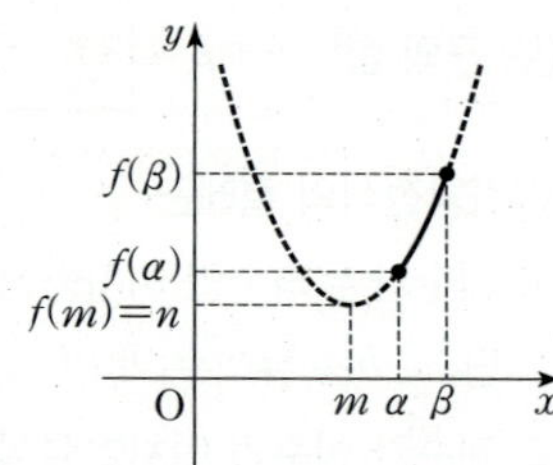

3. 여러 가지 방정식

(1) 삼차방정식과 사차방정식의 풀이

① 인수분해를 이용한 삼차, 사차방정식의 풀이 : 방정식 $f(x)=0$은 $f(x)$를 인수분해한 후 $ABC=0$이면 $A=0$ 또는 $B=0$ 또는 $C=0$임을 이용한다.

② 인수정리를 이용한 삼차, 사차방정식의 풀이 : 다항식 $f(x)$에 대하여 $f(\alpha)=0$이면 $f(x)=(x-\alpha)Q(x)$임을 이용한다.

③ 방정식에 공통부분이 있으면 하나의 문자로 치환하여 푼다.

---

⑧ 서로 다른 두 점　⑨ 한 점　⑩ 만나지 않는다.　⑪ 속할 때　⑫ 속하지 않을 때

(2) 삼차방정식의 근과 계수의 관계 : 삼차방정식 $ax^3+bx^2+cx+d=0$의 세 근을 α, β, γ라 하면

$$\alpha+\beta+\gamma=\boxed{⑬}, \qquad \alpha\beta+\beta\gamma+\gamma\alpha=\boxed{⑭}, \qquad \alpha\beta\gamma=\boxed{⑮}$$

(3) 방정식 $x^3=1$의 허근 : $x^3=1$의 한 허근을 ω라고 하면 다음이 성립한다.

(단, $\overline{\omega}$는 ω의 켤레복소수)

$$\omega^3=1, \quad \omega^2+\omega+1=\boxed{⑯}, \quad \omega+\overline{\omega}=-1, \quad \omega\overline{\omega}=1, \quad \omega^2=\overline{\omega}=\frac{1}{\omega}$$

(4) 연립이차방정식

① 일차방정식과 이차방정식으로 이루어진 연립방정식 : 일차방정식의 한 미지수를 다른 미지수에 대한 식으로 나타낸 후 이차방정식에 대입하여 푼다.

② 두 이차방정식으로 이루어진 연립방정식 : 어느 한 식이 인수분해되면 인수분해하여 다른 식에 대입하거나 인수분해되지 않으면 이차항 또는 상수항을 소거하여 푼다.

4. 여러 가지 부등식

(1) 연립일차부등식의 풀이

① 두 개 이상의 부등식을 한 쌍으로 묶어서 나타낸 것을 연립부등식이라 하며, 각각의 부등식이 일차부등식인 연립부등식을 연립일차부등식이라 한다.

② 연립일차부등식을 풀 때는 각 일차부등식의 해를 구하여 그 공통부분을 구하면 된다.

(2) 절댓값 기호를 포함한 일차부등식의 풀이 : $a>0$일 때

① $|x|<a$이면 $\boxed{⑰}$

② $|x|>a$이면 $\boxed{⑱}$

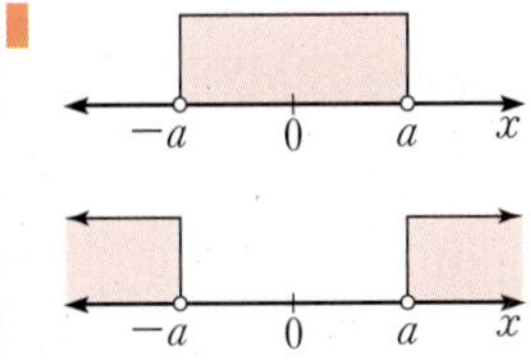

(3) 이차부등식의 풀이 : $a>0$일 때 이차함수 $y=ax^2+bx+c$의 그래프가 x축과 만나는 점의 x좌표를 $\alpha, \beta\ (\alpha\leq\beta)$라 하고 이차방정식 $ax^2+bx+c=0$의 판별식을 $D=b^2-4ac$라 하면 이차부등식의 해는 다음과 같다.

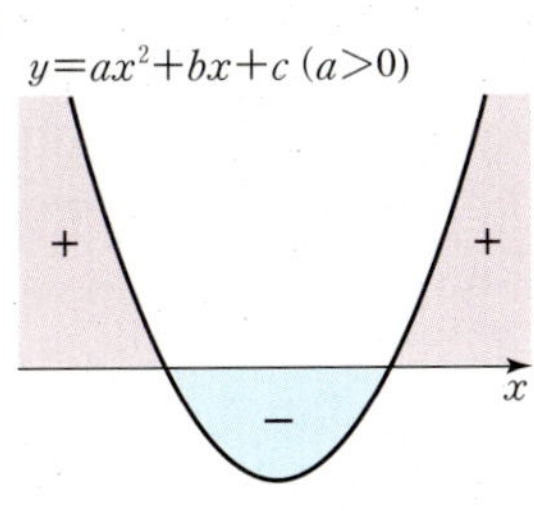

D	$D>0$	$D=0$	$D<0$
$y=ax^2+bx+c$의 그래프	α β x	$\alpha=\beta$ x	x
$ax^2+bx+c>0$의 해	$x<\alpha$ 또는 $x>\beta$	$x\neq\alpha$인 모든 실수	모든 실수
$ax^2+bx+c\geq0$의 해	$x\leq\alpha$ 또는 $x\geq\beta$	모든 실수	모든 실수
$ax^2+bx+c<0$의 해	$\alpha<x<\beta$	없다.	없다.
$ax^2+bx+c\leq0$의 해	$\alpha\leq x\leq\beta$	$x=\alpha$	없다.

(4) 연립이차부등식 : 연립이차부등식은 다음과 같은 순서로 푼다.

(ⅰ) 연립부등식을 이루고 있는 각 부등식의 해를 구한다.

(ⅱ) (ⅰ)에서 구한 각 부등식의 해의 공통부분을 구한다.

---

⑬ $-\dfrac{b}{a}$　⑭ $\dfrac{c}{a}$　⑮ $-\dfrac{d}{a}$　⑯ 0　⑰ $-a<x<a$　⑱ $x<-a$ 또는 $x>a$

Ⅲ 경우의 수

01 합의 법칙과 곱의 법칙을 이해하고 적절한 전략을 사용하여 경우의 수와
관련된 문제를 해결할 수 있다.

02 순열의 개념을 이해하고, 순열의 수를 구하는 방법을 설명할 수 있다.

03 조합의 개념을 이해하고, 조합의 수를 구하는 방법을 설명할 수 있다.

01 경우의 수 (1)

1. **합의 법칙** : 두 사건 A, B가 동시에 일어나지 않을 때, 사건 A, B가 일어나는 경우의 수가 각각 m, n이면

   $$(\text{사건 } A \text{ 또는 사건 } B \text{가 일어나는 경우의 수})=m+n$$

2. **곱의 법칙** : 두 사건 A, B에 대하여 사건 A가 일어나는 경우의 수가 m이고, 그 각각에 대하여 사건 B가 일어나는 경우의 수가 n일 때,

   $$(\text{두 사건 } A, B \text{가 연이어 일어나는 경우의 수})=m \times n$$

- 합의 법칙은 어느 두 사건도 동시에 일어나지 않는 셋 이상의 사건에 대해서도 성립한다.

- 곱의 법칙은 연이어 일어나는 셋 이상의 사건에 대해서도 성립한다.

유형 088 합의 법칙

※ [01~03] 다음 경우의 수를 구하여라.

01 소설책 3권, 수필책 4권 중에서 한 권을 골라 읽는 경우의 수

02 햄버거 5종류와 샌드위치 3종류 중에서 한 개를 골라 먹는 경우의 수

03 사과 5개, 참외 4개, 배 4개 중에서 한 개를 골라 먹는 경우의 수

※ [04~06] 다음 경우의 수를 구하여라.

04 서로 다른 두 개의 주사위를 동시에 던질 때, 나오는 눈의 수의 합이 4 또는 7이 되는 경우의 수

05 1에서 10까지의 자연수가 하나씩 적혀 있는 10장의 카드에서 1장을 뽑을 때, 3의 배수 또는 4의 배수가 나오는 경우의 수

06 1에서 20까지의 자연수가 하나씩 적혀 있는 20장의 카드에서 1장을 뽑을 때, 2의 배수 또는 5의 배수가 나오는 경우의 수

학교시험 필수예제

07 서로 다른 두 개의 주사위를 동시에 던질 때, 나오는 두 눈의 수의 차가 4 이상이 되는 경우의 수를 구하여라.

유형 089 곱의 법칙

※ [08~11] 다음 경우의 수를 구하여라.

08 6종류의 햄버거와 4종류의 탄산음료 중에서 햄버거와 탄산음료를 각각 1개씩 구매하는 방법의 수

09 남학생 5명, 여학생 4명인 동아리에서 남녀 한 명씩 대표를 뽑는 방법의 수

10 오른쪽 그림과 같이 A지점에서 B지점까지 가는 길이 3가지, B지점에서 C지점까지 가는 길이 2가지일 때, A지점에서 B지점을 거쳐 C지점으로 가는 방법의 수

11 상의 3벌과 하의 4벌, 신발 2켤레가 있을 때, 상의와 하의, 신발을 하나씩 짝지어 입는 방법의 수

※ [12~13] 다음을 구하여라.

12 다항식 $(x+y+z)(a+b)$를 전개할 때, 생기는 항의 개수

13 10 이상 60 미만인 두 자리 자연수 중에서 5의 배수의 개수

14 십의 자리의 숫자는 짝수이고 일의 자리의 숫자는 소수인 두 자리 자연수의 개수를 구하여라.

1. **방정식의 해의 개수 구하기**
   $ax+by=d$를 만족시키는 자연수 (x, y)의 순서쌍의 개수
   ⇨ x, y 중 계수의 절댓값이 큰 것부터 수를 대입한다.

2. **부등식의 해의 개수 구하기**
   $ax+by\leq d$를 만족시키는 자연수 x, y의 순서쌍 (x, y)의 개수
   ⇨ 방정식 $ax+by=d$ $(a+b\leq d)$의 해의 개수를 모두 구해 더한다.

3. **약수의 개수 구하기**
   자연수 N이
   $N=x^a y^b z^c$ (단, x, y, z는 서로 다른 소수, a, b, c는 자연수)로 소인수분해
   될 때
   N의 양의 약수의 개수는 $(a+1)(b+1)(c+1)$

   |참고| N의 양의 약수의 총합
   ⇨ $(1+x^1+\cdots+x^a)(1+y^1+\cdots+y^b)(1+z^1+\cdots+z^c)$

방정식과 부등식의 해의 개수 구하기
① $ax+by=d$의 꼴이나
   $ax+by\leq d$의 꼴로 바꾼다.
② 계수의 절댓값이 큰 것부터 수를 대입해 본다.
③ 식을 만족시키는 (x, y)를 찾는다.

유형 090 방정식의 해의 개수

※ [01~04] 다음을 구하여라.

01 방정식 $2x+y=8$을 만족시키는 자연수 x, y의 순서쌍 (x, y)의 개수

해설| $2x+y=8$에서 계수의 절댓값이 큰 것은 x이므로
  (i) $x=1$일 때 $y=\boxed{}$이므로
     순서쌍 (x, y)는 $(1, \boxed{})$이다.
  (ii) $x=2$일 때 $y=\boxed{}$이므로
     순서쌍 (x, y)는 $(2, \boxed{})$이다.
  (iii) $x=3$일 때 $y=\boxed{}$이므로
     순서쌍 (x, y)는 $(3, \boxed{})$이다.
     따라서 구하는 순서쌍의 개수는 $\boxed{}$이다.

02 방정식 $x+2y=7$을 만족시키는 자연수 x, y의 순서쌍 (x, y)의 개수

03 방정식 $2x+3y=16$을 만족시키는 자연수 x, y의 순서쌍 (x, y)의 개수

04 방정식 $x+y+2z=9$를 만족시키는 자연수 x, y, z의 순서쌍 (x, y, z)의 개수

유형 091　부등식의 해의 개수

※ [05~08] 다음을 구하여라.

05 부등식 $x+2y-10 \leq -2$를 만족시키는 자연수 x, y의 순서쌍 (x, y)의 개수

해설 | $x+2y-10 \leq -2$를 $x+2y \leq 8$의 꼴로 고친다.
　　$x+2y \leq 8$에서 계수의 절댓값이 큰 것은 y이므로
　　(i) $y=1$일 때 $x \leq \boxed{}$이므로 순서쌍 (x, y)는
　　　　$(\boxed{}, 1)$, $(\boxed{}, 1)$, $(4, 1)$, $(3, 1)$, $(2, 1)$, $(1, 1)$이다.
　　　　$\Rightarrow$ 6개
　　(ii) $y=2$일 때 $x \leq \boxed{}$이므로
　　　　순서쌍 (x, y)는 $\boxed{}$개이다.
　　(iii) $y=3$일 때 $x \leq \boxed{}$이므로
　　　　순서쌍 (x, y)는 $\boxed{}$개이다.
　　따라서 구하는 순서쌍 (x, y)의 개수는 $\boxed{}$이다.

06 부등식 $2x+y-5 \leq 1$을 만족시키는 자연수 x, y의 순서쌍 (x, y)의 개수

07 부등식 $4x+3y \leq 15$를 만족시키는 자연수 x, y의 순서쌍 (x, y)의 개수

08 부등식 $x+2y+3z \leq 10$을 만족시키는 자연수 x, y, z의 순서쌍 (x, y, z)의 개수

유형 092　약수의 개수

※ [09~11] 다음을 구하여라.

09 24의 양의 약수의 개수

해설 | 24를 소인수분해하면
　　$24 = \boxed{} \times 3$이므로
　　$(3+1)(1+1) = \boxed{}$
　　그러므로 24의 양의 약수의 개수는 $\boxed{}$이다.

10 72의 양의 약수의 개수

11 180과 270의 양의 공약수의 개수

12 140의 약수의 개수를 a, 약수의 총합을 b라 할 때, $a+b$의 값을 구하여라.

※ [13~15] 다음 그림과 같은 도형에 빨강, 파랑, 노랑, 초록의 4가지 색으로 칠하려고 한다. 같은 색을 여러 번 사용할 수 있으나 이웃한 부분은 반드시 서로 다른 색을 칠하는 방법의 수를 구하여라.

13

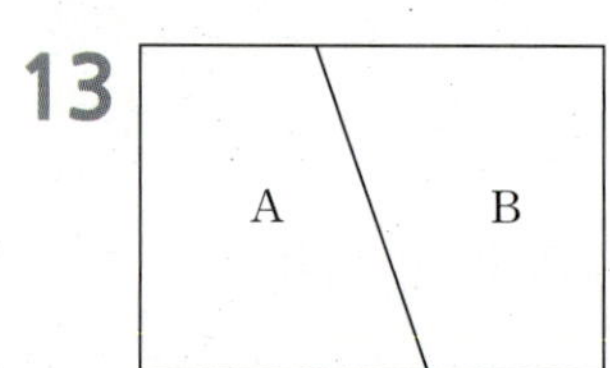

해설ㅣ A에 칠할 수 있는 색은 ☐ 가지, B에 칠할 수 있는 색은 A에 칠한 색을 제외한 ☐ 가지이므로

구하는 방법의 수는 ☐ 이다.

14

15

※ [16~18] 다음 그림과 같은 도형에 빨강, 파랑, 노랑, 초록, 보라의 5가지 색으로 칠하려고 한다. 같은 색을 여러 번 사용할 수 있으나 이웃한 부분은 반드시 서로 다른 색을 칠하는 방법의 수를 구하여라.

16

해설ㅣ A에 칠할 수 있는 색은 ☐ 가지, B에 칠할 수 있는 색은 A에 칠한 색을 제외한 ☐ 가지, C에 칠할 수 있는 색은 A, B에 칠한 색을 제외한 ☐ 가지이므로

구하는 방법의 수는 ☐ 이다.

17

18

03 순열

1. **순열** : 서로 다른 n개에서 $r\,(0<r\leq n)$개를 택하여 일렬로 나열하는 것을 n개에서 r개를 택하는 순열이라 하고, 이 순열의 수를 기호로 $_n\mathrm{P}_r$와 같이 나타낸다.
2. **계승** : 1부터 n까지의 자연수를 차례대로 곱한 것을 n의 계승(n 팩토리얼)이라하고, 기호로 $n!$과 같이 나타낸다. 즉,
$$n!=n(n-1)(n-2)\times\cdots\times3\times2\times1$$
3. **순열의 수** : 서로 다른 n개에서 r개를 택하는 순열의 수는
$$_n\mathrm{P}_r=n(n-1)(n-2)\times\cdots\times(n-r+1)\ (\text{단},\ 0\leq r\leq n)$$
① $_n\mathrm{P}_r=\dfrac{n!}{(n-r)!}$ (단, $0\leq r\leq n$)
② $0!=1,\ _n\mathrm{P}_0=1,\ _n\mathrm{P}_n=n!$

- $_n\mathrm{P}_r$의 P는 순열을 뜻하는 permutation의 첫 글자이다.
- 서로 다른 n개에서 $r(0<r\leq n)$개를 택하는 순열에서 첫 번째, 두 번째, 세 번째, $\cdots$, r번째 자리에 올 수 있는 것은 각각 n, $n-1$, $n-2$, $\cdots$, $n-r+1$가지이므로 곱의 법칙에 의하여
$$_n\mathrm{P}_r=n(n-1)(n-2)\times\cdots\times(n-r+1)$$

|참고| $\underset{\text{첫번째}}{n}\quad\underset{\text{두번째}}{n-1}\quad\underset{\text{세번째}}{n-2}\quad\cdots\quad\underset{r\text{번째}}{n-r+1}$

유형 094 순열의 계산

※ [01~04] 다음 값을 구하여라.

01 $_5\mathrm{P}_2$

02 $_4\mathrm{P}_4$

03 $_6\mathrm{P}_0$

04 $5!$

※ [05~15] 다음을 만족시키는 n 또는 r의 값을 구하여라.

05 $_n\mathrm{P}_2=90$

06 $_5\mathrm{P}_r=60$

07 $_n\mathrm{P}_n=120$

08 $_n\mathrm{P}_4=6\times{}_n\mathrm{P}_2$

09 $_6\mathrm{P}_r \times 4! = 2880$

10 $_n\mathrm{P}_2 \times 5! = 10800$

11 $_5\mathrm{P}_r \times 5! = 7200$

12 $_n\mathrm{P}_2 \times 3! = 180$

13 $_n\mathrm{P}_4 = 20\,_n\mathrm{P}_2$

14 $_n\mathrm{P}_5 = 30\,_n\mathrm{P}_3$

15 $_n\mathrm{P}_3 : 5\,_n\mathrm{P}_2 = 3 : 1$

16 등식 $_n\mathrm{P}_2 + 4\,_n\mathrm{P}_1 = 28$을 만족하는 n의 값은?

① 3　　　　② 4　　　　③ 5

④ 6　　　　⑤ 7

유형 095 순열을 이용한 경우의 수

※ [17~23] 다음을 구하여라.

17 10명의 학생 중에서 반장 1명과 부반장 1명을 선출하는 방법의 수

18 7명의 학생 중에서 4명을 뽑아 일렬로 세우는 방법의 수

19 a, b, c, d 중에서 3개를 뽑아 일렬로 나열하는 방법의 수

20 서로 다른 4권의 책 중에서 4개를 뽑아 일렬로 나열하는 방법의 수

21 12명으로 구성되어 있는 동아리에서 회장, 부회장, 총무를 각각 1명씩 선출하는 방법의 수

22 n명의 축구 선수가 승부차기를 할 때, 순서를 정하는 방법의 수가 120이다. 이때 n의 값

23 학생 수가 n명인 학급에서 회장 1명, 부회장 1명을 선출하는 방법의 수가 210일 때, n의 값

24 10권의 책 중 n권을 뽑아 책꽂이에 일렬로 꽂는 방법의 수가 90일 때, n의 값을 구하여라.

※ [25~27] 1학년 학생 3명과 2학년 학생 4명을 일렬로 세울 때, 다음을 구하여라.

25 1학년 학생 3명이 서로 이웃하게 서는 방법의 수

26 2학년 학생 4명이 서로 이웃하게 서는 방법의 수

27 1학년 학생은 1학년 학생끼리, 2학년 학생은 2학년 학생끼리 이웃하여 서는 방법의 수

28 ANSWER에 있는 6개의 문자를 일렬로 나열할 때, A와 E를 이웃하게 나열하는 방법의 수를 구하여라.

29 남학생 2명, 여학생 3명을 일렬로 세울 때, 남학생은 남학생끼리, 여학생은 여학생끼리 이웃하게 세우는 방법의 수를 구하여라.

30 7개의 문자 a, b, c, d, e, f, g를 일렬로 배열할 때, a, g가 이웃하는 경우의 수를 구하여라.

31 세 쌍의 부부가 영화 관람을 가서 6개의 좌석에 일렬로 앉을 때, 부부끼리 이웃하여 앉는 방법의 수를 구하여라.

유형 097 이웃하지 않는 순열의 수

※ [32~33] 남자 4명과 여자 3명을 일렬로 세울 때, 다음을 구하여라.

32 남자끼리는 서로 이웃하지 않게 서는 방법의 수

33 여자끼리는 서로 이웃하지 않게 서는 방법의 수

※ [34~37] 다음을 구하여라.

34 6개의 문자 a, b, c, d, e, f를 일렬로 배열할 때, 3개의 문자 a, b, c가 서로 이웃하지 않도록 하는 방법의 수

35 3명의 학생이 일렬로 놓인 7개의 똑같은 의자에 앉을 때, 어느 두 명도 이웃하지 않게 앉는 방법의 수

36 남학생 4명과 여학생 3명이 일렬로 배치된 7개의 의자에 앉는다. 이때 여학생끼리 이웃하지 않도록 앉는 방법의 수

37 수학책 3권을 포함하여 서로 다른 6권의 책을 책꽂이에 꽂을 때, 수학책 3권 중 어느 두 권도 이웃하지 않도록 꽂는 방법의 수

※ [38~40] 남학생 4명, 여학생 6명 중에서 반장 1명, 부반장 1명을 뽑을 때, 다음을 구하여라.

38 모든 방법의 수

39 반장, 부반장 모두 남학생이 뽑히는 방법의 수

40 반장, 부반장 중에서 적어도 한 명은 여학생이 뽑히는 방법의 수

41 A, B, C, D, E의 5개의 문자를 일렬로 나열할 때, A, B, C 중에서 적어도 2개가 이웃하도록 나열하는 방법의 수를 구하여라.

42 superman의 8개의 문자를 일렬로 나열할 때, s와 r 사이에 3개의 문자가 들어 있는 경우의 수를 구하여라.

43 picture의 7개의 문자를 일렬로 나열할 때, 적어도 한쪽 끝에 모음이 오는 경우의 수를 구하여라.

44 mailbox의 7개의 문자를 일렬로 나열할 때, 적어도 두 개의 모음이 이웃하는 경우의 수를 구하여라.

45 남자 2명, 여자 3명이 한 줄로 설 때, 한 줄로 서는 방법의 수를 a, 양 끝에 여자가 서는 방법의 수를 b라고 하자. 이때 $a+b$의 값은?

① 150　　② 152　　③ 154

④ 156　　⑤ 158

유형 **099** 순열을 이용한 자연수의 개수

※ [46~49] 다음을 구하여라.

46 4개의 숫자 0, 1, 2, 3에서 서로 다른 3개의 숫자를 택하여 만들 수 있는 세 자리의 자연수의 개수

해설ㅣ 백의 자리에는 □이 올 수 없으므로 백의 자리에 올 수 있는 숫자는 1, 2, 3의 □가지이다.
십의 자리와 일의 자리에는 백의 자리에 온 숫자를 제외한 □개의 숫자 중에서 □개를 택하여 일렬로 배열하면 되므로 그 방법의 수는 □가지이다.
따라서 구하는 자연수의 개수는 □이다.

47 5개의 숫자 0, 1, 2, 3, 4에서 서로 다른 4개의 숫자를 택하여 만들 수 있는 네 자리의 자연수의 개수

48 4개의 숫자 0, 1, 2, 3에서 서로 다른 3개의 숫자를 택하여 만들 수 있는 세 자리의 자연수 중에서 홀수의 개수

49 6개의 숫자 0, 1, 2, 3, 4, 5에서 서로 다른 4개의 숫자를 택하여 만들 수 있는 네 자리의 자연수 중에서 5의 배수의 개수

유형 **100** 사전식 배열의 순열의 수

※ [50~52] 다음 물음에 답하여라.

50 5개의 문자 A, C, D, N, Y를 사전식으로 ACDNY부터 YNDCA까지 배열할 때, CANDY는 몇 번째인지 구하여라.

해설ㅣ A□□□□ 꼴인 단어의 개수는
□!=□
CA□□□ 꼴인 단어에서 CANDY의 순서는
□, □, □의 3번째
따라서 CANDY가 나타나는 순서는 □번째이다.

51 5개의 문자 A, B, C, D, E를 한 번씩만 사용하여 만든 단어를 사전식으로 배열할 때, CAEDB는 몇 번 째인지 구하여라.

52 5개의 숫자 1, 2, 3, 4, 5를 모두 사용하여 만든 다섯 자리의 자연수를 작은 수부터 차례로 배열할 때, 100번째 수를 구하여라.

53 네 개의 숫자 1, 2, 3, 4를 한 번씩만 이용하여 만든 네 자리 자연수 중에서 2400보다 큰 수의 개수를 구하여라.

 **조합**

1. **조합** : 서로 다른 n개에서 순서를 생각하지 않고 $r\ (0<r\le n)$개를 택하는 것을 n개에서 r개를 택하는 조합이라 하고, 이 조합의 수를 기호로 $_n\mathrm{C}_r$와 같이 나타낸다.

2. **조합의 수**

① $_n\mathrm{C}_r=\dfrac{_n\mathrm{P}_r}{r!}=\dfrac{n!}{r!(n-r)!}$ (단, $0\le r\le n$)

② $_n\mathrm{C}_0=1,\ _n\mathrm{C}_n=1$

③ $_n\mathrm{C}_r=\ _n\mathrm{C}_{n-r}$ (단, $0\le r\le n$)

④ $_n\mathrm{C}_r=\ _{n-1}\mathrm{C}_r+\ _{n-1}\mathrm{C}_{r-1}$ (단, $1\le r<n$)

- $_n\mathrm{C}_r$의 C는 조합을 뜻하는 combination의 첫 글자이다.
- 서로 다른 n개에서 r개를 택하는 조합의 수는 $_n\mathrm{C}_r$이고, 그 각각에 대하여 r개를 일렬로 나열하는 방법의 수는 $r!$이다. 그런데 서로 다른 n개에서 r개를 택하는 순열의 수는 $_n\mathrm{P}_r$이므로

$$_n\mathrm{C}_r\cdot r!=\ _n\mathrm{P}_r \qquad \therefore\ _n\mathrm{C}_r=\dfrac{_n\mathrm{P}_r}{r!}$$

유형 101 조합의 계산

※ [01~07] 다음 값을 구하여라.

01 $_4\mathrm{C}_2$

02 $_5\mathrm{C}_3$

03 $_9\mathrm{C}_7$

04 $_6\mathrm{C}_6$

05 $_8\mathrm{C}_0$

06 $_{15}\mathrm{C}_{13}$

07 $_{20}\mathrm{C}_{18}$

※ [08~17] 다음을 만족시키는 n 또는 r의 값을 구하여라.

08 $_n\mathrm{C}_2=28$

09 $_n\mathrm{C}_3=10$

10 $_{2n+1}\mathrm{C}_2=78$

11 $_n\mathrm{C}_3=_n\mathrm{C}_7$

12 $_8\mathrm{C}_r=_8\mathrm{C}_{r-2}$

13 $_{10}\mathrm{C}_r=_{10}\mathrm{C}_3$ (단, $r\neq3$)

14 $_{20}\mathrm{C}_r=_{20}\mathrm{C}_5$ (단, $r\neq5$)

15 $_{12}\mathrm{C}_{r-3}=_{12}\mathrm{C}_{3r-1}$

16 $_5\mathrm{C}_3=_n\mathrm{C}_3+_4\mathrm{C}_2$

17 등식 $_{2n}\mathrm{P}_5=10k\times_{2n}\mathrm{C}_5$를 만족하는 상수 k의 값을 구하여라.

18 $_n\mathrm{P}_3=120$, $_n\mathrm{C}_4=15$일 때, $_n\mathrm{C}_3+_n\mathrm{P}_4$의 값은?

① 300　　　② 320　　　③ 340
④ 360　　　⑤ 380

※ [19~26] 다음을 구하여라.

19 서로 다른 10개의 아이스크림 중에서 3개를 동시에 고르는 방법의 수

20 7명의 학생 중에서 대표 2명을 뽑는 방법의 수

21 8개의 야구팀이 다른 팀과 모두 한 번씩 경기를 할 때, 총 경기 수

22 축구 선수 5명, 농구 선수 3명 중에서 축구 선수와 농구 선수를 각각 2명씩 뽑는 방법의 수

23 남학생 8명, 여학생 7명 중에서 남학생 2명, 여학생 3명을 뽑는 방법의 수

24 5번의 농구대회에서 리그전을 치른 결과 총 140회 경기를 했다면 이 대회에 참가한 팀의 수

25 남학생 6명, 여학생 4명인 모임에서 남자 대표 2명, 여자 대표 1명을 선출하는 방법의 수

26 원소의 개수가 6개인 집합 A의 부분집합 중 원소의 개수가 2개 이하인 부분집합의 개수

27 1부터 9까지의 숫자 중 서로 다른 두 수를 뽑을 때, 뽑힌 두 수의 합이 짝수인 경우의 수를 구하여라.

유형 103 여러 가지 경우의 조합의 수

※ [28~30] 7개의 문자 A, B, C, D, E, F, G 중에서 4개를 뽑을 때, 다음을 구하여라.

28 B를 반드시 뽑는 방법의 수

해설| B를 제외한 6개의 문자 중에서 ▢개를 뽑은 후, 각각의 경우에 B를 포함하면 되므로 구하는 방법의 수는

$$_6C_3 = \frac{6 \times 5 \times 4}{3 \times 2 \times 1} = \boxed{}$$

|참고| 특정한 것이 반드시 포함되는 경우
→ 특정한 것을 이미 뽑았다고 생각하고 나머지에서 필요한 것을 뽑는다.

29 F를 제외하고 뽑는 방법의 수

30 A는 포함하고, D는 제외하여 뽑는 방법의 수

학교시험 필수예제

31 A, B를 포함한 10명 중에서 4명의 대표를 뽑을 때, A, B 중에서 한 명만 포함되도록 뽑는 방법의 수를 구하여라.

※ [32~35] 다음을 구하여라.

32 찬호와 주미를 포함한 9명의 학생 중에서 대표 4명을 선발할 때, 찬호와 주미가 모두 선발되는 방법의 수

33 1부터 10까지 각각 하나씩 적혀 있는 10개의 공이 들어 있는 상자에서 5개의 공을 꺼낼 때, 3이 적힌 공은 포함되고, 9가 적힌 공은 포함되지 않는 경우의 수

34 서로 다른 빨간색 볼펜 6개, 파란색 볼펜 3개 중에서 4개를 뽑을 때, 빨간색 볼펜 2개를 반드시 포함하여 뽑는 방법의 수

35 남자 5명과 여자 4명 중에서 3명의 대표를 뽑을 때, 적어도 남자 1명이 포함되도록 뽑는 방법의 수

※ [36~42] 다음을 구하여라.

36 부모를 포함한 6명의 가족 중에서 부모를 포함하여 4명을 뽑아 일렬로 세우는 방법의 수

37 남학생 4명과 여학생 5명 중에서 남학생 2명과 여학생 2명을 뽑아서 일렬로 세우는 방법의 수

38 7명의 어른 중에서 5명을 일렬로 세우는 방법의 수

39 5개의 숫자 1, 2, 3, 4, 5 중에서 3개를 뽑아 세 자리의 정수를 만들 때, 2는 포함되고, 4는 포함하지 않는 자연수의 개수

40 8명 중에서 4명을 뽑아 일렬로 세울 때, 특정한 2명이 모두 포함되고, 또 그들끼리 이웃하도록 세우는 방법의 수

41 5개의 과일과 3개의 야채 중에서 3개의 과일과 2개의 야채를 택하여 일렬로 진열하는 방법의 수

42 흰 바둑돌 5개와 검은 바둑돌 4개를 일렬로 나열할 때, 가운데 놓인 바둑돌을 중심으로 대칭인 형태로 바둑돌을 나열하는 방법의 수

43 어느 동호회의 회원 중 특정한 2명을 포함하여 4명을 뽑아 일렬로 세우는 방법의 수가 240일 때, 이 동호회의 총 회원 수를 구하여라.

유형 105   조합의 도형에의 응용

※ [44~50] 다음을 구하여라.

44 오른쪽 그림과 같이 원 위에 6개의 점이 놓여 있을 때, 주어진 점을 이어서 만들 수 있는 서로 다른 직선의 개수

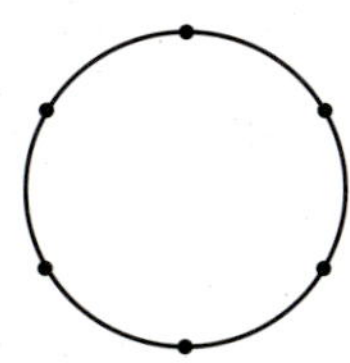

|참고| 원 위에 있는 n개의 점으로 만들 수 있는 서로 다른 직선의 개수 ➡ $_n\mathrm{C}_2$

45 오른쪽 그림과 같이 두 평행선 위에 8개의 점이 놓여 있을 때, 두 점을 연결하여 만들 수 있는 서로 다른 직선의 개수

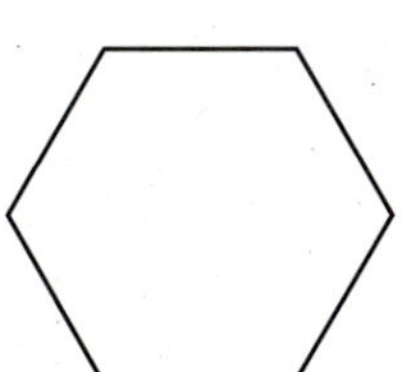

46 오른쪽 그림과 같은 육각형에서 대각선의 개수

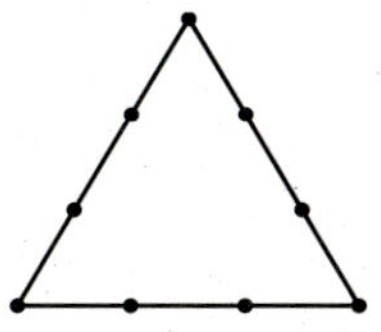

47 오른쪽 그림과 같이 정삼각형의 변 위에 같은 간격으로 놓인 9개의 점 중에서 3개의 점을 연결하여 만들 수 있는 삼각형의 개수

48 오른쪽 그림과 같이 반원 위에 있는 7개의 점 중에서 3개의 점을 꼭짓점으로 하는 삼각형의 개수

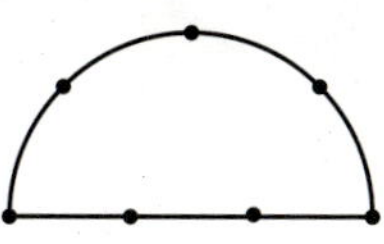

49 오른쪽 그림과 같이 원 위에 같은 간격으로 놓여 있는 8개의 점 중에서 4개의 점을 꼭짓점으로 하는 사각형의 개수

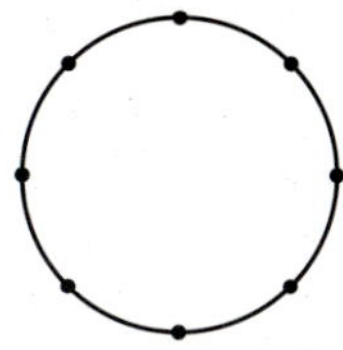

50 오른쪽 그림과 같이 가로 방향의 평행선 4개와 세로 방향의 평행선 6개가 서로 만날 때, 이 평행선으로 만들어지는 평행사변형의 개수

학교시험 **필수**예제

51 오른쪽 그림과 같이 두 평행선 위에 10개의 점이 주어져 있다. 주어진 점을 연결하여 만들 수 있는 서로 다른 삼각형의 개수를 구하여라.

05 분할과 분배

1. **분할의 수** : 서로 다른 n개를 p개, q개, r개 $(p+q+r=n)$의 3묶음으로 나누는 방법의 수는

① p, q, r가 모두 다른 수일 때 ➡ $_nC_p \times _{n-p}C_q \times _rC_r$

② p, q, r 중 어느 두 수가 같을 때 ➡ $_nC_p \times _{n-p}C_q \times _rC_r \times \dfrac{1}{2!}$

③ p, q, r의 세 수가 모두 같을 때 ➡ $_nC_p \times _{n-p}C_q \times _rC_r \times \dfrac{1}{3!}$

2. **분배의 수** : k묶음으로 분할하여 서로 다른 k곳에 나누어 주는 방법의 수는
(k묶음으로 나누는 방법의 수)$\times k!$

- 여러 개의 물건을 몇 개의 묶음으로 나누는 것을 분할이라 하고, 그 묶음을 나누어 주는 것을 분배라고 한다.

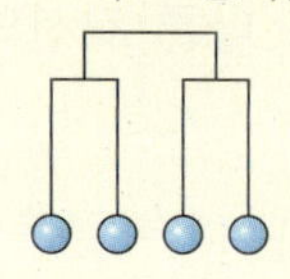

4개 학급을 2학급의 2개 조로 분할하는 방법의 수

➡ $_4C_2 \times _2C_2 \times \dfrac{1}{2!} = 3$

유형 106   분할과 분배의 수

※ [01~02] 서로 다른 종류의 꽃 6송이를 다음과 같이 3개의 묶음으로 나누는 방법의 수를 구하여라.

01 1송이, 2송이, 3송이

02 2송이, 2송이, 2송이

※ [03~04] 8명의 학생에 대하여 다음을 구하여라.

03 3명, 3명, 2명의 3개 조로 나누는 방법의 수

04 위에서 나눈 3개 조의 학생들에게 교실, 유리창, 화장실을 청소하도록 하는 방법의 수

유형 107   대진표 작성하기

05 6개의 학급이 참가한 농구 대회의 대진표가 오른쪽 그림과 같을 때, 대진표를 작성하는 방법의 수를 구하여라.

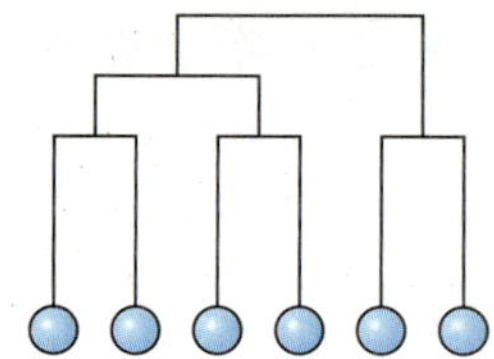

06 6명의 학생이 참가한 씨름 대회의 대진표가 오른쪽 그림과 같을 때, 대진표를 작성하는 방법의 수를 구하여라.

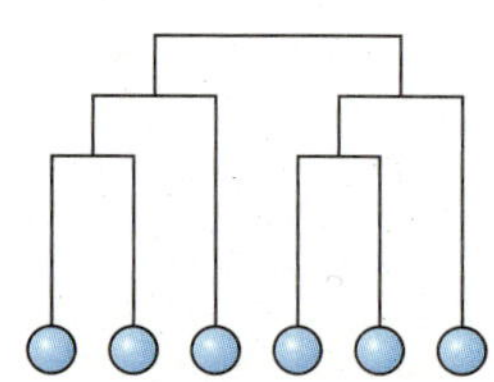

07 8명의 팀이 참가한 축구 대회의 대진표가 오른쪽 그림과 같을 때, 대진표를 작성하는 방법의 수를 구하여라.

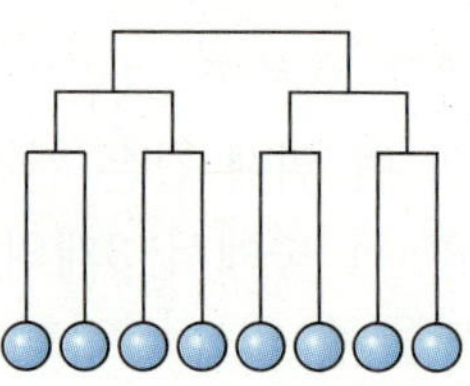

Ⅲ. 경우의 수

1. 경우의 수

(1) **합의 법칙** : 두 사건 A, B가 동시에 일어나지 않을 때, 사건 A, B가 일어나는 경우의 수가 각각 m, n이면

(사건 A 또는 사건 B가 일어나는 경우의 수)= ❶ ☐

(2) **곱의 법칙** : 두 사건 A, B에 대하여 사건 A가 일어나는 경우의 수가 m이고, 그 각각에 대하여 사건 B가 일어나는 경우의 수가 n일 때,

(두 사건 A, B가 연이어 일어나는 경우의 수)= ❷ ☐

2. 순열

(1) **순열** : 서로 다른 n개에서 $r\,(0<r\leq n)$개를 택하여 일렬로 나열하는 것을 n개에서 r개를 택하는 순열이라 하고, 이 순열의 수를 기호로 ❸ ☐ 와 같이 나타낸다.

(2) **순열의 수** : 서로 다른 n개에서 r개를 택하는 순열의 수는

$${}_n\mathrm{P}_r=n(n-1)(n-2)\cdots(n-r+1)\ (단,\ 0<r\leq n)$$

① ${}_n\mathrm{P}_r=\dfrac{n!}{(n-r)!}$ (단, $0\leq r\leq n$)

② $0!=1$, ${}_n\mathrm{P}_0=$ ❹ ☐ , ${}_n\mathrm{P}_n=$ ❺ ☐

3. 특정 조건이 있는 순열

(1) 이웃하는 순열
  ① 이웃하는 것을 하나로 묶는다.
  ② (하나로 묶었을 때의 순열의 수)×(한 묶음 안에서의 순서를 바꾸는 순열의 수)

(2) 이웃하지 않는 순열
  ① 이웃해도 좋은 것만 먼저 배열한다.
  ② (이웃해도 되는 것들의 순열의 수)×(그 양 끝과 사이사이에 이웃하지 않아야할 것을 끼워 넣는 순열의 수)

(3) '적어도'가 있는 경우의 순열
  ① 반대인 경우의 수를 생각한다.
  ② (전체 경우의 수)−(반대 경우의 수)

개념 window

■ • 방정식과 부등식의 해의 개수 구하기
① $ax+by=d$의 꼴이나 $ax+by\leq d$의 꼴로 바꾼다.
② 계수의 절댓값이 큰 것부터 수를 대입해 본다.
③ 식을 만족시키는 $(x,\ y)$를 찾는다.

■ • 서로 다른 n개에서 $r\,(0<r\leq n)$개를 택하는 순열에서 첫 번째, 두 번째, 세 번째, $\cdots$, r번째 자리에 올 수 있는 것은 각각 n, $n-1$, $n-2$, $\cdots$, $n-r+1$가지이므로 곱의 법칙에 의하여
$${}_n\mathrm{P}_r=n(n-1)(n-2)\\ \cdots(n-r+1)$$

---

❶ $m+n$　❷ $m\times n$　❸ ${}_n\mathrm{P}_r$　❹ 1　❺ $n!$

4. 조합

(1) 조합 : 서로 다른 n개에서 순서를 생각하지 않고 $r\,(0<r\leq n)$개를 택하는 것을 n개에서 r개를 택하는 조합이라 하고, 이 조합의 수를 기호로 [⑥   ]와 같이 나타낸다.

(2) 조합의 수

① $_n\mathrm{C}_r=\dfrac{_n\mathrm{P}_r}{r!}=\dfrac{n!}{r!(n-r)!}$ (단, $0\leq r\leq n$)

② $_n\mathrm{C}_0=$ [⑦] , $_n\mathrm{C}_n=$ [⑧]

③ $_n\mathrm{C}_r={}_n\mathrm{C}_{n-r}$ (단, $0\leq r\leq n$)

④ $_n\mathrm{C}_r={}_{n-1}\mathrm{C}_r+{}_{n-1}\mathrm{C}_{r-1}$ (단, $1\leq r<n$)

5. 특정 조건이 있는 조합

(1) 특정한 것이 반드시 포함되는 경우 : 특정한 것을 이미 뽑았다고 생각하고 나머지에서 필요한 것을 뽑는다.

(2) 서로 다른 n개에서 r개를 뽑을 때
① 특정한 k개를 포함하여 r개를 뽑는 경우 $\Rightarrow {}_{n-k}\mathrm{C}_{r-k}$
② 특정한 k개를 제외하고 r개를 뽑는 경우 $\Rightarrow {}_{n-k}\mathrm{C}_r$

(3) '적어도'가 있는 경우의 조합
① 반대인 경우의 수를 생각한다.
② (전체 경우의 수)$-$(반대 경우의 수)

(4) 뽑아서 나열하는 경우의 수
① 뽑는 것은 [⑨   ]으로, 나열하는 것은 [⑩   ]로 계산한다.
(2) 뽑아서 나열하는 것 $\Rightarrow$ (조합의 수)$\times$(순열의 수)

6. 분할과 분배

(1) 분할의 수 : 서로 다른 n개를 p개, q개, r개 $(p+q+r=n)$의 3묶음으로 나누는 방법의 수는
① $p,\ q,\ r$가 모두 다른 수일 때 $\rightarrow {}_n\mathrm{C}_p\times{}_{n-p}\mathrm{C}_q\times{}_r\mathrm{C}_r$

② $p,\ q,\ r$ 중 어느 두 수가 같을 때 $\rightarrow {}_n\mathrm{C}_p\times{}_{n-p}\mathrm{C}_q\times{}_r\mathrm{C}_r\times$ [⑪   ]

③ $p,\ q,\ r$의 세 수가 모두 같을 때 $\rightarrow {}_n\mathrm{C}_p\times{}_{n-p}\mathrm{C}_q\times{}_r\mathrm{C}_r\times$ [⑫   ]

(2) 분배의 수 : k묶음으로 분할하여 서로 다른 k곳에 나누어 주는 방법의 수는
   (k묶음으로 나누는 방법의 수)$\times k!$

⑥ $_n\mathrm{C}_r$ ⑦ 1 ⑧ 1 ⑨ 조합 ⑩ 순열 ⑪ $\dfrac{1}{2!}$ ⑫ $\dfrac{1}{3!}$

IV 행렬

01 행렬의 뜻

1. 행렬
(1) 행렬: 여러 개의 수 또는 문자를 직사각형 모양으로 배열하여 괄호로 묶어 놓은 것
(2) 성분: 행렬을 이루는 각각의 수 또는 문자
(3) 행: 행렬에서 성분을 가로로 배열한 줄
(4) 열: 행렬에서 성분을 세로로 배열한 줄

2. $m \times n$ 행렬
(1) $m \times n$ 행렬: m개의 행과 n개의 열로 이루어진 행렬
(2) 정사각행렬: 행의 개수와 열의 개수가 같은 행렬

3. 행렬의 (i, j) 성분
행렬 A의 제i행과 제j열이 만나는 위치에 있는 성분을 행렬 A의 (i, j) 성분이라고 하며, 기호 a_{ij}로 나타낸다.

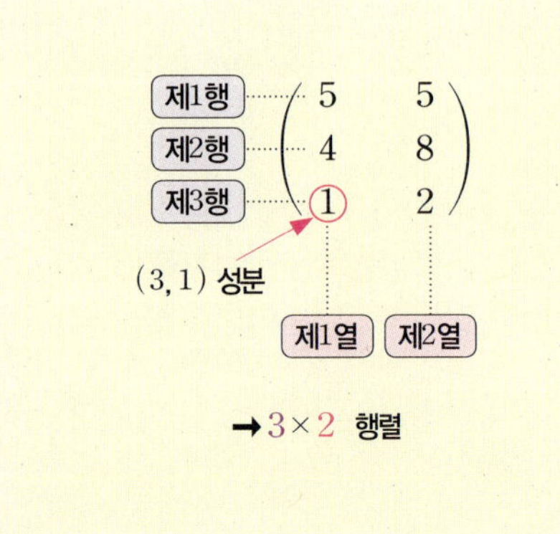

유형 108 행렬의 뜻

※ [01~05] 두 학생 A, B의 국어, 영어, 수학의 점수를 표로 나타낸 것이다. 다음 물음에 답하여라.

(단위: 점)

학생＼과목	국어	영어	수학
A	92	83	80
B	84	75	91

01 이 표에서 점수만 뽑아 양쪽에 괄호를 붙여 한 묶음의 행렬로 나타낼 때, ☐ 안에 알맞은 수를 써넣어라.

$$\begin{pmatrix} 92 & \boxed{} & 80 \\ \boxed{} & 75 & \boxed{} \end{pmatrix}$$

02 행렬에서 1행 2열의 성분을 말하여라.

03 행렬에서 2행 1열의 성분을 말하여라.

04 행렬에서 1행의 성분을 모두 말하고, 이 성분들이 어떤 의미인지 말하여라.

해설ㅣ 1행의 성분은 92, ☐, 80이고, 이것은 학생 ☐의 국어, ☐, 수학의 성적이다.

05 행렬에서 3열의 성분을 모두 말하고, 이 성분들이 어떤 의미인지 말하여라.

유형 109 행렬의 구조

※ [06~10] 다음 행렬의 꼴을 말하여라.

06 $\begin{pmatrix} 1 & 2 & 3 \end{pmatrix}$

해설ㅣ 1개의 행과 ☐개의 열로 이루어진 행렬이므로 $1 \times \boxed{}$ 행렬이다.

07 $\begin{pmatrix} 8 \\ 3 \end{pmatrix}$

08 $\begin{pmatrix} 4 & 9 \\ 3 & 17 \end{pmatrix}$

09 $\begin{pmatrix} 2 & 0 & 5 \\ 1 & 6 & 4 \end{pmatrix}$

10 $\begin{pmatrix} 1 & 0 & 0 \\ 0 & 1 & 0 \\ 0 & 0 & 1 \end{pmatrix}$

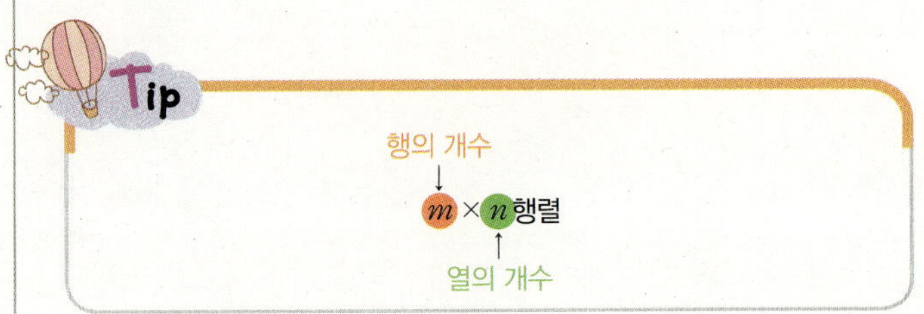

유형 11O　행렬의 성분

※ [11~16] 행렬 $A=\begin{pmatrix} 2 & -3 & 0 \\ 7 & 0 & 1 \end{pmatrix}$에 대한 빈칸을 채워 보자.

11 $(1,\ 3)$성분

해설ㅣ $(1,\ 3)$성분은 제1행과 제3열이 만나는 위치에 있는 성분이므로 ☐이다.

12 $(2,\ 2)$성분

13 a_{12}

해설ㅣ a_{12}는 제1행과 제2열이 만나는 위치에 있는 성분이므로 ☐이다.

14 a_{21}

15 $a_{11}+a_{22}$

해설ㅣ $a_{11}=2$, $a_{22}=$☐이므로
$a_{11}+a_{22}=$☐

16 $a_{23}-a_{12}$

※ [17~20] 행렬 A의 $(i,\ j)$성분 a_{ij}가 다음과 같이 주어질 때, 행렬 A를 구하여라.

17 $a_{ij}=i+j$ (단, $i=1,\ 2,\ j=1,\ 2,\ 3$)

해설ㅣ $i=1,\ 2,\ j=1,\ 2,\ 3$을 $a_{ij}=i+j$에 대입하여 행렬 A의 각 성분을 구하면 다음과 같다.
$a_{11}=1+1=2,\ a_{12}=1+2=3,\ a_{13}=1+3=4,$
$a_{21}=2+1=3,\ a_{22}=2+2=4,\ a_{23}=2+3=5$
따라서 구하는 행렬 $A=\begin{pmatrix} ☐ & ☐ & 4 \\ 3 & ☐ & ☐ \end{pmatrix}$이다.

18 $a_{ij}=j-i$ (단, $i=1,\ 2,\ j=1,\ 2$)

19 $a_{ij}=\begin{cases} 1 & (i=j) \\ 0 & (i\neq j) \end{cases}$, (단, $i=1,\ 2,\ j=1,\ 2$)

해설ㅣ 행렬 A의 각 성분을 구하면 다음과 같다.
$i=j$일 때, $a_{ij}=$☐이므로 $a_{11}=a_{22}=$☐
$i\neq j$일 때, $a_{ij}=$☐이므로 $a_{12}=a_{21}=$☐
따라서 구하는 행렬 $A=\begin{pmatrix} ☐ & ☐ \\ 0 & ☐ \end{pmatrix}$이다.

20 $a_{ij}=\begin{cases} i-j & (i\geq j) \\ j-i & (i<j) \end{cases}$, (단, $i=1,\ 2,\ 3,\ j=1,\ 2,\ 3$)

Tip
행렬 $A=(a_{ij})$가 $m\times n$행렬이면 성분 a_{ij}를 나타내는 식에
$i=1,\ 2,\ \cdots,\ m,\ j=1,\ 2,\ \cdots,\ n$
을 각각 대입하여 $a_{11},\ a_{12},\cdots,\ a_{mn}$의 값을 구한다.

02 서로 같은 행렬

1. 같은 꼴인 행렬

두 행렬 A, B의 행의 개수와 열의 개수가 각각 같을 때, 두 행렬 A, B는 같은 꼴인 행렬이라 한다.

2. 서로 같은 행렬

같은 꼴인 두 행렬 A, B의 대응하는 성분이 각각 같을 때, 두 행렬 A와 B는 서로 같다고 하며, 기호로 $A=B$와 같이 나타낸다.

$$A=\begin{pmatrix} a_{11} & a_{12} \\ a_{21} & a_{22} \end{pmatrix},\ B=\begin{pmatrix} b_{11} & b_{12} \\ b_{21} & b_{22} \end{pmatrix}$$ 일때,

$A=B$이면

$a_{11}=b_{11},\ a_{12}=b_{12},\ a_{21}=b_{21},\ a_{22}=b_{22}$

$$\begin{pmatrix} a & b \\ c & d \end{pmatrix}=\begin{pmatrix} e & f \\ g & h \end{pmatrix}$$ 이면,

$a=e,\ b=f,\ c=g,\ d=h$

유형 111   서로 같은 행렬

※ [01~02] 두 행렬 A, B에 대하여 $A=B$일 때, 다음을 만족시키는 실수의 값을 모두 구하여라.

01 $A=\begin{pmatrix} 1 \\ 6 \\ a \end{pmatrix},\ B=\begin{pmatrix} x \\ y \\ 3+x-2y \end{pmatrix}$

해설 | $A=B$이므로

$x=\boxed{},\ y=\boxed{},\ a=3+\boxed{}-2\times\boxed{}=\boxed{}$

02 $A=\begin{pmatrix} a+3 & b \\ 2c & d \end{pmatrix},\ B=\begin{pmatrix} 4 & a^2-4 \\ -6 & 3b+c \end{pmatrix}$

해설 | $a+3=4,\ a=\boxed{}$

$b=a^2-4=\boxed{}$

$2c=-6,\ c=\boxed{}$

$d=3\times(\boxed{})+(-3)=\boxed{}$

※ [03~04] 다음 물음에 각각 답하여라.

03 다음 행렬 A, B가 서로 같을 때, 행렬 A가 될 수 있는 것을 **보기**에서 모두 골라라.

$$A=\begin{pmatrix} a^2-3a-2 & b+3a \\ 4b-c & 2c-5b \end{pmatrix},\ B=\begin{pmatrix} 8 & 0 \\ d & 4 \end{pmatrix}$$

┤ 보기 ├

㉠ $\begin{pmatrix} 8 & 0 \\ 7 & 4 \end{pmatrix}$ ㉡ $\begin{pmatrix} 8 & 0 \\ 3 & 4 \end{pmatrix}$ ㉢ $\begin{pmatrix} 8 & 0 \\ -6 & 4 \end{pmatrix}$

㉣ $\begin{pmatrix} 8 & 0 \\ -\dfrac{49}{2} & 4 \end{pmatrix}$ ㉤ $\begin{pmatrix} 8 & 0 \\ -\dfrac{71}{2} & 4 \end{pmatrix}$

04 행렬 B의 성분이 정수로만 이루어졌다고 할 때, 행렬 A의 성분의 합을 구하여라.

학교시험 필수예제

05 이차 정사각행렬인 세 행렬 A, B, C가 서로 같은 행렬일 때, 행렬 C의 성분의 합을 구하여라.

$$A=\begin{pmatrix} -2 & 1-x \\ a & b \end{pmatrix},\ B=\begin{pmatrix} x & 3y \\ 3 & 2a-y \end{pmatrix}$$

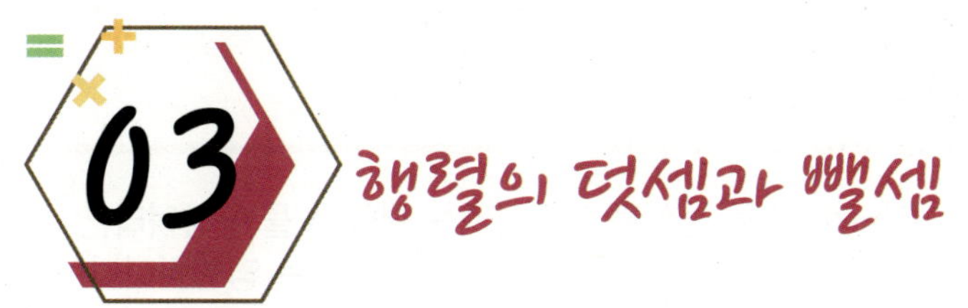

03 행렬의 덧셈과 뺄셈

1. 행렬의 덧셈과 뺄셈

같은 꼴의 두 행렬 A, B에 대하여 A와 B에 대응하는 성분의 합과 성분의 차로 나타낼 수 있다.

$A=\begin{pmatrix} a_{11} & a_{12} \\ a_{21} & a_{22} \end{pmatrix}$, $B=\begin{pmatrix} b_{11} & b_{12} \\ b_{21} & b_{22} \end{pmatrix}$일때,

$A+B=\begin{pmatrix} a_{11}+b_{11} & a_{12}+b_{12} \\ a_{21}+b_{21} & a_{22}+b_{22} \end{pmatrix}$, $A-B=\begin{pmatrix} a_{11}-b_{11} & a_{12}-b_{12} \\ a_{21}-b_{21} & a_{22}-b_{22} \end{pmatrix}$

2. 영행렬

모든 성분이 0인 행렬을 영행렬이라 하고, 기호로 O로 나타낸다.

같은 꼴의 행렬 A와 영행렬 O에 대해

① $A+O=O+A=A$

② $A-A=O$

3. 행렬의 덧셈에 대한 성질

같은 꼴의 세 행렬 A, B, C에 대하여 교환법칙과 결합법칙이 성립한다.

① 교환법칙: $A+B=B+A$

② 결합법칙: $(A+B)+C=A+(B+C)$

(1) 행렬의 덧셈 **예**

$\begin{pmatrix} 3 & 6 \\ 9 & 12 \end{pmatrix}+\begin{pmatrix} 5 & 6 \\ 7 & 8 \end{pmatrix}$

$=\begin{pmatrix} 3+5 & 6+6 \\ 9+7 & 12+8 \end{pmatrix}=\begin{pmatrix} 8 & 12 \\ 16 & 20 \end{pmatrix}$

(2) 행렬의 뺄셈 **예**

$\begin{pmatrix} 3 & 6 \\ 9 & 12 \end{pmatrix}-\begin{pmatrix} 5 & 6 \\ 7 & 8 \end{pmatrix}$

$=\begin{pmatrix} 3-5 & 6-6 \\ 9-7 & 12-8 \end{pmatrix}=\begin{pmatrix} -2 & 0 \\ 2 & 4 \end{pmatrix}$

유형 112 행렬의 덧셈과 뺄셈

※ [01~06] 다음의 행렬을 계산해보자.

01 $(2 \quad 4)+(0 \quad -7)$

02 $(2 \quad 4 \quad 1)+(-9 \quad -3 \quad 5)$

03 $\begin{pmatrix} 1 & 0 \\ 0 & 2 \\ 3 & 0 \end{pmatrix}+\begin{pmatrix} 2 & -1 \\ 3 & -3 \\ -5 & 9 \end{pmatrix}$

04 $\begin{pmatrix} 3 \\ 5 \\ 0 \end{pmatrix}-\begin{pmatrix} -1 \\ 20 \\ -6 \end{pmatrix}$

05 $A=\begin{pmatrix} 4 & -6 \\ 0 & -8 \end{pmatrix}-\begin{pmatrix} 1 & 10 \\ -1 & -3 \end{pmatrix}$

06 $\begin{pmatrix} 3 & 0 & -1 \\ 2 & 8 & 10 \end{pmatrix}-\begin{pmatrix} -6 & 5 & 1 \\ 4 & 0 & -2 \end{pmatrix}$

Tip

같은 꼴인 두 행렬 $A=(a_{ij})$, $B=(b_{ij})$에 대하여
$A+B=(a_{ij}+b_{ij})$

Tip

같은 꼴인 두 행렬 $A=(a_{ij})$, $B=(b_{ij})$에 대하여
$A-B=(a_{ij}-b_{ij})$

※ [07~14] 세 행렬 A, B, C에 대하여 다음의 행렬을 구하여라. (단, O는 영행렬이다.)

$$A=\begin{pmatrix} 1 & 2 \\ 3 & 4 \end{pmatrix},\ B=\begin{pmatrix} -1 & 0 \\ 0 & -4 \end{pmatrix},\ C=\begin{pmatrix} 0 & 2 \\ 3 & 0 \end{pmatrix}$$

07 $A+O$

08 $C-C$

09 $A+B$

10 $B+A$

11 $B-C$

12 $C-B$

13 $(A+B)+C$

14 $A+(B+C)$

※ [15~20] 다음 등식을 만족시키는 행렬 X를 구하여라. (단, O는 영행렬이다.)

15 $X+\begin{pmatrix} 1 & -2 \\ 0 & 1 \end{pmatrix}=\begin{pmatrix} 3 & -1 \\ 1 & 3 \end{pmatrix}$

해설ㅣ $X=\begin{pmatrix} 3 & -1 \\ 1 & 3 \end{pmatrix}-\begin{pmatrix} \boxed{} & \boxed{} \\ 0 & 1 \end{pmatrix}$이므로

$X=\begin{pmatrix} \boxed{} & \boxed{} \\ 1 & 2 \end{pmatrix}$

16 $\begin{pmatrix} 1 & 0 \\ 1 & 2 \end{pmatrix}+X=\begin{pmatrix} 1 & 2 \\ 3 & 4 \end{pmatrix}$

17 $X+\begin{pmatrix} 2 & -1 \\ -1 & 0 \end{pmatrix}=O$

18 $X-\begin{pmatrix} 5 & -2 \\ 0 & 6 \end{pmatrix}=\begin{pmatrix} 3 & -1 \\ -2 & -4 \end{pmatrix}$

19 $\begin{pmatrix} 1 & 3 \\ 8 & -1 \end{pmatrix}-X=\begin{pmatrix} -2 & 1 \\ 12 & 7 \end{pmatrix}$

20 $\begin{pmatrix} -3 & -1 \\ 1 & 3 \end{pmatrix}-X=O$

Tip

같은 꼴인 세 행렬 A, B, X에 대하여
① $A+X=B$이면 $X=B-A$
② $X-A=B$이면 $X=A+B$
③ $A-X=B$이면 $X=A-B$

04 행렬의 실수배

1. 행렬의 실수배

행렬 $A = \begin{pmatrix} a_{11} & a_{12} \\ a_{21} & a_{22} \end{pmatrix}$ 와 실수 k에 대하여

$$kA = k\begin{pmatrix} a_{11} & a_{12} \\ a_{21} & a_{22} \end{pmatrix} = \begin{pmatrix} ka_{11} & ka_{12} \\ ka_{21} & ka_{22} \end{pmatrix}$$

2. 행렬의 실수배의 성질

같은 꼴의 행렬 A, B, O와 실수 k, l에 대해 다음이 성립한다.

① $(kl)A = k(lA)$

② $(-1)A = -A$

③ $0A = O$

④ $(k \pm l)A = kA \pm lA$

⑤ $k(A \pm B) = kA \pm kB$

$$2\begin{pmatrix} 1 & 2 \\ 3 & 4 \end{pmatrix}$$
$$= \begin{pmatrix} 2 \times 1 & 2 \times 2 \\ 2 \times 3 & 2 \times 4 \end{pmatrix}$$
$$= \begin{pmatrix} 2 & 4 \\ 6 & 8 \end{pmatrix}$$

유형 114 행렬의 실수배

※ [01~04] 행렬 $\begin{pmatrix} 4 & -2 \\ 2 & 0 \end{pmatrix}$ 에 대하여 다음을 구하여라.

01 $3A$

해설ㅣ $3A = 3\begin{pmatrix} 4 & -2 \\ 2 & 0 \end{pmatrix} = \begin{pmatrix} 3 \times 4 & 3 \times (-2) \\ 3 \times \square & 3 \times \square \end{pmatrix}$

$\qquad = \begin{pmatrix} 12 & -6 \\ \square & \square \end{pmatrix}$

02 $\dfrac{1}{2}A$

03 $-5A$

04 $-\dfrac{3}{2}A$

※ [05~07] 두 행렬 A, B에 대하여 다음을 구하여라.
（단, O는 영행렬이다.）

$$A = \begin{pmatrix} -1 & 5 \\ 0 & -4 \end{pmatrix}, \quad B = \begin{pmatrix} -6 & 8 \\ 4 & -2 \end{pmatrix}$$

05 $3A - B$

06 $2A - 3B$

07 $O - \dfrac{1}{2}B$

1. 행렬의 곱셈

(1) 행렬 A의 제i행의 성분과 행렬 B의 제j열의 성분을 각각 차례대로 곱하여 더한 값을 (i, j) 성분으로 하는 행렬을 두 행렬 A, B의 곱이라 하고 기호로 AB로 나타낸다.

(2) 두 행렬 $A=\begin{pmatrix} a_{11} & a_{12} \\ a_{21} & a_{22} \end{pmatrix}$, $B=\begin{pmatrix} b_{11} & b_{12} \\ b_{21} & b_{22} \end{pmatrix}$에 대하여

$$AB=\begin{pmatrix} a_{11}b_{11}+a_{12}b_{21} & a_{11}b_{12}+a_{12}b_{22} \\ a_{21}b_{11}+a_{22}b_{21} & a_{21}b_{12}+a_{22}b_{22} \end{pmatrix}$$

2. 단위행렬

(ⅰ) n차 정사각행렬 A와 n차 단위행렬 E에 대하여
$$AE=EA=A$$

(ⅱ) $E^2=E$, $E^3=E$, $\cdots$, $E^n=E$ (n은 자연수)

(ⅲ) $(A\pm E)^2=A^2\pm 2A+E$,
$(A+E)(A-E)=A^2-E$

$E=\begin{pmatrix} 1 & 0 \\ 0 & 1 \end{pmatrix}$

3. 행렬의 거듭제곱

정사각행렬 A에 대하여 (단, m, n은 자연수)

(ⅰ) $A^2=AA$, $A^3=A^2A$, $A^4=A^3A$, $\cdots$, $A^{n+1}=A^nA$

(ⅱ) $A^mA^n=A^{m+n}$

(ⅲ) $(A^m)^n=A^{mn}$

- $(m\times n$ 행렬$)\times(n\times l$ 행렬$)$
$=(m\times l$ 행렬$)$

- 단위행렬
왼쪽 위에서 오른쪽 아래로 내려가는 대각선 위의 성분은 모두 1이고, 그 외의 성분은 모두 0인 정사각행렬을 단위행렬이라 하고, 기호 E로 나타낸다.

유형 115 행렬의 곱셈

※ [01~11] 다음을 계산하여라.

01 $(2 \quad 1)\begin{pmatrix} 0 \\ 1 \end{pmatrix}$

02 $(0 \quad -1)\begin{pmatrix} 2 \\ 3 \end{pmatrix}$

03 $(1 \quad 1)\begin{pmatrix} 1 & 1 \\ 2 & -5 \end{pmatrix}$

04 $(2 \quad -1)\begin{pmatrix} 1 & -1 \\ -3 & 0 \end{pmatrix}$

05 $\begin{pmatrix} 1 \\ 2 \end{pmatrix}(0 \quad -1)$

06 $\begin{pmatrix} 3 \\ 2 \end{pmatrix}(-1 \quad 1)$

07 $\begin{pmatrix} 2 & 0 \\ 1 & 3 \end{pmatrix}\begin{pmatrix} 0 \\ -1 \end{pmatrix}$

08 $\begin{pmatrix} 6 & 3 \\ 1 & -1 \end{pmatrix}\begin{pmatrix} 1 \\ 1 \end{pmatrix}$

09 $\begin{pmatrix} 1 & 0 \\ 0 & 1 \end{pmatrix}\begin{pmatrix} -1 & 2 \\ 3 & -4 \end{pmatrix}$

10 $\begin{pmatrix} 5 & 1 \\ 2 & 4 \end{pmatrix}\begin{pmatrix} 3 & -1 \\ -1 & 0 \end{pmatrix}$

11 $\begin{pmatrix} 10 & 9 \\ -4 & 5 \end{pmatrix}\begin{pmatrix} 7 & 0 \\ -9 & 2 \end{pmatrix}$

※ [12~17] 다음 등식이 성립할 때, a, b의 값을 구하여라. (단, a, b는 실수이다.)

12 $(a \quad -2)\begin{pmatrix} 2 \\ 1 \end{pmatrix} = (-6)$

13 $(7 \quad a)\begin{pmatrix} 3 \\ -1 \end{pmatrix} = (11)$

14 $(a \quad b)\begin{pmatrix} 2 & 3 \\ 1 & -2 \end{pmatrix} = (4 \quad -1)$

15 $\begin{pmatrix} a & 1 \\ 0 & 2 \end{pmatrix}\begin{pmatrix} -4 \\ b \end{pmatrix} = \begin{pmatrix} 5 \\ -6 \end{pmatrix}$

16 $\begin{pmatrix} -2 & 5 \\ -4 & 3 \end{pmatrix}\begin{pmatrix} -1 & 4 \\ a & b \end{pmatrix} = \begin{pmatrix} 12 & 2 \\ 10 & -7 \end{pmatrix}$

17 $\begin{pmatrix} 1 & 3 \\ 2 & a \end{pmatrix}\begin{pmatrix} 6 & -3 \\ -2 & b \end{pmatrix} = \begin{pmatrix} 0 & 0 \\ 0 & 0 \end{pmatrix}$

18 다음 등식을 만족하는 실수 a, b를 구하여 $a+b$ 의 값을 구하여라.

$$\begin{pmatrix} 3 & a \\ 4 & 2 \end{pmatrix}\begin{pmatrix} -4 & 5 \\ 10 & b \end{pmatrix} = \begin{pmatrix} 8 & 1 \\ 4 & 6 \end{pmatrix}$$

※ [19~24] 정사각행렬 $A=\begin{pmatrix} -1 & 0 \\ 1 & 1 \end{pmatrix}$일 때, 다음을 구하여라.

19 A^2

20 A^3

21 $(2A)^2$

22 AE^2

23 A^2A^3

24 $(A^3)^2$

※[25~30] 이차정사각행렬 A와 같은 꼴인 단위행렬 E에 대해 다음의 식을 전개하여라.

25 $(A+E)^2$

26 $(A-E)^2$

27 $(A+2E)^2$

※ [28~30] 행렬 $A=\begin{pmatrix} 1 & -1 \\ 0 & 2 \end{pmatrix}$일 때, 다음을 구하여라.

28 $(A-2E)^2$

29 $(A+3E)^2$

30 $(A+E)(A-E)$

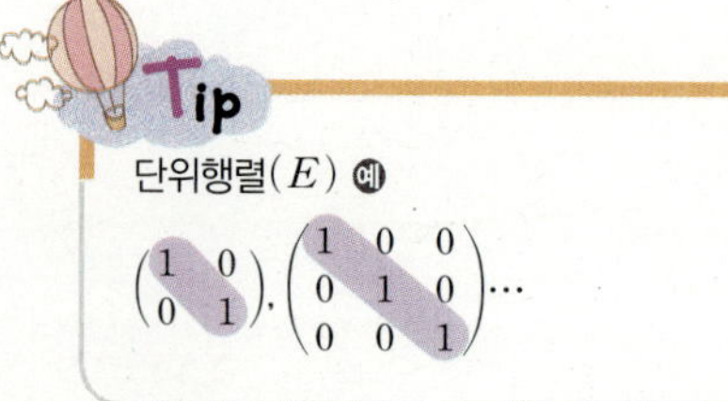

06 행렬의 곱셈의 성질

합과 곱이 정의되는 세 행렬 A, B, C에 대하여
(1) 일반적으로 곱셈에 대한 교환법칙이 성립하지 않는다.
$\Rightarrow AB \neq BA$
(2) 결합법칙: $(AB)C = A(BC)$
(3) 분배법칙: $A(B+C) = AB + AC$, $(A+B)C = AC + BC$
(4) $k(AB) = (kA)B = A(kB)$ (단, k는 상수이다.)

$$AB \neq BA$$

유형 117 AB와 BA의 비교

※ [01~04] 주어진 두 행렬 A, B에 대하여 다음을 계산하여라.

01 $A = \begin{pmatrix} 0 & 1 \\ 1 & 0 \end{pmatrix}$, $B = \begin{pmatrix} 1 & 2 \\ 3 & 4 \end{pmatrix}$
(1) AB
(2) BA

02 $A = \begin{pmatrix} 1 & 2 \\ 1 & 2 \end{pmatrix}$, $B = \begin{pmatrix} 1 & 1 \\ 1 & 1 \end{pmatrix}$
(1) AB
(2) BA

03 $A = \begin{pmatrix} 0 & 2 \\ -1 & 3 \end{pmatrix}$, $B = \begin{pmatrix} 1 & -1 \\ -3 & 3 \end{pmatrix}$
(1) AB
(2) BA

04 $A = \begin{pmatrix} 1 & 0 \\ 0 & -1 \end{pmatrix}$, $B = \begin{pmatrix} 3 & 0 \\ 0 & 0 \end{pmatrix}$
(1) AB
(2) BA

※ [05~12] 세 행렬 A, B, C에 대하여 다음의 행렬을 구해 보자. (단, O는 영행렬이다.)

$$A=\begin{pmatrix} 1 & 2 \\ -3 & 4 \end{pmatrix},\ B=\begin{pmatrix} -1 & 0 \\ 2 & 1 \end{pmatrix},\ C=\begin{pmatrix} 1 & 0 \\ -2 & -1 \end{pmatrix}$$

05 $(AB)C$

해설 ┃ $BC=\begin{pmatrix} -1 & 0 \\ 2 & 1 \end{pmatrix}\begin{pmatrix} 1 & 0 \\ -2 & -1 \end{pmatrix}=\begin{pmatrix} -1 & 0 \\ 0 & \boxed{} \end{pmatrix}$ 이므로

$(AB)C=A(BC)$

$\qquad =\begin{pmatrix} 1 & 2 \\ -3 & 4 \end{pmatrix}\begin{pmatrix} -1 & 0 \\ 0 & \boxed{} \end{pmatrix}=\begin{pmatrix} -1 & \boxed{} \\ 3 & \boxed{} \end{pmatrix}$

06 $AB+AC$

07 $AC+BC$

08 $C(-2B)$

09 AB^2+ABC

10 $(3C)A-C(2A)$

11 $(A+B)C+A(B-C)+(C-A)B$

12 $(AB)A-C(BA)$

07 케일리-해밀턴 정리

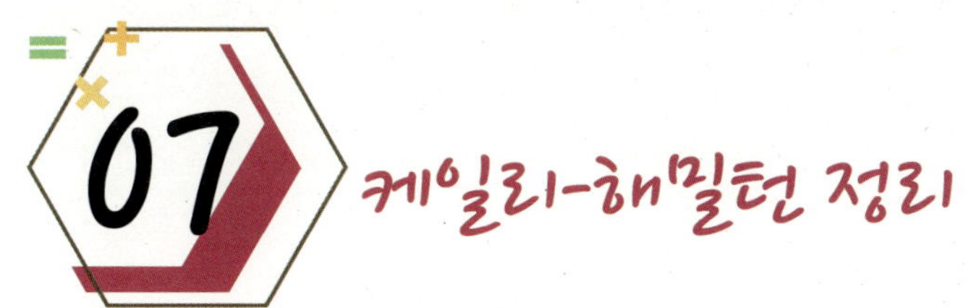

세 행렬 $A=\begin{pmatrix} a & b \\ c & d \end{pmatrix}$, $E=\begin{pmatrix} 1 & 0 \\ 0 & 1 \end{pmatrix}$, $O=\begin{pmatrix} 0 & 0 \\ 0 & 0 \end{pmatrix}$에 대하여

$$A^2-(a+d)A+(ad-bc)E=O$$

가 성립한다.

케일리-해밀턴 정리를 이용하면 A^2, A^3, $\cdots$, A^n 등의 거듭제곱을 $pA+qE$ (p, q는 실수) 꼴로 간단하게 나타낼 수 있다.

유형 119 케일리-해밀턴 정리

※ [01~03] 주어진 행렬 A가 $A^2+pA+qE=O$를 만족시킬 때, 실수 p, q의 값을 각각 구하여라.
(단, E는 단위행렬, O는 영행렬이다.)

01 $A=\begin{pmatrix} 4 & 1 \\ 3 & 1 \end{pmatrix}$

해설| 케일리-해밀턴 정리에 의해
$A^2-(\boxed{}+1)A+(4-3)E=O$
$A^2-\boxed{}A+E=O$이므로
$p=\boxed{}$, $q=1$

02 $A=\begin{pmatrix} -1 & 0 \\ 5 & 1 \end{pmatrix}$

03 $A=\begin{pmatrix} 1 & 3 \\ -2 & -5 \end{pmatrix}$

※ [04~05] 다음 행렬 A가 주어진 조건을 만족시킬 때, 실수 x, y의 값을 각각 구하여라.
(단, E는 단위행렬, O는 영행렬이다.)

04 $A=\begin{pmatrix} x & 1 \\ y & 2 \end{pmatrix}$, $A^2-5A+4E=O$

해설| 케일리-해밀턴 정리에 의해
$A^2-(x+\boxed{})A+(2x-y)E=O$이다.
조건 $A^2-5A+4E=O$에서
$-(x+\boxed{})=-5$ $\quad\therefore\ x=\boxed{}$
$2x-y=4$에서 $y=\boxed{}$

05 $A=\begin{pmatrix} 2 & 5 \\ x & y \end{pmatrix}$, $A^2+2A-3E=O$

학교시험 **필수**예제

06 $A=\begin{pmatrix} a & 2 \\ b & -3 \end{pmatrix}$인 행렬이 $A^2-3A+2E=O$를 만족할 때, 실수 a, b에 대해 $a-b$의 값을 구하여라.

IV. 행렬

1. 행렬의 뜻

(1) 행렬

① 행렬: 여러 개의 수 또는 문자를 직사각형 모양으로 배열하여 괄호로 묶어 놓은 것

② ❶ [　　]: 행렬을 이루는 각각의 수 또는 문자

③ 행: 행렬에서 성분을 가로로 배열한 줄

④ 열: 행렬에서 성분을 세로로 배열한 줄

(2) $m \times n$ 행렬

① $m \times n$ 행렬: m개의 행과 n개의 ❷ [　　]로 이루어진 행렬

② 정사각행렬: 행의 개수와 열의 개수가 같은 행렬

(3) 행렬의 (i, j) 성분

행렬 A의 제i행과 제j열이 만나는 위치에 있는 성분을 행렬 A의 (i, j) 성분이라고 하며,
기호 a_{ij}로 나타낸다.

2. 서로 같은 행렬

같은 꼴인 두 행렬 A, B의 대응하는 성분이 각각 같을 때, 두 행렬 A와 B는 서로 같다고 하며, 기호로 $A = B$와 같이 나타낸다.

$A = \begin{pmatrix} a_{11} & a_{12} \\ a_{21} & a_{22} \end{pmatrix}$, $B = \begin{pmatrix} b_{11} & b_{12} \\ b_{21} & b_{22} \end{pmatrix}$ 일때,

$A = B$이면 $a_{11} = b_{11}$, $a_{12} = b_{12}$, $a_{21} = b_{21}$, $a_{22} = $ ❸ [　　]

- $\begin{pmatrix} a & b \\ c & d \end{pmatrix} = \begin{pmatrix} e & f \\ g & h \end{pmatrix}$ 이면,
  $a = e$, $b = f$, $c = g$, $d = h$

3. 행렬의 덧셈과 뺄셈

(1) 행렬의 덧셈과 뺄셈

같은 꼴의 두 행렬 A, B에 대하여 A와 B에 대응하는 성분의 합과 성분의 차로 나타낼 수 있다.

$A = \begin{pmatrix} a_{11} & a_{12} \\ a_{21} & a_{22} \end{pmatrix}$, $B = \begin{pmatrix} b_{11} & b_{12} \\ b_{21} & b_{22} \end{pmatrix}$ 일때,

$A + B = \begin{pmatrix} a_{11}+b_{11} & a_{12}+b_{12} \\ a_{21}+b_{21} & a_{22}+b_{22} \end{pmatrix}$, $A - B = \begin{pmatrix} a_{11}-b_{11} & a_{12}-b_{12} \\ a_{21}-b_{21} & a_{22}-b_{22} \end{pmatrix}$

(2) 영행렬

모든 성분이 ❹ [　　]인 행렬을 영행렬이라 하고, 기호로 O로 나타낸다.

같은 꼴의 행렬 A와 영행렬 O에 대해

① $A + O = O + A = A$　　　② $A - A = $ ❺ [　　]

(3) 행렬의 덧셈에 대한 성질

같은 꼴의 세 행렬 A, B, C에 대하여 교환법칙과 결합법칙이 성립한다.

① 교환법칙: $A + B = B + A$　　　② 결합법칙: $(A + B) + C = A + (B + C)$

- 같은 꼴인 두 행렬 $A = (a_{ij})$, $B = (b_{ij})$에 대하여
  $A - B = (a_{ij} - b_{ij})$
- 같은 꼴인 세 행렬 A, B, X에 대하여
  ① $A + X = B$이면 $X = B - A$
  ② $X - A = B$이면 $X = A + B$
  ③ $A - X = B$이면 $X = A - B$

❶ 성분　❷ 열　❸ b_{22}　❹ 0　❺ O

4. 행렬의 실수배의 성질

같은 꼴의 행렬 A, B, O와 실수 k, l에 대해 다음이 성립한다.

① $(kl)A=k(lA)$

② $(-1)A=-A$

③ $0A=\boxed{⑥}$

④ $(k\pm l)A=kA\pm lA$

⑤ $k(A\pm B)=kA\pm kB$

- 행렬의 실수배

  행렬 $A=\begin{pmatrix} a_{11} & a_{12} \\ a_{21} & a_{22} \end{pmatrix}$와 실수 k에 대하여

  $kA=k\begin{pmatrix} a_{11} & a_{12} \\ a_{21} & a_{22} \end{pmatrix}$

  $=\begin{pmatrix} ka_{11} & ka_{12} \\ ka_{21} & ka_{22} \end{pmatrix}$

5. 행렬의 곱셈

(1) 행렬의 곱셈

① 행렬 A의 제i행의 성분과 행렬 B의 제j열의 성분을 각각 차례대로 곱하여 더한 값을 (i, j) 성분으로 하는 행렬을 두 행렬 A, B의 곱이라 하고 기호로 AB로 나타낸다.

② 두 행렬 $A=\begin{pmatrix} a_{11} & a_{12} \\ a_{21} & a_{22} \end{pmatrix}$, $B=\begin{pmatrix} b_{11} & b_{12} \\ b_{21} & b_{22} \end{pmatrix}$에 대하여

$AB=\begin{pmatrix} a_{11}b_{11}+a_{12}b_{21} & a_{11}b_{12}+a_{12}b_{22} \\ a_{21}b_{11}+a_{22}b_{21} & a_{21}b_{12}+a_{22}b_{22} \end{pmatrix}$

(2) 단위행렬

(i) n차 정사각행렬 A와 n차 단위행렬 E에 대하여

$AE=EA=\boxed{⑦}$

(ii) $E^2=E$, $E^3=E$, $\cdots$, $E^n=\boxed{⑧}$ (n은 자연수)

(iii) $(A\pm E)^2=A^2\pm 2A+E$,

$(A+E)(A-E)=A^2-E$

(3) 행렬의 거듭제곱

정사각행렬 A에 대하여 (단, m, n은 자연수)

(i) $A^2=AA$, $A^3=A^2A$, $A^4=A^3A$, $\cdots$, $A^{n+1}=A^nA$

(ii) $A^mA^n=A^{m+n}$

(iii) $(A^m)^n=A^{mn}$

- 행렬의 곱셈의 성질

  합과 곱이 정의되는 세 행렬 A, B, C에 대하여

  (1) 일반적으로 곱셈에 대한 교환법칙이 성립하지 않는다.

  $\Rightarrow AB\neq BA$

  (2) 결합법칙:

  $(AB)C=A(BC)$

  (3) 분배법칙:

  $A(B+C)=AB+AC$,

  $(A+B)C=AC+BC$

  (4) $k(AB)=(kA)B=A(kB)$

  (단, k는 상수이다.)

6. 케일리 – 해밀턴 정리

세 행렬 $A=\begin{pmatrix} a & b \\ c & d \end{pmatrix}$, $E=\begin{pmatrix} 1 & 0 \\ 0 & 1 \end{pmatrix}$, $O=\begin{pmatrix} 0 & 0 \\ 0 & 0 \end{pmatrix}$에 대하여

$A^2-(a+\boxed{⑨})A+(ad-\boxed{⑩})E=O$

가 성립한다.

⑥ O　⑦ A　⑧ E　⑨ d　⑩ bc

Ⅰ 다항식

1 다항식의 덧셈에 대한 성질
다항식 A, B, C에 대하여 다음과 같은 성질이 성립한다.
(1) 교환법칙 : $A+B=B+A$
(2) 결합법칙 : $(A+B)+C=A+(B+C)$

2 다항식의 곱셈에 대한 성질
다항식 A, B, C에 대하여 다음과 같은 성질이 성립한다.
(1) 교환법칙 : $AB=BA$
(2) 결합법칙 : $(AB)C=A(BC)$
(3) 분배법칙 : $A(B+C)=AB+AC$, $(A+B)C=AC+BC$

3 곱셈공식
1. $(a+b)^2=a^2+2ab+b^2$, $(a-b)^2=a^2-2ab+b^2$
2. $(a+b)(a-b)=a^2-b^2$
3. $(x+a)(x+b)=x^2+(a+b)x+ab$
4. $(ax+b)(cx+d)=acx^2+(ad+bc)x+bd$
5. $(a+b+c)^2=a^2+b^2+c^2+2ab+2bc+2ca$
6. $(a+b)^3=a^3+3a^2b+3ab^2+b^3$, $(a-b)^3=a^3-3a^2b+3ab^2-b^3$
7. $(x+a)(x+b)(x+c)=x^3+(a+b+c)x^2$
$+(ab+bc+ca)x+abc$
8. $(a+b)(a^2-ab+b^2)=a^3+b^3$, $(a-b)(a^2+ab+b^2)=a^3-b^3$
9. $(a^2+ab+b^2)(a^2-ab+b^2)=a^4+a^2b^2+b^4$
10. $a^2+b^2=(a+b)^2-2ab=(a-b)^2+2ab$
11. $(a+b)^2=(a-b)^2+4ab$
12. $a^3+b^3=(a+b)^3-3ab(a+b)$,
$a^3-b^3=(a-b)^3+3ab(a-b)$
13. $a^2+b^2+c^2=(a+b+c)^2-2(ab+bc+ca)$
14. $a^2+b^2+c^2+ab+bc+ca=\dfrac{1}{2}\{(a+b)^2+(b+c)^2+(c+a)^2\}$
$a^2+b^2+c^2-ab-bc-ca=\dfrac{1}{2}\{(a-b)^2+(b-c)^2+(c-a)^2\}$
15. $a^3+b^3+c^3=(a+b+c)(a^2+b^2+c^2-ab-bc-ca)+3abc$

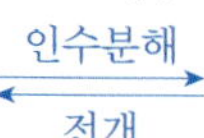

4 나머지정리
1. x에 대한 다항식 $f(x)$를 일차식 $x-\alpha$로 나누었을 때의 나머지는 $f(\alpha)$이다.
2. x에 대한 다항식 $f(x)$를 일차식 $ax+b$로 나누었을 때의 나머지는 $f\left(-\dfrac{b}{a}\right)$이다.

5 인수정리
1. x에 대한 다항식 $f(x)$가 일차식 $x-\alpha$로 나누어떨어지면 $f(\alpha)=0$이다.
2. x에 대한 다항식 $f(x)$에서 $f(\alpha)=0$이면 $f(x)$는 일차식 $x-\alpha$로 나누어떨어진다.

Ⅱ 방정식과 부등식

1 복소수
[복소수의 분류]

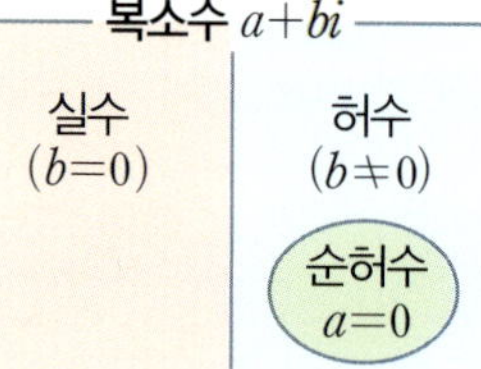

복소수 $a+bi$ (a, b는 실수)와 그 켤레복소수 $a-bi$의 합과 곱은 실수이다.
$(a+bi)+(a-bi)=2a$
$(a+bi)(a-bi)=a^2+b^2$

2 근의 공식을 이용한 이차방정식의 풀이
계수가 실수인 x에 대한 이차방정식 $ax^2+bx+c=0$의 해는
$$x=\dfrac{-b\pm\sqrt{b^2-4ac}}{2a}$$
|참고| 계수가 실수인 x에 대한 이차방정식 $ax^2+2b'x+c=0$의 해는
$$x=\dfrac{-b'\pm\sqrt{b'^2-ac}}{a}$$

3 이차함수의 그래프와 x축의 위치 관계
이차함수 $y=ax^2+bx+c$의 그래프와 x축의 위치 관계는 이차방정식 $ax^2+bx+c=0$의 판별식 $D=b^2-4ac$에 대하여 다음과 같다.

D	$D>0$	$D=0$	$D<0$
$y=ax^2+bx+c$ $(a>0)$의 그래프			
$y=ax^2+bx+c$ $(a<0)$의 그래프			
$y=ax^2+bx+c$의 그래프와 x축의 위치 관계	서로 다른 두 점에서 만난다.	한 점에서 만난다. (접한다.)	만나지 않는다.
$ax^2+bx+c=0$의 근	서로 다른 두 실근 $(x=\alpha$ 또는 $x=\beta)$	중근 $(x=\alpha)$	서로 다른 두 허근

4 이차함수의 그래프와 직선의 위치 관계

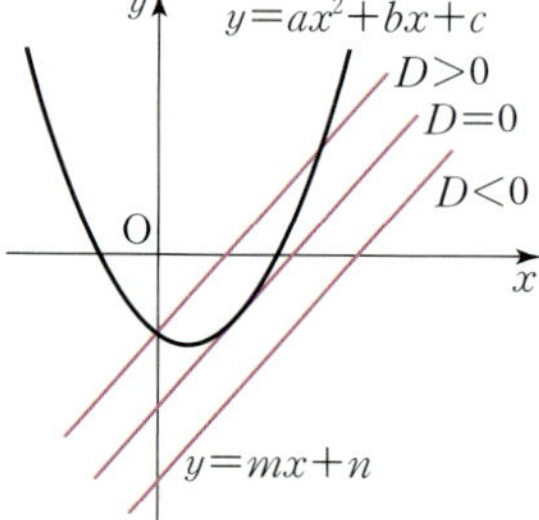

판별식 D에 대하여
(1) $D>0$이면 서로 다른 두 점에서 만난다.
(2) $D=0$이면 한 점에서 만난다. (접한다.)
(3) $D<0$이면 만나지 않는다.

5 이차함수의 최대 · 최소
x의 값이 범위가 실수 전체일 때, 이차함수 $y=a(x-p)^2+q$는
(1) $a>0$이면 $x=p$에서 최솟값 q를 갖고, 최댓값은 없다.
(2) $a<0$이면 $x=p$에서 최댓값 q를 갖고, 최솟값은 없다.

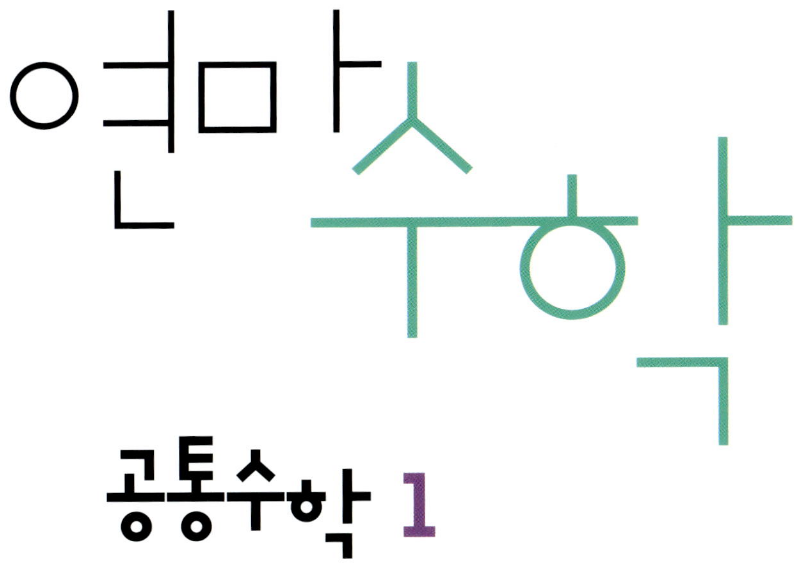

연마수학

공통수학 1

정답 및 해설

04 몫 : x^2-4,
나머지 : -4

05 몫 : $2x^2-x+1$,
나머지 : -6

06 몫 : x^2-x+6,
나머지 : -19

07 몫 : $3x^2-4x-4$,
나머지 : 1

08 몫 : $2x^2-2x+1$,
나머지 : 1

09 몫 : x^2-2x-4,
나머지 : -4

10 몫 : $2x^2-4x+3$,
나머지 : 0

11 몫 : $2x^2+6x$,
나머지 : 2

12 몫 : $3x^2+9x-3$,
나머지 : -1

13 몫 : $4x^2-2x-2$,
나머지 : 2

14 몫 : x^2+2x+1,
나머지 : -2

08 항등식 (23쪽)

01 ×
02 ○
03 ○
04 ×
05 ×
06 ○
07 $a=0,\ b=1$
08 $a=1,\ b=1$
09 $a=0,\ b=-1,\ c=0$
10 $a=2,\ b=3,\ c=0$
11 ②
12 $a+b,\ a+b,\ -5,\ 3,\ -1$
13 $a=1,\ b=0$
14 $a=-3,\ b=-1$
15 $a=1,\ b=2$
16 $a=1,\ b=-3,\ c=3$
17 $a=-5,\ b=1,\ c=3$
18 $a=0,\ b=-3,\ c=5$

19 $a=1,\ b=-1,\ c=0$
20 10
21 $-2,\ -9,\ 3,\ 1,\ -3,\ -1$
22 $a=1,\ b=0$
23 $a=-3,\ b=-1$
24 $a=1,\ b=2$
25 $a=1,\ b=-3,\ c=3$
26 $a=-5,\ b=1,\ c=3$
27 $a=0,\ b=-3,\ c=5$
28 $a=1,\ b=-1,\ c=0$
29 10
30 1024
31 0
32 1023
33 1
34 243
35 0
36 243
37 1
38 242
39 ②

09 나머지정리 (27쪽)

01 $1,\ 1,\ 3$
02 9
03 25
04 $\dfrac{15}{8}$
05 $\dfrac{43}{27}$
06 -3
07 -15
08 -41
09 $-\dfrac{3}{8}$
10 11
11 $\dfrac{1}{2},\ \dfrac{1}{2},\ -\dfrac{1}{8}$
12 1
13 $\dfrac{13}{8}$
14 $-\dfrac{13}{27}$

15 $\dfrac{7}{27}$
16 1
17 $-\dfrac{7}{8}$
18 1
19 $\dfrac{43}{8}$
20 $-\dfrac{29}{27}$
21 $-\dfrac{13}{27}$
22 1
23 -3
24 -4
25 2
26 $\dfrac{9}{2}$
27 $\dfrac{26}{3}$
28 -3
29 0
30 -3
31 -3
32 $-\dfrac{9}{2}$
33 $-\dfrac{11}{4}$
34 ④
35 ③
36 1
37 2
38 -1
39 4
40 10
41 6
42 2

10 인수정리 (31쪽)

01 ×
02 ○
03 ○
04 ○
05 ○

06 $0,\ 0,\ 2$
07 4
08 $-\dfrac{5}{4}$
09 $\dfrac{11}{4}$
10 -2
11 0
12 2
13 $\dfrac{1}{2}$
14 $\dfrac{15}{2}$
15 $\dfrac{10}{3}$
16 $a=-2,\ b=1$
17 $a=0,\ b=3$
18 $a=-2,\ b=1$
19 -2

II 인수분해 공식 (1) (33쪽)

01 $(2x+y)^2$
02 $(x-2y)^2$
03 $(x+2y)(x-2y)$
04 $(x+2)(x-5)$
05 $(2x-1)(3x+4)$
06 $2x,\ 2x,\ 2x,\ 2x$
07 $(x-2y+z)^2$
08 $(x+y-2z)^2$
09 $(x-2y-2z)^2$
10 $(x+1)^3$
11 $(x+2)^3$
12 $(2x+1)^3$
13 $(x+2y)^3$
14 $(2x+3y)^3$
15 $(x-1)^3$
16 $(x-2)^3$
17 $(2x-1)^3$
18 $(x-2y)^3$
19 $(2x-3y)^3$
20 ④

I2 인수분해 공식 (2) (35쪽)

01 $1, 1, 1, 1, 1$

02 $(x+2)(x^2-2x+4)$

03 $(2x+1)(4x^2-2x+1)$

04 $(x+y)(x^2-xy+y^2)$

05 $(2x+3y)(4x^2-6xy+9y^2)$

06 $(x-1)(x^2+x+1)$

07 $(x-3)(x^2+3x+9)$

08 $(3x-1)(9x^2+3x+1)$

09 $(x-y)(x^2+xy+y^2)$

10 $(2x-3y)(4x^2+6xy+9y^2)$

11 $(x^2+x+1)(x^2-x+1)$

12 $(x^2+2x+4)(x^2-2x+4)$

13 $(x^2+3x+9)(x^2-3x+9)$

14 $(x^2+xy+y^2)(x^2-xy+y^2)$

15 $(4x^2+2xy+y^2)$
$\qquad \times (4x^2-2xy+y^2)$

16 $(x+y-z)(x^2+y^2+z^2$
$\qquad -xy+yz+zx)$

17 $(x-y-z)(x^2+y^2$
$\qquad +z^2+xy-yz+zx)$

18 $(x+y+1)(x^2+y^2$
$\qquad -xy-x-y+1)$

19 $(x+y-2)(x^2+y^2$
$\qquad -xy+2x+2y+4)$

20 ④

I3 치환을 이용한 인수분해 (37쪽)

01 $x+1, X^2-X-12,$
$X-4, 4, x-3$

02 $(x+y+1)(x+y-3)$

03 $(x+y+2)(x+y-5)$

04 $(x+y+1)(x+y+2)$

05 $(x-5)(x-6)$

06 $(x-2y+5)(x-2y-4)$

07 $x(x-1)(x^2-x+3)$

08 $(x+1)(x+3)(x+5)(x-1)$

09 $(x-1)(x+2)(x^2+x-4)$

10 ③

11 $(x^2-3x+1)^2$

12 $(x^2+2x-4)(x^2+2x-7)$

13 $(x^2+5x+12)(x^2+5x-2)$

14 $(x^2+2x+3)(x^2+2x-5)$

15 $x^2, X^2-4X+3, 1, 1,$
$x+1$

16 $(x+1)(x-1)(x+3)(x-3)$

17 $(x+1)(x-1)(x^2+1)$

18 $(x+1)(x-1)(x+5)(x-5)$

19 x^2, x^2, x^2-x+1

20 $(x^2+x+3)(x^2-x+3)$

21 $(x^2+2xy-y^2)(x^2-2xy-y^2)$

22 $(x^2+1)(x^2-3)$

23 ③

I4 문자가 여러 개인 식의 인수분해 (40쪽)

01 $x+2, x+2, x+y-1$

02 $(x-2y+1)(x+y-2)$

03 $(x+2y+1)(x-y-1)$

04 $(x-y+2)(x-3y+4)$

05 $(x+2y-1)(x+y+3)$

06 ④

07 $(a-b)(a+b)(c+a)$

08 $(a+b)(a-b)(a^2+b^2+c^2)$

09 $(a+c)(a-c)(a^2+2b^2+c^2)$

10 $(a-b)(b+c)(a+c)$

11 $(a-b)(b-c)(a-c)$

12 $(a-b)(b-c)(c-a)$

13 $(a+b)(b+c)(c+a)$

14 ③

I5 고차식의 인수분해 (42쪽)

01 $0, x-1, x^2+x-2,$
$x-1, (x-1)^2(x+2)$

02 $(x-1)(x+2)(x-4)$

03 $(x+1)(x^2-6x+6)$

04 $(x+1)(x^2+4x-6)$

05 $(x+2)^2(x-3)$

06 $(x-2)(x^2+x+4)$

07 $(x-2)(x^2-x+1)$

08 $(x-1)(x^2+x-9)$

09 $(x-1)(x+1)(2x-3)$

10 $(x-1)^2(x-2)(x+1)$

11 $(x-1)(x-2)(x^2+x+1)$

12 ②

I6 인수분해의 활용 (44쪽)

01 5

02 3

03 9

04 140

05 $12\sqrt{2}$

06 0

07 6

08 $\dfrac{3}{2}$

09 -8100

10 10

11 2014

12 1000

13 2017

14 -55

15 106×10^4

16 31

17 10604

Ⅱ. 방정식과 부등식

0I 복소수 (50쪽)

01 실수부분 : 2,
허수부분 : 3

02 실수부분 : -5,
허수부분 : 7

03 실수부분 : 3,
허수부분 : -8

04 실수부분 : -4,
허수부분 : -6

05 실수부분 : 1,
허수부분 : $\sqrt{2}$

06 실수부분 : $\sqrt{3}$,
허수부분 : -2

07 실수부분 : 21,
허수부분 : 0

08 실수부분 : 0,
허수부분 : 12

09 ㄹ, ㅁ, ㅊ

10 ㄱ, ㄴ, ㄷ, ㅂ, ㅅ, ㅇ, ㅈ

11 ㄷ, ㅅ, ㅇ

12 ㄱ, ㄴ, ㅂ, ㅈ

13 ○

14 ×

15 ×

16 ×

17 ×

18 ①

19 $x=3, y=-1$

20 $x=-5, y=-2$

21 $x=0, y=2$

22 $x=4, y=0$

23 $x=1, y=-2$

24 $x=2, y=3$

25 $x=-5, y=3$

26 $x=5, y=-3$

27 $x=2, y=-3$

28 $x=5, y=-2$

29 $-5-7i$

30 $-4+6i$

31 $1-\sqrt{2}\,i$

32 $\sqrt{3}+2i$

33 $-12i$

34 ③

02 복소수의 사칙계산 (53쪽)

01 $3-2i$

02 $7-7i$

03 $-1+6i$

04 $-2+5i$

05 $-10-i$

06 $-1-8i$

07 $7-7i$

08 $-6-i$

09	$-4+8i$
10	$3-8i$
11	$2, 4$
12	$-12+5i$
13	$-1+13i$
14	$-2+11i$
15	$22-7i$
16	$16+11i$
17	5
18	$-2+5i$
19	$-8-6i$
20	$35-12i$
21	$-5-12i$
22	4
23	$2-i, 2-i, i^2, 5, 5, 5$
24	$1-i$
25	$\dfrac{5}{29}+\dfrac{2}{29}i$
26	$-\dfrac{1}{2}+\dfrac{1}{2}i$
27	$\dfrac{3}{13}+\dfrac{2}{13}i$
28	$\dfrac{1}{10}+\dfrac{3}{10}i$
29	$\dfrac{3}{5}-\dfrac{1}{5}i$
30	$\dfrac{1}{10}+\dfrac{7}{10}i$
31	$\dfrac{1}{2}+\dfrac{3}{2}i$
32	$\dfrac{8}{5}+\dfrac{1}{5}i$
33	10

03 i의 거듭제곱 (56쪽)

01	$-i$
02	1
03	i
04	-1
05	$-i$
06	1
07	1
08	$-i$
09	$-i$
10	2

11	32
12	-1
13	1
14	-1
15	1
16	0
17	0
18	1
19	1
20	③

04 음수의 제곱근 (58쪽)

01	$\sqrt{2}\,i$
02	$\sqrt{5}\,i$
03	$5i$
04	$\dfrac{\sqrt{2}}{2}i$
05	$-\sqrt{3}\,i$
06	$-4i$
07	$-\dfrac{1}{2}i$
08	$\pm\sqrt{3}\,i$
09	$\pm2i$
10	$\pm2\sqrt{2}\,i$
11	$\pm6i$
12	$\pm\dfrac{\sqrt{3}}{3}i$
13	$\pm\dfrac{\sqrt{5}}{5}i$
14	$\pm\dfrac{1}{3}i$
15	$\sqrt{6}\,i$
16	$\sqrt{6}\,i$
17	$-\sqrt{6}$
18	$\dfrac{\sqrt{6}}{3}i$
19	$-\dfrac{\sqrt{6}}{3}i$
20	$\dfrac{\sqrt{6}}{3}$
21	0
22	$-2\sqrt{6}-\sqrt{3}\,i$
23	$-4+8i$
24	2
25	②

05 일차방정식의 풀이

(60쪽)

01	$\times$
02	$\times$
03	$\times$
04	$\times$
05	$\bigcirc$
06	$x=\dfrac{1}{a+1}$
07	$a=-1$
08	$a=1$
09	3
10	$x=3$ 또는 $x=-1$
11	$x=1$ 또는 $x=-5$
12	$x=9$ 또는 $x=-1$
13	$-x+1, x-1, x=0$
14	해는 없다.
15	$x=-2$ 또는 $x=6$
16	$x=-5$ 또는 $x=\dfrac{1}{3}$
17	$x=-3$ 또는 $x=-1$
18	②

06 이차방정식의 풀이

(62쪽)

01	$x=-1$ 또는 $x=-3$
02	$x=2$ 또는 $x=-5$
03	$x=7$ 또는 $x=-4$
04	$x=\dfrac{1}{2}$ 또는 $x=-3$
05	$x=-8$ 또는 $x=2$
06	$-4, \pm2i$
07	$x=\pm\sqrt{5}\,i$
08	$x=\pm\dfrac{1}{3}i$
09	$x=\pm3i$
10	$x=\pm\sqrt{2}\,i$
11	$x=\dfrac{-5\pm\sqrt{89}}{2}$
12	$x=1\pm\sqrt{3}\,i$
13	$x=\dfrac{5\pm\sqrt{23}\,i}{6}$
14	$x=-4\pm2i$
15	$x=\dfrac{2\pm\sqrt{14}\,i}{6}$

16	$x=1\pm i$
17	$x=\dfrac{-3\pm\sqrt{7}\,i}{4}$
18	$x=1$ 또는 $x=-\sqrt{2}$
19	$x=1$ 또는 $x=2\sqrt{2}+2$
20	①

07 이차방정식의 판별식

(64쪽)

01	서로 다른 두 실근
02	서로 다른 두 허근
03	중근
04	서로 다른 두 허근
05	서로 다른 두 실근
06	중근
07	서로 다른 두 허근
08	서로 다른 두 실근
09	서로 다른 두 허근
10	②
11	$>, >, <$
12	$k=\dfrac{9}{4}$
13	$k>\dfrac{9}{4}$
14	$k>0$
15	$k=0$
16	$k<0$
17	2
18	3
19	-1 또는 3
20	-1
21	③

08 이차방정식의 근과 계수의 관계 (66쪽)

01	$-8, 8, -3, -3$
02	두 근의 합 : -5, 두 근의 곱 : -2
03	두 근의 합 : 1, 두 근의 곱 : 4
04	두 근의 합 : -3, 두 근의 곱 : -6
05	두 근의 합 : 0, 두 근의 곱 : -7

06	두 근의 합 : $\dfrac{5}{2}$, 두 근의 곱 : -2
07	두 근의 합 : $-\dfrac{1}{2}$, 두 근의 곱 : $-\dfrac{3}{2}$
08	두 근의 합 : $\dfrac{2}{3}$, 두 근의 곱 : -3
09	두 근의 합 : $-\dfrac{1}{3}$, 두 근의 곱 : 0

10	⑤
11	-5
12	3
13	$-\dfrac{5}{3}$
14	-1
15	19
16	$\dfrac{19}{3}$
17	-80
18	343
19	2
20	-1
21	-2
22	2
23	6
24	-6
25	14
26	34
27	$x^2-7x+12=0$
28	$x^2+3x-10=0$
29	$x^2+4x+3=0$
30	$x^2-3=0$
31	$x^2-2x-1=0$
32	$x^2-4x+5=0$
33	$x^2-x-3=0$
34	$x^2+2x-12=0$
35	$x^2+3x-1=0$
36	$x^2+4x+3=0$
37	-8
38	$(x-1-\sqrt{6})(x-1+\sqrt{6})$

39	$(x-2i)(x+2i)$
40	$(x+1-\sqrt{3}\,i)(x+1+\sqrt{3}\,i)$
41	$(x-1-\sqrt{2})(x-1+\sqrt{2})$
42	$\left(x+\dfrac{3-\sqrt{7}\,i}{2}\right)\left(x+\dfrac{3+\sqrt{7}\,i}{2}\right)$
43	$2\left(x-\dfrac{2+\sqrt{6}\,i}{2}\right)\left(x-\dfrac{2-\sqrt{6}\,i}{2}\right)$
44	$3(x-1-i)(x-1+i)$
45	$3\left(x-\dfrac{2+\sqrt{2}\,i}{3}\right)\left(x-\dfrac{2-\sqrt{2}\,i}{3}\right)$
46	③

○9 이차방정식의 켤레근의 성질 (70쪽)

01	$1+\sqrt{3}$
02	$2,\ -2,\ 1+\sqrt{3},\ -2,\ -4$
03	$2-\sqrt{2}$
04	-6
05	$1-i$
06	0
07	$2+3i$
08	-17
09	$2a,\ -6,\ -2,\ k,\ 8$
10	1
11	31
12	-5
13	13
14	-1
15	$\dfrac{3}{2}$
16	-7 또는 1
17	4

IO 이차함수의 그래프 (72쪽)

| 01 | 꼭짓점의 좌표 : $(0,\ 2)$ 축의 방정식 : $x=0$ |

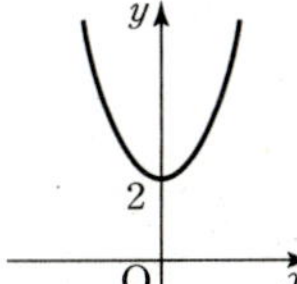

| 02 | 꼭짓점의 좌표 : $(1,\ 0)$ 축의 방정식 : $x=1$ |

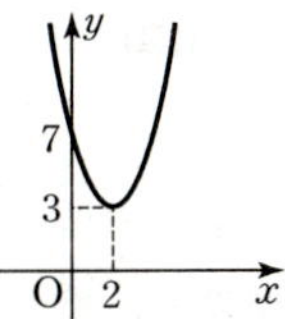

| 03 | 꼭짓점의 좌표 : $(2,\ 3)$ 축의 방정식 : $x=2$ |

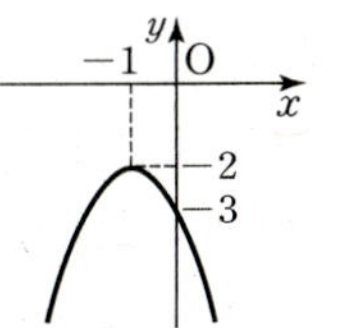

| 04 | 꼭짓점의 좌표 : $(-1,\ -2)$ 축의 방정식 : $x=-1$ |

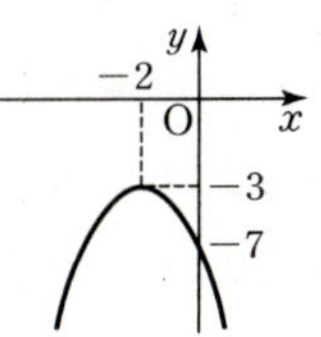

| 05 | 꼭짓점의 좌표 : $(-2,\ -3)$ y절편 : -7 |

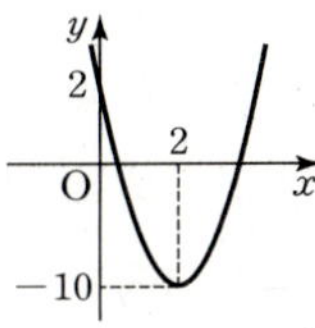

| 06 | 꼭짓점의 좌표 : $(2,\ -10)$ y절편 : 2 |
| 07 | 2 |

II 이차함수와 이차방정식의 관계 (73쪽)

01	$1,\ 3$
02	$0,\ 4$
03	$-3,\ 1$
04	$-2,\ 1$
05	2
06	$-1,\ 6$
07	$(0,\ 0),\ (2,\ 0)$
08	$(-4,\ 0),\ (5,\ 0)$
09	$(2,\ 0),\ (8,\ 0)$
10	$(2,\ 0)$
11	$(-5,\ 0),\ (3,\ 0)$
12	$\left(-\dfrac{1}{2},\ 0\right),\ (1,\ 0)$
13	서로 다른 두 실근, 2
14	1
15	0
16	2
17	0
18	1
19	$>,\ >,\ >$
20	$k=-4$
21	$k<-4$
22	$k>-2$
23	$k=-2$
24	$k<-2$
25	$k>0$
26	$k=0$
27	$k<0$
28	$k\geq0$
29	1

I2 이차함수의 그래프와 직선의 위치 관계 (76쪽)

01	$-1,\ 2$
02	$-4,\ 2$
03	$1,\ 4$
04	-1
05	2
06	$-3,\ 2$
07	$-6,\ 1$
08	$-2,\ 1$
09	$<$, 만나지 않는다
10	만나지 않는다.
11	서로 다른 두 점에서 만난다.
12	한 점에서 만난다. (접한다.)
13	서로 다른 두 점에서 만난다.
14	서로 다른 두 점에서 만난다.
15	만나지 않는다.
16	한 점에서 만난다. (접한다.)

17 만나지 않는다.

18 서로 다른 두 점에서 만난다.

19 $k>\dfrac{15}{4}$

20 $k=\dfrac{15}{4}$

21 $k<\dfrac{15}{4}$

22 $k<-2$

23 $k=-2$

24 $k>-2$

25 $k>-\dfrac{5}{4}$

26 $k=-\dfrac{5}{4}$

27 $k<-\dfrac{5}{4}$

28 $k\geq-\dfrac{5}{4}$

29 ②

13 이차함수의 최대, 최소 (79쪽)

01 최솟값 : 2, 최댓값 : 없다.

02 최솟값 : 5, 최댓값 : 없다.

03 최댓값 : 4, 최솟값 : 없다.

04 최댓값 : -1, 최솟값 : 없다.

05 최솟값 : -4, 최댓값 : 없다.

06 최솟값 : -9, 최댓값 : 없다.

07 최댓값 : 12, 최솟값 : 없다.

08 3

09 14

10 -2

11 -3

12 -12

13 -3

14 0

15 ±3

16 -2 또는 $\dfrac{2}{3}$

17 ①

14 제한된 범위에서 이차함수의 최대, 최소 (81쪽)

01 $2,\ 2,\ -1,\ -2,\ 2,\ -2$

02 최댓값 : 10, 최솟값 : 2

03 최댓값 : 2, 최솟값 : 1

04 최댓값 : 10, 최솟값 : 2

05 최댓값 : 13, 최솟값 : 1

06 최댓값 : 13, 최솟값 : -3

07 최댓값 : 6, 최솟값 : -2

08 최댓값 : 1, 최솟값 : -3

09 최댓값 : 1, 최솟값 : -3

10 최댓값 : 6, 최솟값 : -3

11 최댓값 : 2, 최솟값 : -10

12 최댓값 : 6, 최솟값 : -3

13 최댓값 : 6, 최솟값 : 2

14 최댓값 : 6, 최솟값 : 5

15 최댓값 : 6, 최솟값 : 2

16 최댓값 : 5, 최솟값 : -3

17 최댓값 : 9, 최솟값 : 1

18 최댓값 : 10, 최솟값 : 1

19 최댓값 : 10, 최솟값 : 6

20 최댓값 : 10, 최솟값 : 1

21 최댓값 : 10, 최솟값 : -6

22 ②

23 $(12-2x)$m

24 $0<x<6$

25 $y=x(12-2x)$

26 $18\ \mathrm{m}^2$

27 $6\ \mathrm{m}$

28 $(20-2x)$cm

29 $0<x<10$

30 $y=x(20-2x)$

31 $50\ \mathrm{cm}^2$

32 $5\ \mathrm{cm}$

33 $20-x$

34 $0<x<20$

35 10

36 $-\dfrac{3}{4}$

15 삼차방정식과 사차방정식 (1) (85쪽)

01 $\dfrac{1\pm\sqrt{3}\,i}{2}$

02 $x=-2$ 또는 $x=1\pm\sqrt{3}\,i$

03 $x=-3$ 또는 $x=\dfrac{3\pm3\sqrt{3}\,i}{2}$

04 $x=1$ 또는 $x=\dfrac{-1\pm\sqrt{3}\,i}{2}$

05 $x=2$ 또는 $x=-1\pm\sqrt{3}\,i$

06 $x=3$ 또는 $x=\dfrac{-3\pm3\sqrt{3}\,i}{2}$

07 $x=0$ 또는 $x=2$

08 $x=0$ 또는 $x=-2$ 또는 $x=2$

09 $x=0$ 또는 $x=-2$ 또는 $x=3$

10 $x=0$ 또는 $x=6$ 또는 $x=-7$

11 $x=2$ 또는 $x=-1$ 또는 $x=1$

12 $x=\pm1$ 또는 $x=\pm i$

13 $x=\pm2$ 또는 $x=\pm2i$

14 $x=0$ 또는 $x=-3$ 또는 $x=3$

15 $x=0$ 또는 $x=-1$ 또는 $x=\dfrac{1\pm\sqrt{3}\,i}{2}$

16 4

17 $0,\ x+1,\ -1,\ 1,\ 1,\ -1$

18 $x=1$ 또는 $x=-2$

19 $x=-1$ 또는 $x=-2$ 또는 $x=-3$

20 $x=1$

또는 $x=\dfrac{-3\pm\sqrt{17}}{2}$

21 $x=2$ 또는 $x=\dfrac{-1\pm\sqrt{17}}{2}$

22 $x=-1$ 또는 $x=-2\pm\sqrt{10}$

23 $x=2$ 또는 $x=\dfrac{-1\pm\sqrt{15}\,i}{2}$

24 7

25 $x=1$ 또는 $x=-1$ 또는 $x=2$

26 $x=-1$ 또는 $x=2$ 또는 $x=1\pm\sqrt{2}\,i$

27 $x=1$ 또는 $x=2$ 또는 $x=\dfrac{-1\pm\sqrt{3}\,i}{2}$

28 $x=-1$ 또는 $x=2$ 또는 $x=-1\pm\sqrt{2}\,i$

29 $x=-1$ 또는 $x=2$ 또는 $x=\dfrac{-1\pm\sqrt{11}\,i}{2}$

30 $x=1$ 또는 $x=-1\pm\sqrt{2}\,i$

31 $k\geq-\dfrac{1}{8}$

16 삼차방정식과 사차방정식 (2) (89쪽)

01 $x^2+2,\ x^2+2,\ \pm\sqrt{3}\,i,\ x^2+2,\ 0$

02 $x=\pm1$ 또는 $x=\pm\sqrt{2}$

03 $x=-5$ 또는 $x=-3$ 또는 $x=-1$ 또는 $x=1$

04 $x=-2$ 또는 $x=1$ 또는 $x=\dfrac{-1\pm\sqrt{17}}{2}$

05 $x=-2$ 또는 $x=-1$ 또는 $x=\dfrac{-3\pm\sqrt{17}}{2}$

06 $x=-2$ 또는 $x=0$ 또는 $x=-1\pm\sqrt{7}\,i$

07 $x=0$ 또는 $x=1$ 또는 $x=\dfrac{1\pm\sqrt{11}\,i}{2}$

08 $x=-3$ 또는 $x=2$

또는 $x=\dfrac{-1\pm\sqrt{15}\,i}{2}$

09 $x=-1\pm\sqrt{5}$

또는 $x=-1\pm2\sqrt{2}$

10 $x=\dfrac{3\pm\sqrt{5}}{2}$

11 $x^2,\ x^2,\ x^2,\ \pm\sqrt{5}\,i,\ \pm\sqrt{5}\,i$

12 $x=\pm1$ 또는 $x=\pm\sqrt{3}$

13 $x=\pm\sqrt{3}\,i$ 또는 $x=\pm2$

14 $x=\pm\sqrt{2}$ 또는 $x=\pm\sqrt{3}$

15 $x=\dfrac{-1\pm\sqrt{7}\,i}{2}$

또는 $x=\dfrac{1\pm\sqrt{7}\,i}{2}$

16 $x=-1\pm i$

또는 $x=1\pm i$

17 $x=-1\pm\sqrt{2}\,i$

또는 $x=1\pm\sqrt{2}\,i$

18 $x=\dfrac{-3\pm\sqrt{13}}{2}$

또는 $x=\dfrac{3\pm\sqrt{13}}{2}$

19 $x=\pm\sqrt{3}\,i$ 또는 $x=\pm1$

20 $1,\ x+\dfrac{1}{x},\ x+\dfrac{1}{x},$

$\dfrac{-1\pm\sqrt{3}\,i}{2}$

21 $x=\dfrac{-1\pm\sqrt{3}\,i}{2}$

또는 $x=-2\pm\sqrt{3}$

22 $x=-1$

23 $x=\dfrac{-1\pm\sqrt{3}\,i}{2}$

또는 $x=\dfrac{3\pm\sqrt{5}}{2}$

24 ②

17 삼차방정식의 근과 계수의 관계 (93쪽)

01 $\alpha+\beta+\gamma=3,$
$\alpha\beta+\beta\gamma+\gamma\alpha=-4,$
$\alpha\beta\gamma=-2$

02 $\alpha+\beta+\gamma=-4,$
$\alpha\beta+\beta\gamma+\gamma\alpha=-3,$
$\alpha\beta\gamma=5$

03 $\alpha+\beta+\gamma=2,$
$\alpha\beta+\beta\gamma+\gamma\alpha=4,$

$\alpha\beta\gamma=8$

04 $\alpha+\beta+\gamma=0,$
$\alpha\beta+\beta\gamma+\gamma\alpha=3,$
$\alpha\beta\gamma=2$

05 $\alpha+\beta+\gamma=5,$
$\alpha\beta+\beta\gamma+\gamma\alpha=5,$
$\alpha\beta\gamma=-3$

06 $\alpha+\beta+\gamma=1,$
$\alpha\beta+\beta\gamma+\gamma\alpha=3,$
$\alpha\beta\gamma=1$

07 $\alpha+\beta+\gamma=2,$
$\alpha\beta+\beta\gamma+\gamma\alpha=4,$
$\alpha\beta\gamma=\dfrac{1}{2}$

08 $\alpha+\beta+\gamma=-\dfrac{1}{2},$
$\alpha\beta+\beta\gamma+\gamma\alpha=0,$
$\alpha\beta\gamma=\dfrac{3}{2}$

09 $\alpha+\beta+\gamma=\dfrac{3}{2},$
$\alpha\beta+\beta\gamma+\gamma\alpha=\dfrac{7}{2},$
$\alpha\beta\gamma=\dfrac{1}{2}$

10 1

11 5

12 2

13 $\dfrac{5}{2}$

14 -9

15 -3

16 3

17 0

18 -6

19 4

20 $-\dfrac{3}{2}$

21 12

22 9

23 8

24 $x^3-2x^2-x+2=0$

25 $x^3-6x^2+11x-6=0$

26 $x^3-3x^2+x+1=0$

27 $x^3+x^2+x+1=0$

28 $x^3-4x^2+6x-4=0$

29 $x^3+x+1=0$

30 $x^3-3x^2+4x-3=0$

31 $x^3-x^2-1=0$

32 $x^3+x+1=0$

33 $x^3-x^2-1=0$

34 $1-\sqrt{2},\ 1-\sqrt{2},\ 0,\ -2,$
$-2,\ 1-\sqrt{2}$

35 -7

36 $3,\ 2-\sqrt{3}$

37 6

38 $-1,\ 1-i$

39 2

40 $2,\ 2-i$

41 7

42 -4

18 방정식 $x^3=1$의 허근 (97쪽)

01 $1,\ x^2+x+1,$
$x^2+x+1,\ 0,\ -1$

02 -1

03 1

04 -1

05 2

06 -1

07 1

08 1

09 ④

10 $-1,\ x^2-x+1,$
$x^2-x+1,\ 0,\ -1$

11 1

12 1

13 1

14 -6

15 -1

16 1

17 1

18 ③

19 연립일차방정식 (99쪽)

01 $x=5,\ y=2$

02 $x=3,\ y=-2$

03 $x=2,\ y=5$

04 $x=-1,\ y=4$

05 $2,\ 7,\ 3,\ 5,\ -1$

06 $x=2,\ y=1,\ z=5$

07 3

20 연립이차방정식 (100쪽)

01 $-2,\ -2,\ -1,\ -2,\ -1$

02 $\begin{cases}x=6\\y=8\end{cases}$ 또는 $\begin{cases}x=8\\y=6\end{cases}$

03 $\begin{cases}x=-5\\y=-9\end{cases}$ 또는 $\begin{cases}x=1\\y=3\end{cases}$

04 $\begin{cases}x=-2\\y=-4\end{cases}$ 또는 $\begin{cases}x=6\\y=4\end{cases}$

05 ②

06 $-y,\ -y,\ \pm1,\ \pm1,$
$\mp1,\ 1,\ -1,\ \sqrt{3},\ -\sqrt{3}$

07 $\begin{cases}x=2\\y=-1\end{cases}$ 또는

$\begin{cases}x=-2\\y=1\end{cases}$ 또는 $\begin{cases}x=\sqrt{3}\\y=\sqrt{3}\end{cases}$

또는 $\begin{cases}x=-\sqrt{3}\\y=-\sqrt{3}\end{cases}$

08 $\begin{cases}x=4\\y=1\end{cases}$ 또는 $\begin{cases}x=-4\\y=-1\end{cases}$

또는 $\begin{cases}x=\sqrt{6}\\y=\sqrt{6}\end{cases}$

또는 $\begin{cases}x=-\sqrt{6}\\y=-\sqrt{6}\end{cases}$

09 $\begin{cases}x=0\\y=3\end{cases}$ 또는 $\begin{cases}x=0\\y=-3\end{cases}$

또는 $\begin{cases}x=\sqrt{3}\\y=\sqrt{3}\end{cases}$

또는 $\begin{cases}x=-\sqrt{3}\\y=-\sqrt{3}\end{cases}$

10 $\begin{cases}x=4\\y=-2\end{cases}$ 또는

$\begin{cases}x=-4\\y=2\end{cases}$ 또는 $\begin{cases}x=6\\y=2\end{cases}$

또는 $\begin{cases}x=-6\\y=-2\end{cases}$

11 $y,\ y,\ \pm\sqrt{6},\ \pm\sqrt{6},\ \pm\sqrt{6},$
$\sqrt{2},\ -\sqrt{2},\ \sqrt{6},\ -\sqrt{6}$

12 $\begin{cases}x=-1\\y=1\end{cases}$

또는 $\begin{cases}x=-2\\y=0\end{cases}$

13 $\begin{cases}x=2\\y=-1\end{cases}$

또는 $\begin{cases}x=-2\\y=1\end{cases}$

14 $\begin{cases} x=1 \\ y=-1 \end{cases}$

15 ⑤

21 대칭식과 부정방정식
(103쪽)

01 8, 20, -2, 10, -2, 10

02 $\begin{cases} x=2 \\ y=-3 \end{cases}$ 또는 $\begin{cases} x=-3 \\ y=2 \end{cases}$

03 $\begin{cases} x=-1 \\ y=3 \end{cases}$ 또는 $\begin{cases} x=3 \\ y=-1 \end{cases}$

04 $\begin{cases} x=1 \\ y=-3 \end{cases}$ 또는 $\begin{cases} x=-3 \\ y=1 \end{cases}$

05 $a \geq -\dfrac{3}{4}$

06 1, 1, 1, 2, 1, 2, 2, 2

07 $\begin{cases} x=-1 \\ y=0 \end{cases}$ 또는 $\begin{cases} x=0 \\ y=-1 \end{cases}$ 또는 $\begin{cases} x=3 \\ y=2 \end{cases}$ 또는 $\begin{cases} x=2 \\ y=3 \end{cases}$

08 $\begin{cases} x=-5 \\ y=1 \end{cases}$ 또는 $\begin{cases} x=-3 \\ y=-1 \end{cases}$ 또는 $\begin{cases} x=1 \\ y=3 \end{cases}$ 또는 $\begin{cases} x=-1 \\ y=5 \end{cases}$

09 $\begin{cases} x=-6 \\ y=-2 \end{cases}$ 또는 $\begin{cases} x=-2 \\ y=-6 \end{cases}$ 또는 $\begin{cases} x=4 \\ y=0 \end{cases}$ 또는 $\begin{cases} x=0 \\ y=4 \end{cases}$

10 $x=0$, $y=2$

11 $x=-1$, $y=1$

12 $x=1$, $y=2$

13 12

22 부등식의 기본 성질
(105쪽)

01 $<$

02 $<$

03 $<$

04 $>$

05 $<$

06 $<$

07 $>$

08 $<$

09 $-1 < 2x+1 \leq 7$

10 $-5 \leq -x-2 < -1$

11 $\dfrac{2}{3} < \dfrac{x}{3}+1 \leq 2$

12 $-2 \leq 3x-2 < 13$

13 $-7 < -2x+3 \leq 3$

14 $1 < -\dfrac{x}{5}+2 \leq 2$

15 $3 \leq x+y \leq 7$

16 $-3 \leq x-y \leq 1$

17 $2 \leq xy \leq 12$

18 $\dfrac{1}{4} \leq \dfrac{x}{y} \leq \dfrac{3}{2}$

19 ⑤

23 일차부등식의 풀이
(107쪽)

01 $x \leq -5$

02 $x \geq -5$

03 해는 없다.

04 모든 실수

05 ○

06 ○

07 ×

08 ○

09 ○

10 3, 2, 2, 3

11 $x > 2$

12 $x < -4$

13 $-1 \leq x < 7$

14 $3 \leq x \leq 6$

15 $x < 2$

16 $4 \leq x < 11$

17 $-7 \leq a < -6$

18 -2, 3, 해는 없다, 해는 없다

19 해는 없다

20 $x = 5$

21 $a \geq 6$

22 -1, 2, -1, 2

23 $-2 < x < 12$

24 ③

25 -2, 2, -3, 1

26 $1 \leq x \leq 2$

27 $x \leq 0$ 또는 $x \geq 6$

28 $x < -\dfrac{7}{3}$ 또는 $x > 1$

29 $-2(x-3)$, 2, $2 \leq x < 3$, $2(x-3)$, 6, $3 \leq x \leq 6$, $2 \leq x \leq 6$

30 $-2 \leq x \leq 3$

31 $x < -3$ 또는 $x > 2$

32 $x < -2$ 또는 $x > 4$

23 ④

24 이차함수와 이차부등식의 관계
(111쪽)

01 위쪽, -3, 2

02 위쪽, $\leq$, $\geq$

03 $-3 < x < 2$

04 $-3 \leq x \leq 2$

05 $-1 < x < 2$

06 $-1 \leq x \leq 2$

07 $x < -1$ 또는 $x > 2$

08 $x \leq -1$ 또는 $x \geq 2$

09 $x \neq 2$인 모든 실수

10 모든 실수

11 해는 없다.

12 $x = 2$

13 해는 없다.

14 $x = -1$

15 $x \neq -1$인 모든 실수

16 모든 실수

17 모든 실수

18 해는 없다.

19 해는 없다.

20 모든 실수

21 16

25 이차부등식의 풀이
(113쪽)

01 $x < -1$ 또는 $x > 3$

02 $x \leq 1$ 또는 $x \geq 2$

03 $-2 < x < 3$

04 $-5 \leq x \leq 2$

05 $x < -1$ 또는 $x > 6$

06 $x \leq -2$ 또는 $x \geq \dfrac{3}{2}$

07 $-\dfrac{3}{2} < x < -1$

08 $-\dfrac{5}{2} \leq x \leq 3$

09 $x \neq -4$

10 모든 실수

11 해는 없다.

12 $x = \dfrac{1}{3}$

13 $x \neq -1$인 모든 실수

14 해는 없다.

15 모든 실수

16 모든 실수

17 해는 없다.

18 해는 없다.

19 ④

26 이차부등식의 응용
(115쪽)

01 위쪽, $<$, $<$, 0, 1

02 $k \geq \dfrac{1}{4}$

03 $-1 < k < 2$

04 $k \leq -2$ 또는 $k \geq \dfrac{2}{3}$

05 $-3 \leq k \leq 1$

06 $-1 < k < 3$

07 $x^2 + x - 2 < 0$

08 $x^2 - 2x - 3 \leq 0$

09 $x^2 - 4x \leq 0$

10 $x^2 - 4x - 5 > 0$

11 $x^2 - x - 6 \geq 0$

12 $x^2 + 2x > 0$

13 0

14 -6

15 -2

16 9

17 -7

27 연립이차부등식 (117쪽)

01	$2, 1, 5, 2 < x \leq 5$
02	$1 < x < 3$
03	$-3 < x < 1$
04	$-1 < x \leq 2$ 또는 $3 \leq x < 4$
05	$-3 \leq x < 0$ 또는 $1 < x \leq 2$
06	3
07	$-2 < x \leq 1$ 또는 $4 \leq x < 5$
08	$3 \leq x < 5$
09	$-1 \leq x < 0$ 또는 $2 < x \leq 6$
10	$5 \leq x < 7$
11	$-1 \leq x < 0$
12	$2 < x \leq 3$
13	③

Ⅲ. 경우의 수

01 경우의 수 (1) (124쪽)

01	7
02	8
03	13
04	9
05	5
06	12
07	6
08	24
09	20
10	6
11	24
12	6
13	10
14	16

02 경우의 수 (2) (126쪽)

01	6, 6, 4, 4, 2, 2, 3
02	3
03	2
04	12
05	6, 6, 5, 4, 4, 2, 2, 12
06	6
07	6
08	11
09	2^3, 8, 8
10	12
11	12
12	348
13	4, 3, 12
14	36
15	48
16	5, 4, 3, 60
17	180
18	540

03 순열 (129쪽)

01	20
02	24
03	1
04	120
05	10
06	3
07	5
08	5
09	3
10	10
11	3
12	6
13	7
14	9
15	17
16	②
17	90
18	840
19	24
20	24
21	1320
22	5
23	15
24	2
25	720
26	576
27	288
28	240
29	24
30	1440
31	48
32	144
33	1440
34	144
35	60
36	1440
37	144
38	90
39	12
40	78
41	108
42	5760
43	3600
44	3600
45	④
46	0, 3, 3, 2, 6, 18
47	96
48	8
49	108
50	4, 24, CADNY, CADYN, CANDY, 27
51	54
52	51342
53	14

04 조합 (136쪽)

01	6
02	10
03	36
04	1
05	1
06	105
07	190
08	8
09	5
10	6
11	10
12	5
13	7
14	15
15	4
16	4
17	12
18	⑤
19	120
20	21
21	28
22	30
23	980
24	8
25	60
26	22
27	16
28	3, 20
29	15
30	10
31	112
32	21
33	70
34	315
35	80
36	144
37	1440
38	2520
39	18
40	180
41	3600
42	6
43	7
44	15
45	17
46	9
47	72
48	31
49	70
50	90
51	96

Ⅳ. 행렬

I. 다항식 

01 다항식의 덧셈과 뺄셈 본문 8쪽

06
$(-x^2+5x-2)+(-3x^2+x+3)$
$=(-1-3)x^2+(5+1)x+(-2+3)$
$=-4x^2+6x+1$

07
$(2x^2-3x+4)-(x^2+x-1)$
$=(2x^2-3x+4)+(-x^2-x+1)$
$=(2-1)x^2+(-3-1)x+(4+1)$
$=x^2-4x+5$

08
$(-x^2+4x-5)-(3x^2-2x+7)$
$=(-x^2+4x-5)+(-3x^2+2x-7)$
$=(-1-3)x^2+(4+2)x+(-5-7)$
$=-4x^2+6x-12$

09
$A+B=(x^3-2x^2+1)+(-2x^3+x^2-2)$
$\qquad=-x^3-x^2-1$
$A-B=(x^3-2x^2+1)-(-2x^3+x^2-2)$
$\qquad=3x^3-3x^2+3$

10
$A+B=(2x^3-x-3)+(-x^3+3x+1)$
$\qquad=x^3+2x-2$
$A-B=(2x^3-x-3)-(-x^3+3x+1)$
$\qquad=3x^3-4x-4$

11
$A+B=(3x^2-xy+2y^2)+(-x^2+2xy-3y^2)$
$\qquad=2x^2+xy-y^2$
$A-B=(3x^2-xy+2y^2)-(-x^2+2xy-3y^2)$
$\qquad=4x^2-3xy+5y^2$

12
$A+B=(-x^2+2xy-y^2)+(2x^2-3xy)$
$\qquad=x^2-xy-y^2$
$A-B=(-x^2+2xy-y^2)-(2x^2-3xy)$
$\qquad=-3x^2+5xy-y^2$

13
$X=\dfrac{1}{2}(3A+B)=\dfrac{1}{2}(10x^2-10x+18)$
$\therefore\ X=5x^2-5x+9$

14
$-A+B-C$
$=-(x^2-2xy+3y^2)+(2x^2+xy-y^2)-(x^2-4xy+y^2)$
$=-x^2+2xy-3y^2+2x^2+xy-y^2-x^2+4xy-y^2$
$=7xy-5y^2$

15
$2A-(B-3C)$
$=2A-B+3C$
$=2(x^2-2xy+3y^2)-(2x^2+xy-y^2)+3(x^2-4xy+y^2)$
$=2x^2-4xy+6y^2-2x^2-xy+y^2+3x^2-12xy+3y^2$
$=3x^2-17xy+10y^2$

16
$(2A-B)-(C+A)$
$=2A-B-C-A$
$=A-B-C$
$=(x^2-2xy+3y^2)-(2x^2+xy-y^2)-(x^2-4xy+y^2)$
$=x^2-2xy+3y^2-2x^2-xy+y^2-x^2+4xy-y^2$
$=-2x^2+xy+3y^2$

17
$2A-3\{A+2(B-C)+C\}$
$=2A-3(A+2B-C)$
$=-A-6B+3C$
$=-(x^3+3x^2+5)-6(x^3-2x^2-x+1)+3(-x^3-3x+1)$
$=-x^3-3x^2-5-6x^3+12x^2+6x-6-3x^3-9x+3$
$=-10x^3+9x^2-3x-8$
$\therefore\ a+b+c+d=-10+9-3-8=-12$

02 다항식의 곱셈 본문 10쪽

01 $-xy^3\times2x^2y=-2x^{1+2}y^{3+1}=-2x^3y^4$

02 $2x^3y^2\times(-3x^4y^3)=-6x^{3+4}y^{2+3}=-6x^7y^5$

03 $(-x^2y)^3\times xy^2=-x^6y^3\times xy^2=-x^7y^5$

04 $(-x^3y^2)^2\times(-x^2y^3)=x^6y^4\times(-x^2y^3)=-x^8y^7$

05 $(-2xy^2)^3\times(-x^2y)^4=-8x^3y^6\times x^8y^4=-8x^{11}y^{10}$

07
$x(2x^2+3x-2)$
$=x\times2x^2+x\times3x+x\times(-2)$
$=2x^3+3x^2-2x$

08
$xy(3x^2-2xy+y^2)$
$=xy\times3x^2+xy\times(-2xy)+xy\times y^2$
$=3x^3y-2x^2y^2+xy^3$

09
$(-x^2+3x+5)(-2x)$
$=(-x^2)\times(-2x)+3x\times(-2x)+5\times(-2x)$
$=2x^3-6x^2-10x$

10
$(x^2-xy-y^2)(-xy)$
$=x^2\times(-xy)+(-xy)\times(-xy)+(-y^2)\times(-xy)$
$=-x^3y+x^2y^2+xy^3$

12
$(x-1)(x^2+2)$
$=x^3+2x-x^2-2$
$=x^3-x^2+2x-2$

13
$(x+y^2)(2x-3y)$
$=2x^2-3xy+2xy^2-3y^3$

14
$(x+1)(x^2-2x+3)$
$=x^3-2x^2+3x+x^2-2x+3$
$=x^3-x^2+x+3$

15
$(x-y)(3x+y+2)$
$=3x^2+xy+2x-3xy-y^2-2y$
$=3x^2-2xy+2x-y^2-2y$

16
$(x+2y)(x^2-xy+3y^2)$
$=x^3-x^2y+3xy^2+2x^2y-2xy^2+6y^3$
$=x^3+x^2y+xy^2+6y^3$

17
$(x^2+x-2)(-x+3)$
$=-x^3+3x^2-x^2+3x+2x-6$
$=-x^3+2x^2+5x-6$

18
$(x-2y+1)(x+3y)$
$=x^2+3xy-2xy-6y^2+x+3y$
$=x^2+xy+x-6y^2+3y$

19
$(x^2+xy-y^2)(-x+y)$
$=-x^3+x^2y-x^2y+xy^2+xy^2-y^3$

$$=-x^3+2xy^2-y^3$$

20 다항식 $(x+a)(x^2-2x+3)$의 전개식에서 상수항은
$3a=-6$ $\quad\therefore a=-2$
따라서 $(x-2)(x^2-2x+3)$의 전개식에서 x^2항은
$-2x^2-2x^2=-4x^2$
따라서 x^2의 계수는 -4이다.

03 곱셈 공식 (1) 본문 12쪽

01 $(2x+y)^2=(2x)^2+2\cdot 2x\cdot y+y^2$
$\quad\quad\quad\quad=4x^2+4xy+y^2$

02 $(x-2y)^2=x^2-2\cdot x\cdot 2y+(2y)^2$
$\quad\quad\quad\quad=x^2-4xy+4y^2$

03 $(x+2y)(x-2y)=x^2-(2y)^2$
$\quad\quad\quad\quad\quad\quad=x^2-4y^2$

04 $(x+2)(x-5)$
$=x^2+(2-5)x+2\cdot(-5)$
$=x^2-3x-10$

05 $(2x-1)(3x+4)$
$=2\cdot 3x^2+\{2\cdot 4+(-1)\cdot 3\}x+(-1)\cdot 4$
$=6x^2+5x-4$

07 $(x-2y+z)^2$
$=x^2+(-2y)^2+z^2+2\cdot x\cdot(-2y)+2\cdot(-2y)\cdot z+2\cdot z\cdot x$
$=x^2+4y^2+z^2-4xy-4yz+2zx$

08 $(x+y-2z)^2$
$=x^2+y^2+(-2z)^2+2\cdot x\cdot y+2\cdot y\cdot(-2z)+2\cdot(-2z)\cdot x$
$=x^2+y^2+4z^2+2xy-4yz-4zx$

09 $(2x-3y+z)^2=4x^2+9y^2+z^2-12xy-6yz+4xz$
따라서 xz의 계수는 4이다.

11 $(x+2)^3$
$=x^3+3\cdot x^2\cdot 2+3\cdot x\cdot 2^2+2^3$
$=x^3+6x^2+12x+8$

12 $(2x+1)^3$
$=(2x)^3+3\cdot(2x)^2\cdot 1+3\cdot 2x\cdot 1^2+1^3$
$=8x^3+12x^2+6x+1$

13 $(x+2y)^3$
$=x^3+3\cdot x^2\cdot 2y+3\cdot x\cdot(2y)^2+(2y)^3$
$=x^3+6x^2y+12xy^2+8y^3$

14 $(2x+3y)^3$
$=(2x)^3+3\cdot(2x)^2\cdot 3y+3\cdot 2x\cdot(3y)^2+(3y)^3$
$=8x^3+36x^2y+54xy^2+27y^3$

15 $(x-1)^3$
$=x^3+3\cdot x^2\cdot(-1)+3\cdot x\cdot(-1)^2+(-1)^3$
$=x^3-3x^2+3x-1$

16 $(x-2)^3$
$=x^3+3\cdot x^2\cdot(-2)+3\cdot x\cdot(-2)^2+(-2)^3$
$=x^3-6x^2+12x-8$

17 $(2x-1)^3$
$=(2x)^3+3\cdot(2x)^2\cdot(-1)+3\cdot 2x\cdot(-1)^2+(-1)^3$
$=8x^3-12x^2+6x-1$

18 $(x-2y)^3$
$=x^3+3\cdot x^2\cdot(-2y)+3\cdot x\cdot(-2y)^2+(-2y)^3$
$=x^3-6x^2y+12xy^2-8y^3$

19 $(2x-3y)^3$
$=(2x)^3+3\cdot(2x)^2\cdot(-3y)+3\cdot 2x\cdot(-3y)^2+(-3y)^3$
$=8x^3-36x^2y+54xy^2-27y^3$

20 $(2+1)(2^2+1)(2^4+1)(2^8+1)$
$=(2-1)(2+1)(2^2+1)(2^4+1)(2^8+1)$
$=(2^2-1)(2^2+1)(2^4+1)(2^8+1)$
$=(2^4-1)(2^4+1)(2^8+1)$
$=(2^8-1)(2^8+1)$
$=2^{16}-1=2^a-1$
$\therefore a=16$

04 곱셈 공식 (2) 본문 14쪽

01 $(x+1)(x+2)(x+3)$
$=x^3+(1+2+3)x^2+(1\cdot 2+2\cdot 3+3\cdot 1)x+1\cdot 2\cdot 3$
$=x^3+6x^2+11x+6$

02 $(x-1)(x-2)(x-3)$
$=x^3+\{(-1)+(-2)+(-3)\}x^2$
$\quad+\{(-1)\cdot(-2)+(-2)\cdot(-3)+(-3)\cdot(-1)\}x$
$\quad+(-1)\cdot(-2)\cdot(-3)$
$=x^3-6x^2+11x-6$

03 $(x+1)(x-2)(x+3)$
$=x^3+\{1+(-2)+3\}x^2+\{1\cdot(-2)+(-2)\cdot 3+3\cdot 1\}x$
$\quad+1\cdot(-2)\cdot 3$
$=x^3+2x^2-5x-6$

04 $(x-1)(x+2)(x-3)$
$=x^3+\{(-1)+2+(-3)\}x^2$
$\quad+\{(-1)\cdot 2+2\cdot(-3)+(-3)\cdot(-1)\}x$
$\quad+(-1)\cdot 2\cdot(-3)$
$=x^3-2x^2-5x+6$

06 $(x+2)(x^2-2x+4)$
$=(x+2)(x^2-x\cdot 2+2^2)=x^3+2^3$
$=x^3+8$

07 $(2x+1)(4x^2-2x+1)$
$=(2x+1)\{(2x)^2-2x\cdot 1+1^2\}=(2x)^3+1^3$
$=8x^3+1$

08 $(x+y)(x^2-xy+y^2)$
$=(x+y)(x^2-x\cdot y+y^2)$
$=x^3+y^3$

09 $(2x+3y)(4x^2-6xy+9y^2)$
$=(2x+3y)\{(2x)^2-2x\cdot 3y+(3y)^2\}=(2x)^3+(3y)^3$
$=8x^3+27y^3$

10 $(x-1)(x^2+x+1)$
$=(x-1)(x^2+x\cdot 1+1^2)=x^3-1^3$
$=x^3-1$

11 $(x-3)(x^2+3x+9)$
$=(x-3)(x^2+x\cdot 3+3^2)=x^3-3^3$
$=x^3-27$

12 $(3x-1)(9x^2+3x+1)$
$=(3x-1)\{(3x)^2+3x\cdot1+1^2\}$
$=(3x)^3-1^3$
$=27x^3-1$

13 $(x-y)(x^2+xy+y^2)$
$=(x-y)(x^2+x\cdot y+y^2)$
$=x^3-y^3$

14 $(2x-3y)(4x^2+6xy+9y^2)$
$=(2x-3y)\{(2x)^2+2x\cdot3y+(3y)^2\}$
$=(2x)^3-(3y)^3$
$=8x^3-27y^3$

15 $(x^2+x+1)(x^2-x+1)$
$=(x^2+x\cdot1+1^2)(x^2-x\cdot1+1^2)$
$=x^4+x^2\cdot1^2+1^4$
$=x^4+x^2+1$

16 $(x^2-2x+4)(x^2+2x+4)$
$=(x^2-x\cdot2+2^2)(x^2+x\cdot2+2^2)$
$=x^4+x^2\cdot2^2+2^4$
$=x^4+4x^2+16$

17 $(x^2+xy+y^2)(x^2-xy+y^2)$
$=(x^2+x\cdot y+y^2)(x^2-x\cdot y+y^2)$
$=x^4+x^2\cdot y^2+y^4$
$=x^4+x^2y^2+y^4$

18 $(4x^2-2xy+y^2)(4x^2+2xy+y^2)$
$=\{(2x)^2-2x\cdot y+y^2\}\{(2x)^2+2x\cdot y+y^2\}$
$=(2x)^4+(2x)^2\cdot y^2+y^4$
$=16x^4+4x^2y^2+y^4$

19 $(x-2)(x+2)(x^2-2x+4)(x^2+2x+4)$
$=(x-2)(x^2+2x+4)(x+2)(x^2-2x+4)$
$=(x^3-8)(x^3+8)$
$=x^6-64$
$\therefore a=6,\ b=64$
$\therefore a+b=70$

05 곱셈 공식의 변형 본문 16쪽

01 $a^2+b^2=(a+b)^2-2ab=5^2-2\times5$
$\qquad=15$

02 $(a-b)^2=(a+b)^2-4ab$
$\qquad=5^2-4\times5$
$\qquad=5$

03 $a^3+b^3=(a+b)^3-3ab(a+b)$
$\qquad=5^3-3\times5\times5$
$\qquad=50$

04 $(a-b)^2=5$이고 $a>b$이므로
$a-b=\sqrt5$
$\therefore a^3-b^3=(a-b)^3+3ab(a-b)$
$\qquad=(\sqrt5)^3+3\times5\times\sqrt5$
$\qquad=20\sqrt5$

05 $a^2+b^2=(a+b)^2-2ab=3^2-2\times(-6)$
$\qquad=21$

06 $(a-b)^2=(a+b)^2-4ab=3^2-4\times(-6)$
$\qquad=33$

07 $(a-b)^2=33$이고 $a>b$이므로
$a-b=\sqrt{33}$
$\therefore a^3-b^3=(a-b)^3+3ab(a-b)$
$\qquad=(\sqrt{33})^3+3\times(-6)\times\sqrt{33}$
$\qquad=15\sqrt{33}$

08 $x^2+xy+y^2=(x+y)^2-xy=10$
에서 $xy=-1$
$\therefore x^3+y^3=(x+y)^3-3xy(x+y)=36$

09 $a^2+b^2+c^2=(a+b+c)^2-2(ab+bc+ca)$
$\qquad=5^2-2\times4$
$\qquad=17$

10 $a^2+b^2+c^2=(a+b+c)^2-2(ab+bc+ca)$에서
$33=7^2-2(ab+bc+ca),\ 2(ab+bc+ca)=16$
$\therefore ab+bc+ca=8$

11 $a^2+b^2+c^2+ab+bc+ca$
$=\frac12\{(a+b)^2+(b+c)^2+(c+a)^2\}$
$=\frac12\{(2-\sqrt3)^2+(2+\sqrt3)^2+3^2\}$
$=\frac12(7-4\sqrt3+7+4\sqrt3+9)=\frac{23}{2}$

12 $a^2+b^2+c^2=ab+bc+ca$이므로
$a^2+b^2+c^2-ab-bc-ca=0$
$\therefore a^3+b^3+c^3$
$\quad=(a+b+c)(a^2+b^2+c^2-ab-bc-ca)+3abc=3abc$
$\quad=3\times3=9$

13 $a^2+b^2+c^2=(a+b+c)^2-2(ab+bc+ca)$에서
$3=1^2-2(ab+bc+ca)$
$\therefore ab+bc+ca=-1$
$a^3+b^3+c^3=(a+b+c)(a^2+b^2+c^2-ab-bc-ca)+3abc$
에서
$1=1\cdot\{3-(-1)\}+3abc$
$\therefore abc=-1$

14 $x^2-x-1=0$에서 $x\neq0$이므로 양변을 x로 나누면
$x-1-\dfrac1x=0$
$\therefore x-\dfrac1x=1$

15 $x^2+\dfrac{1}{x^2}=\left(x-\dfrac1x\right)^2+2=1^2+2$
$\qquad=3$

16 $x^3-\dfrac{1}{x^3}=\left(x-\dfrac1x\right)^3+3\cdot x\cdot\dfrac1x\left(x-\dfrac1x\right)=1^3+3\times1$
$\qquad=4$

17 $a^2+b^2+c^2=ab+bc+ca$에서
$a^2+b^2+c^2-ab-bc-ca=0$
$\dfrac12\{(a-b)^2+(b-c)^2+(c-a)^2\}=0$
이때 $a,\ b,\ c$는 실수이므로
$a-b=0,\ b-c=0,\ c-a=0$
$\therefore a=b=c$
따라서 주어진 삼각형은 정삼각형이다.

03
$$\begin{array}{r} x+2 \\ x+1\,)\overline{\,x^2+3x-6\,} \\ \underline{x^2+x} \\ 2x-6 \\ \underline{2x+2} \\ -8 \end{array}$$
$\therefore$ 몫 : $x+2$, 나머지 : -8

04
$$\begin{array}{r} -3x+7 \\ -x-2\,)\overline{\,3x^2-x-7\,} \\ \underline{3x^2+6x} \\ -7x-7 \\ \underline{-7x-14} \\ 7 \end{array}$$
$\therefore$ 몫 : $-3x+7$, 나머지 : 7

05
$$\begin{array}{r} 2x-2 \\ 2x-1\,)\overline{\,4x^2-6x+3\,} \\ \underline{4x^2-2x} \\ -4x+3 \\ \underline{-4x+2} \\ 1 \end{array}$$
$\therefore$ 몫 : $2x-2$, 나머지 : 1

06
$$\begin{array}{r} x^2-x+2 \\ x-1\,)\overline{\,x^3-2x^2+3x-5\,} \\ \underline{x^3-x^2} \\ -x^2+3x \\ \underline{-x^2+x} \\ 2x-5 \\ \underline{2x-2} \\ -3 \end{array}$$
$\therefore$ 몫 : x^2-x+2, 나머지 : -3

07
$$\begin{array}{r} 2x^2-3x+2 \\ x+1\,)\overline{\,2x^3-x^2-x+5\,} \\ \underline{2x^3+2x^2} \\ -3x^2-x \\ \underline{-3x^2-3x} \\ 2x+5 \\ \underline{2x+2} \\ 3 \end{array}$$
$\therefore$ 몫 : $2x^2-3x+2$, 나머지 : 3

08
$$\begin{array}{r} -x^2+x+4 \\ x-2\,)\overline{\,-x^3+3x^2+2x-4\,} \\ \underline{-x^3+2x^2} \\ x^2+2x \\ \underline{x^2-2x} \\ 4x-4 \\ \underline{4x-8} \\ 4 \end{array}$$
$\therefore$ 몫 : $-x^2+x+4$, 나머지 : 4

09
$$\begin{array}{r} 3x^2-10x+21 \\ x+2\,)\overline{\,3x^3-4x^2+x+2\,} \\ \underline{3x^3+6x^2} \\ -10x^2+x \\ \underline{-10x^2-20x} \\ 21x+2 \\ \underline{21x+42} \\ -40 \end{array}$$
$\therefore$ 몫 : $3x^2-10x+21$, 나머지 : -40

10
$$\begin{array}{r} x-2 \\ x^2-1\,)\overline{\,x^3-2x^2+4x-1\,} \\ \underline{x^3\quad\ -x} \\ -2x^2+5x-1 \\ \underline{-2x^2\quad\ +2} \\ 5x-3 \end{array}$$
$\therefore$ 몫 : $x-2$, 나머지 : $5x-3$

11
$$\begin{array}{r} x+3 \\ x^2+x-2\,)\overline{\,x^3+4x^2-3x-5\,} \\ \underline{x^3+x^2-2x} \\ 3x^2-x-5 \\ \underline{3x^2+3x-6} \\ -4x+1 \end{array}$$
$\therefore$ 몫 : $x+3$, 나머지 : $-4x+1$

12
$$\begin{array}{r} 2x-5 \\ x^2-x+1\,)\overline{\,2x^3-7x^2\quad\ +4\,} \\ \underline{2x^3-2x^2+2x} \\ -5x^2-2x+4 \\ \underline{-5x^2+5x-5} \\ -7x+9 \end{array}$$
$\therefore$ 몫 : $2x-5$, 나머지 : $-7x+9$

13
$$\begin{array}{r} x+1 \\ x^2-5x\,)\overline{\,x^3-4x^2+5x+1\,} \\ \underline{x^3-5x^2} \\ x^2+5x+1 \\ \underline{x^2-5x} \\ 10x+1 \end{array}$$
$\therefore$ 몫 : $x+1$, 나머지 : $10x+1$
따라서 $a=10$, $b=1$이므로 $a+b=11$

15
$$\begin{array}{r} x-3 \\ x^2-2x+1\,)\overline{\,x^3-5x^2-3x+2\,} \\ \underline{x^3-2x^2+x} \\ -3x^2-4x+2 \\ \underline{-3x^2+6x-3} \\ -10x+5 \end{array}$$
$\therefore$ $x^3-5x^2-3x+2=(x^2-2x+1)(x-3)-10x+5$

16
$$\begin{array}{r} 3x-3 \\ x^2+x\,)\overline{\,3x^3\quad\ -x+7\,} \\ \underline{3x^3+3x^2} \\ -3x^2-x+7 \\ \underline{-3x^2-3x} \\ 2x+7 \end{array}$$
$\therefore$ $3x^3-x+7=(x^2+x)(3x-3)+2x+7$

17
$$x^2+1\,)\overline{\,2x^3+x^2\qquad-1\,}$$
$$\underline{\;2x^3\quad\;+2x\;}$$
$$x^2-2x-1$$
$$\underline{\;x^2\qquad+1\;}$$
$$-2x-2$$
$\therefore 2x^3+x^2-1=(x^2+1)(2x+1)-2x-2$

18 다항식 A를 $2x+1$로 나누었을 때의 몫은 x^2+2x+2이고 나머지는 3이므로
$A=(2x+1)(x^2+2x+2)+3$
$=2x^3+4x^2+4x+x^2+2x+2+3$
$=2x^3+5x^2+6x+5$

19 다항식 A를 x^2-2로 나누었을 때의 몫은 $x+3$이고 나머지는
$4x-1$이므로
$A=(x^2-2)(x+3)+4x-1$
$=x^3+3x^2-2x-6+4x-1$
$=x^3+3x^2+2x-7$

20 다항식 A를 $x-2$로 나누었을 때의 몫은 x^2+3x-2이고 나
머지는 0이므로
$A=(x-2)(x^2+3x-2)$
$=x^3+3x^2-2x-2x^2-6x+4$
$=x^3+x^2-8x+4$

21
$$x^2+x-1\,)\overline{\,x^3+ax^2\qquad+b\,}$$
$$\underline{\;x^3+x^2\;-x\;}$$
$$(a-1)x^2+x+b$$
$$\underline{\;(a-1)x^2+(a-1)x-(a-1)\;}$$
$$(2-a)x+(b+a-1)$$
이때 나누어떨어지면 나머지가 0이므로
$(2-a)x+(b+a-1)=0$에서 $2-a=0$, $b+a-1=0$
따라서 $a=2$, $b=-1$이므로 $a^2+b^2=5$

07 조립제법 본문21쪽

02 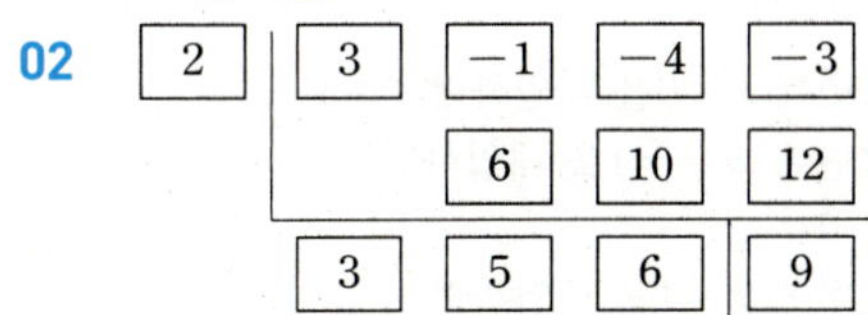
$\therefore$ 몫 : $3x^2+5x+6$, 나머지 : 9

03 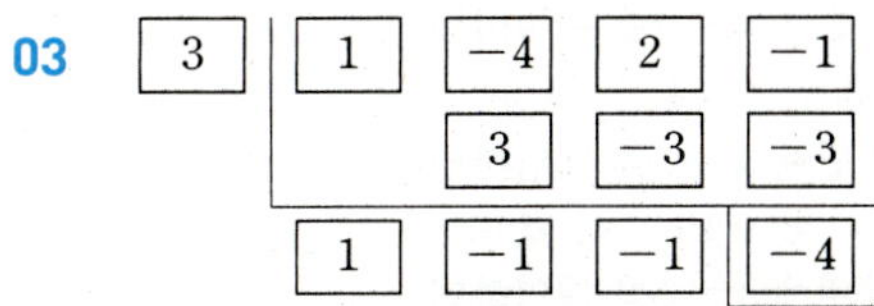
$\therefore$ 몫 : x^2-x-1, 나머지 : -4

04 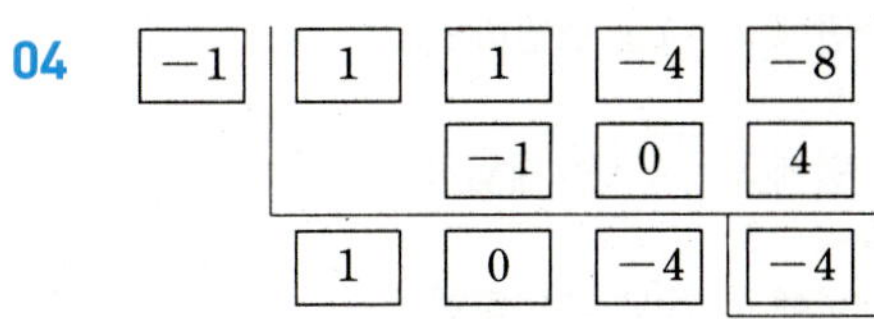
$\therefore$ 몫 : x^2-4, 나머지 : -4

05 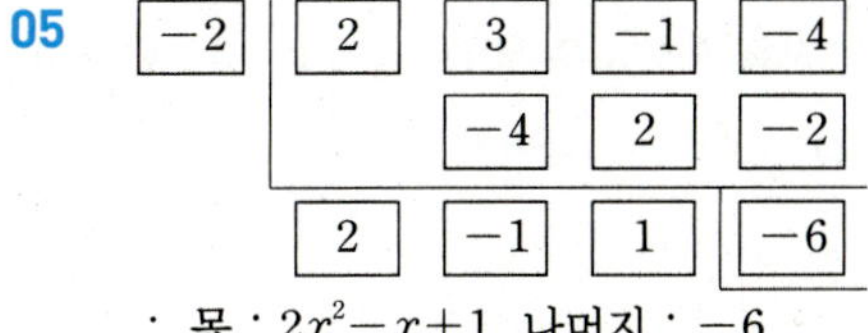
$\therefore$ 몫 : $2x^2-x+1$, 나머지 : -6

06 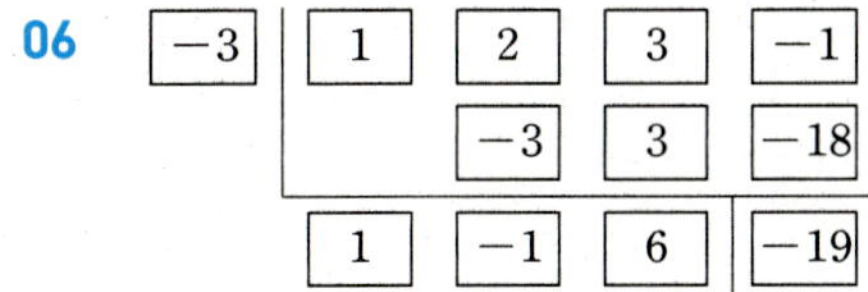
$\therefore$ 몫 : x^2-x+6, 나머지 : -19

07 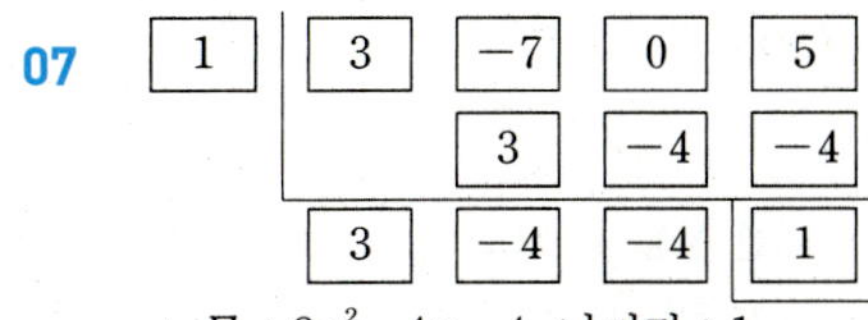
$\therefore$ 몫 : $3x^2-4x-4$, 나머지 : 1

08 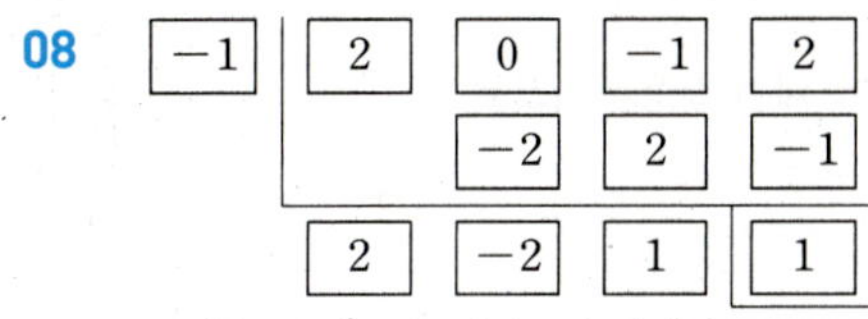
$\therefore$ 몫 : $2x^2-2x+1$, 나머지 : 1

09 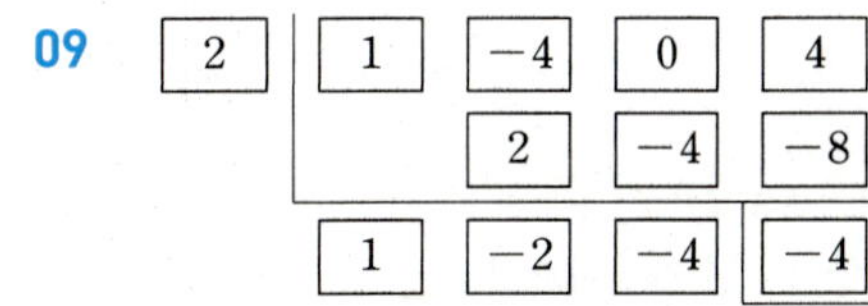
$\therefore$ 몫 : x^2-2x-4, 나머지 : -4

10 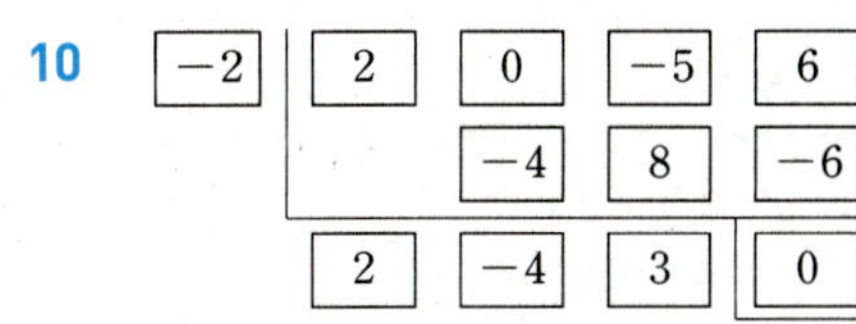
$\therefore$ 몫 : $2x^2-4x+3$, 나머지 : 0

11 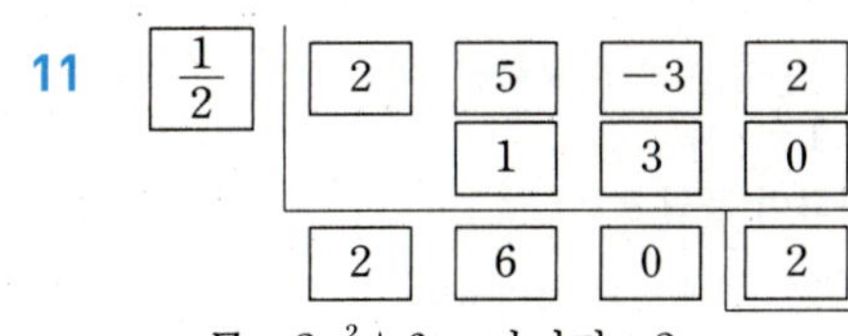
$\therefore$ 몫 : $2x^2+6x$, 나머지 : 2

12

$-\dfrac{1}{3}$	3	10	0	-2
		-1	-3	1
	3	9	-3	-1

$\therefore$ 몫 : $3x^2+9x-3$, 나머지 : -1

13

$-\dfrac{1}{2}$	4	0	-3	1
		-2	1	1
	4	-2	-2	2

$\therefore$ 몫 : $4x^2-2x-2$, 나머지 : 2

14 다항식 $2x^3+3x^2-3$을 $x-\dfrac{1}{2}$로 나누
었을 때의 몫은 $2x^2+4x+2$, 나머지
는 -2이므로

$$\begin{array}{r|rrrr} \frac{1}{2} & 2 & 3 & 0 & -3 \\ & & 1 & 2 & 1 \\ \hline & 2 & 4 & 2 & \boxed{-2} \end{array}$$

$$2x^3+3x^2-3=\left(x-\frac{1}{2}\right)(2x^2+4x+2)-2$$
$$=(2x-1)(x^2+2x+1)-2$$

따라서 다항식 $2x^3+3x^2-3$을 $2x-1$로 나누었을 때의 몫은
x^2+2x+1, 나머지는 -2이다.

08 항등식 본문 23쪽

04 $x^2-x=x^2+x$에서 $2x=0$

05 $4x=0$

07 주어진 등식이 x에 대한 항등식이므로
$a=0$, $b-1=0$ $\quad\therefore a=0$, $b=1$

08 $a+1=2$, $b=1$ $\quad\therefore a=1$, $b=1$

09 주어진 등식이 x에 대한 항등식이므로
$a=0$, $b+1=0$, $2c=0$
$\therefore a=0$, $b=-1$, $c=0$

10 $a-1=1$, $b=3$, $c=0$
$\therefore a=2$, $b=3$, $c=0$

11 다항식 $4x^3+ax+b$를 $2x^2+1$로 나눈 몫을 $Q(x)$라고 하면
나머지가 $x+1$이므로
$4x^3+ax+b=(2x^2+1)Q(x)+x+1$
이때 좌변의 삼차항의 계수가 4이므로
$Q(x)=2x+c$로 놓으면
$4x^3+ax+b=(2x^2+1)(2x+c)+x+1$
$=4x^3+2cx^2+3x+c+1$
이 등식은 x에 대한 항등식이므로 양변의 동류항의 계수를 서
로 비교하면 $0=2c$, $a=3$, $b=c+1$
따라서 $a=3$, $b=1$, $c=0$이므로 $ab=3$

13 주어진 등식의 좌변을 전개하여 정리하면
$(a+b)x-3a-1=x-4$
양변의 동류항의 계수를 서로 비교하면
$a+b=1$, $-3a-1=-4$
위의 두 식을 연립하여 풀면 $a=1$, $b=0$

14 주어진 등식의 좌변을 전개하여 정리하면
$x^2-3x-1=x^2+ax+b$
양변의 동류항의 계수를 서로 비교하면
$a=-3$, $b=-1$

15 주어진 등식의 좌변을 전개하여 정리하면
$ax^2+bx-a-b=x^2+2x-3$
양변의 동류항의 계수를 서로 비교하면
$a=1$, $b=2$

16 주어진 등식의 좌변을 전개하여 정리하면
$ax^2+(a+b)x+c=x^2-2x+3$
양변의 동류항의 계수를 서로 비교하면
$a=1$, $a+b=-2$, $c=3$
$\therefore a=1$, $b=-3$, $c=3$

17 주어진 등식의 좌변을 전개하여 정리하면
$bx^2-(bc+2)x+2c=x^2+ax+6$
양변의 동류항의 계수를 서로 비교하면
$b=1$, $bc+2=-a$, $2c=6$
위의 세 식을 연립하여 풀면 $a=-5$, $b=1$, $c=3$

18 주어진 등식의 좌변을 전개하여 정리하면
$(a+b+c)x^2+(a-b)x-c=2x^2+3x-5$
양변의 동류항의 계수를 서로 비교하면
$a+b+c=2$, $a-b=3$, $c=5$
위의 세 식을 연립하여 풀면 $a=0$, $b=-3$, $c=5$

19 주어진 등식의 좌변을 전개하여 정리하면
$ax^2-(2a-b)x+a-b+c=x^2-3x+2$
양변의 동류항의 계수를 서로 비교하면
$a=1$, $2a-b=3$, $a-b+c=2$
위의 세 식을 연립하여 풀면 $a=1$, $b=-1$, $c=0$

20 주어진 등식의 좌변을 전개하여 정리하면
$x^3+(b-2)x^2+(c-2b)x-2c=x^3+ax-12$
양변의 동류항의 계수를 서로 비교하면
$b-2=0$, $c-2b=a$, $2c=12$
위의 세 식을 연립하여 풀면 $a=2$, $b=2$, $c=6$
$\therefore a+b+c=10$

22 주어진 등식의 양변에 $x=0$을 대입하면
$-3a-1=-4$ $\quad\therefore a=1$
주어진 등식의 양변에 $x=3$을 대입하면
$3b-1=-1$ $\quad\therefore b=0$

23 주어진 등식의 양변에 $x=1$을 대입하면
$-3=1+a+b$ $\qquad\qquad\cdots$ ㉠
주어진 등식의 양변에 $x=2$를 대입하면
$-3=4+2a+b$ $\qquad\cdots$ ㉡
㉠, ㉡을 연립하여 풀면 $a=-3$, $b=-1$

24 주어진 등식의 양변에 $x=-1$을 대입하면
$-2b=-4$ $\quad\therefore b=2$
주어진 등식의 양변에 $x=2$를 대입하면
$3a+b=5$
이 식에 $b=2$를 대입하면 $a=1$

25 주어진 등식의 양변에 $x=0$을 대입하면 $c=3$
주어진 등식의 양변에 $x=-1$을 대입하면
$-b+c=6$ $\quad\therefore b=-3$
주어진 등식의 양변에 $x=1$을 대입하면
$2a+b+c=2$ $\quad\therefore a=1$

26 주어진 등식의 양변에 $x=0$을 대입하면
$2c=6$ $\quad\therefore c=3$
주어진 등식의 양변에 $x=3$을 대입하면
$(3b-2)(3-c)=3a+15$ $\quad\therefore a=-5$
주어진 등식의 양변에 $x=4$를 대입하면
$(4b-2)(4-c)=22+4a$ $\quad\therefore b=1$

27 주어진 등식의 양변에 $x=1$을 대입하면
$2a=0$ $\quad\therefore a=0$
주어진 등식의 양변에 $x=-1$을 대입하면
$2b=-6$ $\quad\therefore b=-3$
주어진 등식의 양변에 $x=0$을 대입하면
$-c=-5$ $\quad\therefore c=5$

28 주어진 등식의 양변에 $x=1$을 대입하면
$c=0$
주어진 등식의 양변에 $x=0$을 대입하면
$a-b=2$ ··· ㉠
주어진 등식의 양변에 $x=2$를 대입하면
$a+b=0$ ··· ㉡
㉠, ㉡을 연립하여 풀면 $a=1$, $b=-1$

29 주어진 등식의 양변에 $x=2$를 대입하면
$0=2a-4$ $\therefore a=2$
주어진 등식의 양변에 $x=0$을 대입하면
$-2c=-12$ $\therefore c=6$
주어진 등식의 양변에 $x=1$을 대입하면
$-1-b-c=a-11$ $\therefore b=2$
$\therefore a+b+c=10$

30 주어진 등식의 양변에 $x=1$을 대입하면
$a_0+a_1+a_2+a_3+\cdots+a_{10}=2^{10}=1024$

31 주어진 등식의 양변에 $x=-1$을 대입하면
$a_0-a_1+a_2-a_3+\cdots+a_{10}=0$

32 주어진 등식의 양변에 $x=0$을 대입하면
$a_0=1$
$\therefore a_1+a_2+a_3+\cdots+a_{10}=1024-1=1023$

33 주어진 등식의 양변에 $x=1$을 대입하면
$a_0+a_1+a_2+a_3+\cdots+a_{10}=1$

34 주어진 등식의 양변에 $x=-1$을 대입하면
$a_0-a_1+a_2-a_3+\cdots+a_{10}=3^5=243$

35 주어진 등식의 양변에 $x=0$을 대입하면
$a_0=1$
$\therefore a_1+a_2+a_3+\cdots+a_{10}=1-1=0$

36 주어진 등식의 양변에 $x=2$를 대입하면
$a_0+a_1+a_2+a_3+\cdots+a_{10}=3^5=243$

37 주어진 등식의 양변에 $x=0$을 대입하면
$a_0-a_1+a_2-a_3+\cdots+a_{10}=1$

38 주어진 등식의 양변에 $x=1$을 대입하면
$a_0=1$
$\therefore a_1+a_2+a_3+\cdots+a_{10}=243-1=242$

39 주어진 식에 $x=0$을 대입하면
$a_0+a_1+a_2+\cdots+a_{2009}=0$ ··· ㉠
주어진 식에 $x=-2$를 대입하면
$a_0-a_1+a_2-\cdots-a_{2009}=(-2)^{2009}$ ··· ㉡
이때 ㉠, ㉡의 식을 변변 더하면
$2(a_0+a_2+a_4+\cdots+a_{2008})=-2^{2009}$
$\therefore a_0+a_2+a_4+\cdots+a_{2008}=-2^{2008}$

09 나머지정리 본문 27쪽

02 $f(2)=2^3-2^2+2\times2+1=9$

03 $f(3)=3^3-3^2+2\times3+1=25$

04 $f\left(\dfrac{1}{2}\right)=\left(\dfrac{1}{2}\right)^3-\left(\dfrac{1}{2}\right)^2+2\times\dfrac{1}{2}+1=\dfrac{15}{8}$

05 $f\left(\dfrac{1}{3}\right)=\left(\dfrac{1}{3}\right)^3-\left(\dfrac{1}{3}\right)^2+2\times\dfrac{1}{3}+1=\dfrac{43}{27}$

06 $f(-1)=(-1)^3-(-1)^2+2\times(-1)+1=-3$

07 $f(-2)=(-2)^3-(-2)^2+2\times(-2)+1=-15$

08 $f(-3)=(-3)^3-(-3)^2+2\times(-3)+1=-41$

09 $f\left(-\dfrac{1}{2}\right)=\left(-\dfrac{1}{2}\right)^3-\left(-\dfrac{1}{2}\right)^2+2\times\left(-\dfrac{1}{2}\right)+1=-\dfrac{3}{8}$

10 x^3+ax^2+8x+1을 $x+2$, $x-1$로 나눈 나머지가 같으므로
$-8+4a-16+1=1+a+8+1$
$\therefore a=11$

12 $f(1)=-1^3+2\times1^2+1-1=1$

13 $f\left(\dfrac{3}{2}\right)=-\left(\dfrac{3}{2}\right)^3+2\times\left(\dfrac{3}{2}\right)^2+\dfrac{3}{2}-1=\dfrac{13}{8}$

14 $f\left(\dfrac{1}{3}\right)=-\left(\dfrac{1}{3}\right)^3+2\times\left(\dfrac{1}{3}\right)^2+\dfrac{1}{3}-1=-\dfrac{13}{27}$

15 $f\left(\dfrac{2}{3}\right)=-\left(\dfrac{2}{3}\right)^3+2\times\left(\dfrac{2}{3}\right)^2+\dfrac{2}{3}-1=\dfrac{7}{27}$

16 $f(1)=-1^3+2\times1^2+1-1=1$

17 $f\left(-\dfrac{1}{2}\right)=-\left(-\dfrac{1}{2}\right)^3+2\times\left(-\dfrac{1}{2}\right)^2+\left(-\dfrac{1}{2}\right)-1=-\dfrac{7}{8}$

18 $f(-1)=-(-1)^3+2\times(-1)^2+(-1)-1=1$

19 $f\left(-\dfrac{3}{2}\right)=-\left(-\dfrac{3}{2}\right)^3+2\times\left(-\dfrac{3}{2}\right)^2+\left(-\dfrac{3}{2}\right)-1=\dfrac{43}{8}$

20 $f\left(-\dfrac{1}{3}\right)=-\left(-\dfrac{1}{3}\right)^3+2\times\left(-\dfrac{1}{3}\right)^2+\left(-\dfrac{1}{3}\right)-1=-\dfrac{29}{27}$

21 $f\left(-\dfrac{2}{3}\right)=-\left(-\dfrac{2}{3}\right)^3+2\times\left(-\dfrac{2}{3}\right)^2+\left(-\dfrac{2}{3}\right)-1=-\dfrac{13}{27}$

22 $f(-1)=-(-1)^3+2\times(-1)^2+(-1)-1=1$

23 $f(1)=2$이어야 하므로
$f(1)=1-a-2=2$ $\therefore a=-3$

24 $f(-1)=1$이어야 하므로
$f(-1)=-1-a-2=1$ $\therefore a=-4$

25 $f(2)=-2$이어야 하므로
$f(2)=8-4a-2=-2$ $\therefore a=2$

26 $f\left(\dfrac{1}{2}\right)=-3$이어야 하므로
$f\left(\dfrac{1}{2}\right)=\dfrac{1}{8}-\dfrac{1}{4}a-2=-3$ $\therefore a=\dfrac{9}{2}$

27 $f\left(-\dfrac{1}{3}\right)=-3$이어야 하므로
$f\left(-\dfrac{1}{3}\right)=-\dfrac{1}{27}-\dfrac{1}{9}a-2=-3$ $\therefore a=\dfrac{26}{3}$

28 $f(-2)=2$이어야 하므로
$f(-2)=-8-4a-2=2$ $\therefore a=-3$

29 $f(1)=1$이어야 하므로
$f(1)=1-1+a+1=1$ $\therefore a=0$

30 $f(-1)=2$이어야 하므로
$f(-1)=-1-1-a+1=2$ $\therefore a=-3$

31 $f(2)=-1$이어야 하므로
$f(2)=8-4+2a+1=-1$ $\therefore a=-3$

32 $f(-2)=-2$이어야 하므로
$f(-2)=-8-4-2a+1=-2$
$\therefore a=-\dfrac{9}{2}$

33 $f\left(-\dfrac{1}{2}\right)=2$이어야 하므로
$f\left(-\dfrac{1}{2}\right)=-\dfrac{1}{8}-\dfrac{1}{4}-\dfrac{1}{2}a+1=2$
$\therefore a=-\dfrac{11}{4}$

34 $f(x)=x^{11}+5x^{7}-3x^{4}+k$라 하면
다항식 $f(x)$를 $x-1$로 나눈 나머지가 10이므로
$f(1)=1+5-3+k=3+k=10$
$\therefore k=7$

35 $xf(x)$를 $x+1$로 나누었을 때의 나머지는 $xf(x)$에 $x=-1$
을 대입하면 $-f(-1)$

36 $f(x)$를 $x+1$, $x-1$로 나눈 나머지가 각각 2, 1이므로
$f(-1)=2$, $f(1)=1$
따라서 $f(x-1)$을 $x-2$로 나누었을 때의 나머지는
$f(2-1)=f(1)=1$

37 $f(x)$를 $x-1$, $x-2$로 나눈 나머지가 각각 1, 2이므로
$f(1)=1$, $f(2)=2$
따라서 $f(x-1)f(x-2)$를 $x-3$으로 나누었을 때의 나머지는
$f(3-1)f(3-2)=f(2)f(1)=2\times1=2$

38 $f(x)$를 $x+1$, $x+2$로 나눈 나머지가 각각 -1, 1이므로
$f(-1)=-1$, $f(-2)=1$
따라서 $f(x+1)f(x+2)$를 $x+3$으로 나누었을 때의 나머지는
$f(-3+1)f(-3+2)=f(-2)f(-1)=1\times(-1)=-1$

39 $f(x)$를 $x-1$로 나눈 나머지가 1이므로
$f(1)=1$
따라서 $(x+1)f(x-2)$를 $x-3$으로 나누었을 때의 나머지는
$(3+1)f(3-2)=4f(1)=4\times1=4$

40 $f(x)$를 $x+1$로 나눈 나머지가 2이므로
$f(-1)=2$
따라서 $(x^{2}+1)f(x+1)$을 $x+2$로 나누었을 때의 나머지는
$\{(-2)^{2}+1\}f(-2+1)=5f(-1)=5\times2=10$

41 $f(x)$를 $x+2$로 나눈 나머지가 2, $g(x)$를 $x+2$로 나눈 나머지가 -2이므로
$f(-2)=2$, $g(-2)=-2$
따라서 $f(x)-2g(x)$를 $x+2$로 나누었을 때의 나머지는
$f(-2)-2g(-2)=2-2\times(-2)=6$

42 다항식 $P(x)$를 $(x-5)(x+3)$으로 나누었을 때의 몫을 $Q(x)$, 나머지를 $R(x)=ax+b$ (a, b는 상수)라 하면
$P(x)=(x-5)(x+3)Q(x)+ax+b$
이때 $P(5)=10$, $P(-3)=-6$이므로
$P(5)=5a+b=10$, $P(-3)=-3a+b=-6$
위의 두 식을 연립하여 풀면 $a=2$, $b=0$
따라서 $R(x)=2x$이므로 $R(1)=2$

---

01 다항식 $f(x)$가 $x-a$로 나누어떨어지면 인수정리에 의하여
$f(a)=0$이어야 한다.
$f(-2)=16+40+20-10-6=60\neq0$

02 $f(-1)=1+5+5-5-6=0$

03 $f(1)=1-5+5+5-6=0$

04 $f(2)=16-40+20+10-6=0$

05 $f(3)=81-135+45+15-6=0$

07 $f(-1)=-1+a-3=0$
$\therefore a=4$

08 $f(2)=8+4a-3=0$
$\therefore a=-\dfrac{5}{4}$

09 $f(-2)=-8+4a-3=0$
$\therefore a=\dfrac{11}{4}$

10 $f(x)=x^{3}+ax^{2}+bx-6$이라 하면
$f(2)=0$이므로 $f(2)=4a+2b+2=0$ $\cdots$ ㉠
$f(-1)=-3$이므로 $f(-1)=a-b-7=-3$ $\cdots$ ㉡
㉠, ㉡을 연립하여 풀면 $a=1$, $b=-3$
$\therefore a+b=1+(-3)=-2$

11 다항식 $f(x)=-x^{3}+2x^{2}+ax-1$이 $x-1$을 인수로 가지려면 인수정리에 의하여 $f(1)=0$이어야 하므로
$f(1)=-1+2+a-1=0$
$\therefore a=0$

12 $f(-1)=1+2-a-1=0$
$\therefore a=2$

13 $f(2)=-8+8+2a-1=0$
$\therefore a=\dfrac{1}{2}$

14 $f(-2)=8+8-2a-1=0$
$\therefore a=\dfrac{15}{2}$

15 $f(3)=-27+18+3a-1=0$
$\therefore a=\dfrac{10}{3}$

16 $f(x)$가 $(x+1)(x-1)$로 나누어떨어지면 $f(x)$는 $x+1$, $x-1$로 각각 나누어떨어지므로 인수정리에 의하여
$f(-1)=0$, $f(1)=0$
$f(-1)=0$에서 $-1+a+b+2=0$ $\cdots$ ㉠
$f(1)=0$에서 $1+a-b+2=0$ $\cdots$ ㉡
㉠, ㉡을 연립하여 풀면 $a=-2$, $b=1$

17 $f(x)$가 $(x-1)(x+2)$로 나누어떨어지면 $f(x)$는 $x-1$, $x+2$로 각각 나누어떨어지므로 인수정리에 의하여
$f(1)=0$, $f(-2)=0$
$f(1)=0$에서 $1+a-b+2=0$ $\cdots$ ㉠
$f(-2)=0$에서 $-8+4a+2b+2=0$ $\cdots$ ㉡
㉠, ㉡을 연립하여 풀면 $a=0$, $b=3$

18 $f(x)$가 $(x+1)(x-2)$로 나누어떨어지면 $f(x)$는 $x+1$,

$x-2$로 각각 나누어떨어지므로 인수정리에 의하여
$f(-1)=0,\ f(2)=0$
$f(-1)=0$에서 $-1+a+b+2=0$ ⋯ ㉠
$f(2)=0$에서 $8+4a-2b+2=0$ ⋯ ㉡
㉠, ㉡을 연립하여 풀면 $a=-2,\ b=1$

19 $f(1)=f(2)=f(3)=4$이므로 $f(x)$를 $x-1,\ x-2,\ x-3$으로 나눈 나머지는 모두 4이다.
이때 $g(x)=f(x)-4$라 하면 다항식 $g(x)$는 x^3의 계수가 1인 삼차식이고, $g(1)=g(2)=g(3)=0$이므로 인수정리에 의하여 $g(x)$는 $x-1,\ x-2,\ x-3$으로 나누어떨어진다.
즉, $g(x)=(x-1)(x-2)(x-3)$에서
$f(x)-4=(x-1)(x-2)(x-3)$
$\therefore f(x)=(x-1)(x-2)(x-3)+4$
$\therefore f(0)=(-1)\cdot(-2)\cdot(-3)+4=-2$

II 인수분해 공식 (1) 본문 33쪽

01 $4x^2+4xy+y^2$
$=(2x)^2+2\cdot2x\cdot y+y^2$
$=(2x+y)^2$

02 $x^2-4xy+4y^2$
$=x^2-2\cdot x\cdot2y+(2y)^2$
$=(x-2y)^2$

03 x^2-4y^2
$=x^2-(2y)^2$
$=(x+2y)(x-2y)$

04 $x^2-3x-10$
$=x^2+(2-5)x+2\cdot(-5)$
$=(x+2)(x-5)$

05 $6x^2+5x-4$
$=2\cdot3x^2+\{2\cdot4+(-1)\cdot3\}x+(-1)\cdot4$
$=(2x-1)(3x+4)$

07 $x^2+4y^2+z^2-4xy-4yz+2zx$
$=x^2+(-2y)^2+z^2+2\cdot x\cdot(-2y)+2\cdot(-2y)\cdot z+2\cdot z\cdot x$
$=(x-2y+z)^2$

08 $x^2+y^2+4z^2+2xy-4yz-4zx$
$=x^2+y^2+(-2z)^2+2\cdot x\cdot y+2\cdot y\cdot(-2z)+2\cdot(-2z)\cdot x$
$=(x+y-2z)^2$

09 $x^2+4y^2+4z^2-4xy+8yz-4zx$
$=x^2+(-2y)^2+(-2z)^2+2\cdot x\cdot(-2y)$
$\quad+2\cdot(-2y)\cdot(-2z)+2\cdot(-2z)\cdot x$
$=(x-2y-2z)^2$

10 x^3+3x^2+3x+1
$=x^3+3\cdot x^2\cdot1+3\cdot x\cdot1^2+1^3$
$=(x+1)^3$

11 $x^3+6x^2+12x+8$
$=x^3+3\cdot x^2\cdot2+3\cdot x\cdot2^2+2^3$
$=(x+2)^3$

12 $8x^3+12x^2+6x+1$
$=(2x)^3+3\cdot(2x)^2\cdot1+3\cdot2x\cdot1^2+1^3$
$=(2x+1)^3$

13 $x^3+6x^2y+12xy^2+8y^3$
$=x^3+3\cdot x^2\cdot2y+3\cdot x\cdot(2y)^2+(2y)^3$
$=(x+2y)^3$

14 $8x^3+36x^2y+54xy^2+27y^3$
$=(2x)^3+3\cdot(2x)^2\cdot3y+3\cdot2x\cdot(3y)^2+(3y)^3$
$=(2x+3y)^3$

15 x^3-3x^2+3x-1
$=x^3+3\cdot x^2\cdot(-1)+3\cdot x\cdot(-1)^2+(-1)^3$
$=(x-1)^3$

16 $x^3-6x^2+12x-8$
$=x^3+3\cdot x^2\cdot(-2)+3\cdot x\cdot(-2)^2+(-2)^3$
$=(x-2)^3$

17 $8x^3-12x^2+6x-1$
$=(2x)^3+3\cdot(2x)^2\cdot(-1)+3\cdot2x\cdot(-1)^2+(-1)^3$
$=(2x-1)^3$

18 $x^3-6x^2y+12xy^2-8y^3$
$=x^3+3\cdot x^2\cdot(-2y)+3\cdot x\cdot(-2y)^2+(-2y)^3$
$=(x-2y)^3$

19 $8x^3-36x^2y+54xy^2-27y^3$
$=(2x)^3+3\cdot(2x)^2\cdot(-3y)+3\cdot2x\cdot(-3y)^2+(-3y)^3$
$=(2x-3y)^3$

20 $3x^3+27x^2+81x+81$
$=3(x^3+9x^2+27x+27)$
$=3(x^3+3\cdot x^2\cdot3+3\cdot x\cdot3^2+3^3)$
$=3(x+3)^3$
이므로 $a=3,\ b=3$
$\therefore a+b=6$

I2 인수분해 공식 (2) 본문 35쪽

02 x^3+8
$=x^3+2^3$
$=(x+2)(x^2-x\cdot2+2^2)$
$=(x+2)(x^2-2x+4)$

03 $8x^3+1$
$=(2x)^3+1^3$
$=(2x+1)\{(2x)^2-2x\cdot1+1^2\}$
$=(2x+1)(4x^2-2x+1)$

04 x^3+y^3
$=(x+y)(x^2-x\cdot y+y^2)$
$=(x+y)(x^2-xy+y^2)$

05 $8x^3+27y^3$
$=(2x)^3+(3y)^3$
$=(2x+3y)\{(2x)^2-2x\cdot3y+(3y)^2\}$
$=(2x+3y)(4x^2-6xy+9y^2)$

06 x^3-1
$=x^3-1^3$
$=(x-1)(x^2+x\cdot1+1^2)$
$=(x-1)(x^2+x+1)$

07 x^3-27
$=x^3-3^3$
$=(x-3)(x^2+x\cdot3+3^2)$
$=(x-3)(x^2+3x+9)$

08 $27x^3-1$
$=(3x)^3-1^3$
$=(3x-1)\{(3x)^2+3x\cdot1+1^2\}$
$=(3x-1)(9x^2+3x+1)$

09 x^3-y^3
$=(x-y)(x^2+x\cdot y+y^2)$
$=(x-y)(x^2+xy+y^2)$

10 $8x^3-27y^3$
$=(2x)^3-(3y)^3$
$=(2x-3y)\{(2x)^2+2x\cdot3y+(3y)^2\}$
$=(2x-3y)(4x^2+6xy+9y^2)$

11 x^4+x^2+1
$=x^4+x^2\cdot1^2+1^4$
$=(x^2+x\cdot1+1^2)(x^2-x\cdot1+1^2)$
$=(x^2+x+1)(x^2-x+1)$

12 x^4+4x^2+16
$=x^4+x^2\cdot2^2+2^4$
$=(x^2+x\cdot2+2^2)(x^2-x\cdot2+2^2)$
$=(x^2+2x+4)(x^2-2x+4)$

13 x^4+9x^2+81
$=x^4+x^2\cdot3^2+3^4$
$=(x^2+x\cdot3+3^2)(x^2-x\cdot3+3^2)$
$=(x^2+3x+9)(x^2-3x+9)$

14 $x^4+x^2y^2+y^4$
$=x^4+x^2\cdot y^2+y^4$
$=(x^2+x\cdot y+y^2)(x^2-x\cdot y+y^2)$
$=(x^2+xy+y^2)(x^2-xy+y^2)$

15 $16x^4+4x^2y^2+y^4$
$=(2x)^4+(2x)^2\cdot y^2+y^4$
$=\{(2x)^2+2x\cdot y+y^2\}\{(2x)^2-2x\cdot y+y^2\}$
$=(4x^2+2xy+y^2)(4x^2-2xy+y^2)$

16 $x^3+y^3-z^3+3xyz$
$=x^3+y^3+(-z)^3-3\cdot x\cdot y\cdot(-z)$
$=\{x+y+(-z)\}$
$\quad\times\{x^2+y^2+(-z)^2-x\cdot y-y\cdot(-z)-(-z)\cdot x\}$
$=(x+y-z)(x^2+y^2+z^2-xy+yz+zx)$

17 $x^3-y^3-z^3-3xyz$
$=x^3+(-y)^3+(-z)^3-3\cdot x\cdot(-y)\cdot(-z)$
$=\{x+(-y)+(-z)\}\{x^2+(-y)^2+(-z)^2$
$\quad-x\cdot(-y)-(-y)\cdot(-z)-(-z)\cdot x\}$
$=(x-y-z)(x^2+y^2+z^2+xy-yz+zx)$

18 $x^3+y^3-3xy+1$
$=x^3+y^3+1^3-3\cdot x\cdot y\cdot1$
$=(x+y+1)(x^2+y^2+1^2-x\cdot y-y\cdot1-1\cdot x)$
$=(x+y+1)(x^2+y^2-xy-x-y+1)$

19 $x^3+y^3+6xy-8$
$=x^3+y^3+(-2)^3-3\cdot x\cdot y\cdot(-2)$
$=\{x+y+(-2)\}$
$\quad\times\{x^2+y^2+(-2)^2-x\cdot y-y\cdot(-2)-(-2)\cdot x\}$
$=(x+y-2)(x^2+y^2-xy+2x+2y+4)$

20 $a^3+b^3+c^3-3abc$
$=(a+b+c)(a^2+b^2+c^2-ab-bc-ca)$
$=\dfrac{1}{2}(a+b+c)\{(a-b)^2+(b-c)^2+(c-a)^2\}=0$
이때 a, b, c가 양수이면 $a+b+c\neq0$이므로
$(a-b)^2+(b-c)^2+(c-a)^2=0$에서 $a=b=c$
$\therefore \dfrac{b+c}{a}+\dfrac{c+a}{b}+\dfrac{a+b}{c}=\dfrac{2a}{a}+\dfrac{2b}{b}+\dfrac{2c}{c}=6$

13 치환을 이용한 인수분해 _{본문 37쪽}

02 $x+y=X$로 치환하면
$(x+y)^2-2(x+y)-3$
$=X^2-2X-3$
$=(X+1)(X-3)$
$=(x+y+1)(x+y-3)$

03 $x+y=X$로 치환하면
$(x+y)^2-3(x+y)-10$
$=X^2-3X-10$
$=(X+2)(X-5)$
$=(x+y+2)(x+y-5)$

04 $x+y=X$로 치환하면
$(x+y)(x+y+3)+2$
$=X(X+3)+2$
$=X^2+3X+2$
$=(X+1)(X+2)$
$=(x+y+1)(x+y+2)$

05 $x-2=X$로 치환하면
$(x-2)^2-7(x-2)+12$
$=X^2-7X+12$
$=(X-3)(X-4)$
$=(x-2-3)(x-2-4)$
$=(x-5)(x-6)$

06 $x-2y=X$로 치환하면
$(x-2y-1)(x-2y+2)-18$
$=(X-1)(X+2)-18$
$=X^2+X-20$
$=(X+5)(X-4)$
$=(x-2y+5)(x-2y-4)$

07 $x^2-x=X$로 치환하면
$(x^2-x+1)(x^2-x+2)-2$
$=(X+1)(X+2)-2$
$=X^2+3X$
$=X(X+3)$
$=(x^2-x)(x^2-x+3)$
$=x(x-1)(x^2-x+3)$

08 $x^2+4x=X$로 치환하면
$(x^2+4x)^2-2(x^2+4x)-15$
$=X^2-2X-15$

$$=(X+3)(X-5)$$
$$=(x^2+4x+3)(x^2+4x-5)$$
$$=(x+1)(x+3)(x+5)(x-1)$$

09 $x^2+x=X$로 치환하면
$$(x^2+x)^2-6(x^2+x)+8$$
$$=X^2-6X+8$$
$$=(X-2)(X-4)$$
$$=(x^2+x-2)(x^2+x-4)$$
$$=(x-1)(x+2)(x^2+x-4)$$

10 $x^2+x=X$로 치환하면
$$(x^2+x)^2-8(x^2+x)+12$$
$$=X^2-8X+12$$
$$=(X-2)(X-6)$$
$$=(x^2+x-2)(x^2+x-6)$$
$$=(x+2)(x-1)(x+3)(x-2)$$
따라서 인수가 아닌 것은 $x+1$이다.

11 $x(x-1)(x-2)(x-3)+1$
$$=\{x(x-3)\}\{(x-1)(x-2)\}+1$$
$$=(x^2-3x)(x^2-3x+2)+1$$
$x^2-3x=X$로 치환하면
$$(주어진 \ 식)=X(X+2)+1$$
$$=X^2+2X+1$$
$$=(X+1)^2$$
$$=(x^2-3x+1)^2$$

12 $(x-1)(x-2)(x+3)(x+4)+4$
$$=\{(x-1)(x+3)\}\{(x-2)(x+4)\}+4$$
$$=(x^2+2x-3)(x^2+2x-8)+4$$
$x^2+2x=X$로 치환하면
$$(주어진 \ 식)=(X-3)(X-8)+4$$
$$=X^2-11X+28$$
$$=(X-4)(X-7)$$
$$=(x^2+2x-4)(x^2+2x-7)$$

13 $(x+1)(x+2)(x+3)(x+4)-48$
$$=\{(x+1)(x+4)\}\{(x+2)(x+3)\}-48$$
$$=(x^2+5x+4)(x^2+5x+6)-48$$
$x^2+5x=X$로 치환하면
$$(주어진 \ 식)=(X+4)(X+6)-48$$
$$=X^2+10X-24$$
$$=(X+12)(X-2)$$
$$=(x^2+5x+12)(x^2+5x-2)$$

14 $(x-1)(x+1)^2(x+3)-12$
$$=\{(x-1)(x+3)\}(x+1)^2-12$$
$$=(x^2+2x-3)(x^2+2x+1)-12$$
$x^2+2x=X$로 치환하면
$$(주어진 \ 식)=(X-3)(X+1)-12$$
$$=X^2-2X-15$$
$$=(X+3)(X-5)$$
$$=(x^2+2x+3)(x^2+2x-5)$$

16 $x^2=X$로 치환하면
$$x^4-10x^2+9=X^2-10X+9$$
$$=(X-1)(X-9)$$
$$=(x^2-1)(x^2-9)$$
$$=(x+1)(x-1)(x+3)(x-3)$$

17 $x^2=X$로 치환하면
$$x^4-1=X^2-1$$
$$=(X-1)(X+1)$$
$$=(x^2-1)(x^2+1)$$
$$=(x+1)(x-1)(x^2+1)$$

18 $x^2=X$로 치환하면
$$x^4-26x^2+25=X^2-26X+25$$
$$=(X-1)(X-25)$$
$$=(x^2-1)(x^2-25)$$
$$=(x+1)(x-1)(x+5)(x-5)$$

20 $x^4+5x^2+9=(x^4+6x^2+9)-x^2$
$$=(x^2+3)^2-x^2$$
$$=(x^2+3+x)(x^2+3-x)$$
$$=(x^2+x+3)(x^2-x+3)$$

21 $x^4-6x^2y^2+y^4=(x^4-2x^2y^2+y^4)-4x^2y^2$
$$=(x^2-y^2)^2-(2xy)^2$$
$$=(x^2-y^2+2xy)(x^2-y^2-2xy)$$
$$=(x^2+2xy-y^2)(x^2-2xy-y^2)$$

22 $x^4-2x^2-3=(x^4-2x^2+1)-4$
$$=(x^2-1)^2-2^2$$
$$=(x^2-1+2)(x^2-1-2)$$
$$=(x^2+1)(x^2-3)$$

23 $(x-1)(x-2)(x-3)(x-4)+k$
$$=\{(x-1)(x-4)\}\{(x-2)(x-3)\}+k$$
$$=(x^2-5x+4)(x^2-5x+6)+k$$
$x^2-5x+4=X$로 치환하면
$$(주어진 \ 식)=X(X+2)+k$$
$$=X^2+2X+k$$
$$=(X+1)^2+k-1$$
이 식이 완전제곱식이 되려면 $k-1=0$
$$\therefore \ k=1$$

14 **문자가 여러 개인 식의 인수분해** 본문 40쪽

02 주어진 식을 x에 대한 내림차순으로 정리하면
$$x^2-xy-x-2y^2+5y-2$$
$$=x^2-x(y+1)-(2y^2-5y+2)$$
$$=x^2-(y+1)x-(2y-1)(y-2)$$
$$=\{x-(2y-1)\}\{x+(y-2)\}$$
$$=(x-2y+1)(x+y-2)$$

03 주어진 식을 x에 대한 내림차순으로 정리하면
$$x^2+xy-2y^2-3y-1$$
$$=x^2+yx-(2y^2+3y+1)$$
$$=x^2+yx-(2y+1)(y+1)$$
$$=\{x+(2y+1)\}\{x-(y+1)\}$$
$$=(x+2y+1)(x-y-1)$$

04 주어진 식을 x에 대한 내림차순으로 정리하면
$$x^2-4xy+3y^2+6x-10y+8$$
$$=x^2-x(4y-6)+(3y^2-10y+8)$$
$$=x^2-(4y-6)x+(y-2)(3y-4)$$
$$=\{x-(y-2)\}\{x-(3y-4)\}$$

$=(x-y+2)(x-3y+4)$

05 주어진 식을 x에 대한 내림차순으로 정리하면
$$x^2+2y^2+3xy+2x+5y-3$$
$$=x^2+x(3y+2)+(2y^2+5y-3)$$
$$=x^2+(3y+2)x+(2y-1)(y+3)$$
$$=\{x+(2y-1)\}\{x+(y+3)\}$$
$$=(x+2y-1)(x+y+3)$$

06 주어진 식을 x에 대한 내림차순으로 정리하면
$$3x^2+4xy+y^2-10x-4y+3$$
$$=3x^2+(4y-10)x+y^2-4y+3$$
$$=3x^2+(4y-10)x+(y-1)(y-3)$$
$$=(x+y-3)(3x+y-1)$$
따라서 인수는 $3x+y-1$이다.

07 주어진 식을 c에 대한 내림차순으로 정리하면
$$a^3-ab^2-b^2c+a^2c$$
$$=(a^2-b^2)c+a(a^2-b^2)$$
$$=(a^2-b^2)(c+a)$$
$$=(a-b)(a+b)(c+a)$$

08 주어진 식을 c에 대한 내림차순으로 정리하면
$$a^4-b^4+a^2c^2-b^2c^2$$
$$=(a^2-b^2)c^2+(a^4-b^4)$$
$$=(a^2-b^2)c^2+(a^2+b^2)(a^2-b^2)$$
$$=(a^2-b^2)(c^2+a^2+b^2)$$
$$=(a+b)(a-b)(a^2+b^2+c^2)$$

09 주어진 식을 b에 대한 내림차순으로 정리하면
$$a^4+2a^2b^2-2b^2c^2-c^4$$
$$=2(a^2-c^2)b^2+a^4-c^4$$
$$=2(a^2-c^2)b^2+(a^2+c^2)(a^2-c^2)$$
$$=(a^2-c^2)(2b^2+a^2+c^2)$$
$$=(a+c)(a-c)(a^2+2b^2+c^2)$$

10 $(b+c)a^2-(b^2-c^2)a-bc(b+c)$
$$=(b+c)a^2-(b+c)(b-c)a-bc(b+c)$$
$$=(b+c)\{a^2-(b-c)a-bc\}$$
$$=(b+c)\{(a-b)(a+c)\}$$
$$=(a-b)(b+c)(a+c)$$

11 주어진 식을 전개한 후 a에 대한 내림차순으로 정리하면
$$ab(a-b)+bc(b-c)+ca(c-a)$$
$$=a^2b-ab^2+b^2c-bc^2+ac^2-a^2c$$
$$=(b-c)a^2-(b^2-c^2)a+bc(b-c)$$
$$=(b-c)a^2-(b+c)(b-c)a+bc(b-c)$$
$$=(b-c)\{a^2-(b+c)a+bc\}$$
$$=(b-c)\{(a-b)(a-c)\}$$
$$=(a-b)(b-c)(a-c)$$

12 주어진 식을 전개한 후 a에 대한 내림차순으로 정리하면
$$a(b^2-c^2)+b(c^2-a^2)+c(a^2-b^2)$$
$$=ab^2-ac^2+bc^2-ba^2+ca^2-cb^2$$
$$=(c-b)a^2+(b^2-c^2)a+bc(c-b)$$
$$=(c-b)a^2+(b-c)(b+c)a+bc(c-b)$$
$$=(c-b)\{a^2-(b+c)a+bc\}$$
$$=(c-b)\{(a-b)(a-c)\}$$

$=(a-b)(b-c)(c-a)$

13 주어진 식을 전개한 후 a에 대한 내림차순으로 정리하면
$$a^2(b+c)+b^2(c+a)+c^2(a+b)+2abc$$
$$=a^2b+a^2c+b^2c+ab^2+ac^2+bc^2+2abc$$
$$=(b+c)a^2+(b^2+c^2+2bc)a+b^2c+bc^2$$
$$=(b+c)a^2+(b+c)^2a+bc(b+c)$$
$$=(b+c)\{a^2+(b+c)a+bc\}$$
$$=(b+c)\{(a+b)(a+c)\}$$
$$=(a+b)(b+c)(c+a)$$

14 주어진 식의 좌변을 c에 대한 내림차순으로 정리하면
$$a^3-b^3-ab^2-c^2a+a^2b-bc^2$$
$$=-(a+b)c^2+a^3+a^2b-ab^2-b^3$$
$$=-(a+b)c^2+a^2(a+b)-b^2(a+b)$$
$$=(a+b)(-c^2+a^2-b^2)$$
$$=(a+b)(a^2-b^2-c^2)=0$$
이때 $a+b>0$이므로 $a^2=b^2+c^2$
따라서 이 삼각형은 빗변의 길이가 a인 직각삼각형이다.

I5 고차식의 인수분해 본문 42쪽

02 $f(1)=1-3-6+8=0$이므로
조립제법을 이용하여 인수분해하면

$$
\begin{array}{r|rrrr}
1 & 1 & -3 & -6 & 8 \\
  &   & 1 & -2 & -8 \\
\hline
  & 1 & -2 & -8 & \underline{\ 0\ } \\
\end{array}
$$

$$\therefore f(x)=(x-1)(x^2-2x-8)$$
$$=(x-1)(x+2)(x-4)$$

03 $f(-1)=-1-5+6=0$이므로
조립제법을 이용하여 인수분해하면

$$
\begin{array}{r|rrrr}
-1 & 1 & -5 & 0 & 6 \\
   &   & -1 & 6 & -6 \\
\hline
   & 1 & -6 & 6 & \underline{\ 0\ } \\
\end{array}
$$

$$\therefore f(x)=(x+1)(x^2-6x+6)$$

04 $f(-1)=-1+5+2-6=0$이므로
조립제법을 이용하여 인수분해하면

$$
\begin{array}{r|rrrr}
-1 & 1 & 5 & -2 & -6 \\
   &   & -1 & -4 & 6 \\
\hline
   & 1 & 4 & -6 & \underline{\ 0\ } \\
\end{array}
$$

$$\therefore f(x)=(x+1)(x^2+4x-6)$$

05 $f(-2)=-8+4+16-12=0$이므로
조립제법을 이용하여 인수분해하면

$$
\begin{array}{r|rrrr}
-2 & 1 & 1 & -8 & -12 \\
   &   & -2 & 2 & 12 \\
\hline
   & 1 & -1 & -6 & \underline{\ 0\ } \\
\end{array}
$$

$$\therefore f(x)=(x+2)(x^2-x-6)$$
$$=(x+2)(x+2)(x-3)$$
$$=(x+2)^2(x-3)$$

06 $f(2)=8-4+4-8=0$이므로
조립제법을 이용하여 인수분해하면

$2\,|\ \ 1\quad -1\quad 2\quad -8$
$\quad\quad\quad\quad 2\quad 2\quad 8$
$\quad\quad 1\quad 1\quad 4\ \ |\ 0$

$\therefore f(x)=(x-2)(x^2+x+4)$

07 $f(2)=8-12+6-2=0$이므로
조립제법을 이용하여 인수분해하면

$2\,|\ \ 1\quad -3\quad 3\quad -2$
$\quad\quad\quad\quad 2\quad -2\quad 2$
$\quad\quad 1\quad -1\quad 1\ \ |\ 0$

$\therefore f(x)=(x-2)(x^2-x+1)$

08 $f(1)=1-10+9=0$이므로
조립제법을 이용하여 인수분해하면

$1\,|\ \ 1\quad 0\quad -10\quad 9$
$\quad\quad\quad\ 1\quad 1\quad -9$
$\quad\quad 1\ 1\quad -9\ \ |\ 0$

$\therefore f(x)=(x-1)(x^2+x-9)$

09 $f(1)=2-3-2+3=0$이므로
조립제법을 이용하여 인수분해하면

$1\,|\ \ 2\quad -3\quad -2\quad 3$
$\quad\quad\quad\quad 2\quad -1\quad -3$
$\quad\quad 2\quad -1\quad -3\ \ |\ 0$

$\therefore f(x)=(x-1)(2x^2-x-3)$
$\qquad\quad\ =(x-1)(x+1)(2x-3)$

10 $f(1)=1-3+1+3-2=0$
$\quad\ \ f(2)=16-24+4+6-2=0$
이므로 조립제법을 이용하여 인수분해하면

$1\,|\ \ 1\quad -3\quad 1\quad 3\quad -2$
$\quad\quad\quad\quad 1\quad -2\quad -1\quad 2$
$2\,|\ \ 1\quad -2\quad -1\quad 2\ \ |\ 0$
$\quad\quad\quad\quad 2\quad 0\quad -2$
$\quad\quad 1\quad 0\quad -1\ \ |\ 0$

$\therefore f(x)=(x-1)(x-2)(x^2-1)$
$\qquad\quad\ =(x-1)(x-2)(x+1)(x-1)$
$\qquad\quad\ =(x-1)^2(x-2)(x+1)$

11 $f(1)=1-2-1+2=0$
$\quad\ \ f(2)=16-16-2+2=0$
이므로 조립제법을 이용하여 인수분해하면

$1\,|\ \ 1\quad -2\quad 0\quad -1\quad 2$
$\quad\quad\quad\quad 1\quad -1\quad -1\quad -2$
$2\,|\ \ 1\quad -1\quad -1\quad -2\ \ |\ 0$
$\quad\quad\quad\quad 2\quad 2\quad 2$
$\quad\quad 1\quad 1\quad 1\ \ |\ 0$

$\therefore f(x)=(x-1)(x-2)(x^2+x+1)$

12 $x^4+ax^2+b=(x-1)^2Q(x)$의 꼴이므로
조립제법을 이용하여 x^4+ax^2+b를 인수분해하면

$1\,|\ \ 1\quad 0\quad a\quad 0\quad b$
$\quad\quad\quad\quad 1\quad 1\quad a+1\quad a+1$
$1\,|\ \ 1\quad 1\quad a+1\quad a+1\ \ |\ b+a+1$
$\quad\quad\quad\quad 1\quad 2\quad a+3$
$\quad\quad 1\quad 2\quad a+3\ \ |\ 2a+4$

이때 나머지가 모두 0이므로
$b+a+1=0,\ 2a+4=0$
위의 식을 연립하여 풀면 $a=-2,\ b=1$
$\therefore a^2+b^2=5$

01 $b(a^2-4)+a(b^2-4)$
$=a^2b-4b+ab^2-4a$
$=ab(a+b)-4(a+b)$
$=(a+b)(ab-4)$
$=5(5-4)=5$

02 $x^3+y^3-x^2y-xy^2$
$=(x+y)(x^2-xy+y^2)-xy(x+y)$
$=(x+y)(x^2-2xy+y^2)$
$=(x+y)(x-y)^2$
$=(x+y)\{(x+y)^2-4xy\}$
$=4(16-4xy)=16$
$\therefore xy=3$

03 $a^3+b^3+a^2b+ab^2$
$=a^2(a+b)+b^2(a+b)$
$=(a+b)(a^2+b^2)$
$=(a+b)\{(a+b)^2-2ab\}$
$=3(3^2-2\times3)=9$

04 $x^4+x^2y^2+y^4$
$=(x^2+xy+y^2)(x^2-xy+y^2)$
$=\{(x+y)^2-xy\}\{(x+y)^2-3xy\}$
$=(4^2-2)(4^2-3\times2)$
$=140$

05 $a+b=(1+\sqrt{2})+(1-\sqrt{2})=2$
$a-b=(1+\sqrt{2})-(1-\sqrt{2})=2\sqrt{2}$
$ab=(1+\sqrt{2})(1-\sqrt{2})=-1$
$\therefore a^3-a^2b+ab^2-b^3=a^2(a-b)+b^2(a-b)$
$\qquad\qquad\qquad\qquad\qquad=(a-b)(a^2+b^2)$
$\qquad\qquad\qquad\qquad\qquad=(a-b)\{(a+b)^2-2ab\}$
$\qquad\qquad\qquad\qquad\qquad=2\sqrt{2}\,\{2^2-2\times(-1)\}$
$\qquad\qquad\qquad\qquad\qquad=12\sqrt{2}$

06 $a+b=3-\sqrt{3},\ b+c=-1+2\sqrt{3},\ c+a=-2-\sqrt{3}$의 각 변
끼리 더하면 $2(a+b+c)=0$
$\therefore a+b+c=0$
$\therefore a^3+b^3+c^3-3abc$
$\quad=(a+b+c)(a^2+b^2+c^2-ab-bc-ca)$
$\quad=0$

07 $(a+b+c)(bc+ca+ab)-abc$
$=abc+ca^2+a^2b+b^2c+abc+ab^2+bc^2+c^2a+abc-abc$
$=(b+c)a^2+(b^2+2bc+c^2)a+b^2c+bc^2$
$=(b+c)a^2+(b+c)^2a+bc(b+c)$
$=(b+c)\{a^2+(b+c)a+bc\}$
$=(b+c)(a+b)(a+c)$
$=2\times3\times1=6$

08 $a^3+b^3+c^3-3abc=(a+b+c)(a^2+b^2+c^2-ab-bc-ca)$
에서 $a+b+c=0$이면
$a^3+b^3+c^3-3abc=0$, 즉 $a^3+b^3+c^3=3abc$
$$\therefore \frac{a^3+b^3+c^3}{2abc}=\frac{3abc}{2abc}=\frac{3}{2}$$

09 $2024^2-2026^2=(2024-2026)(2024+2026)$
$$=-2\times4050$$
$$=-8100$$

10 $\dfrac{10001^2-9999^2}{1001^2-999^2}=\dfrac{(10001+9999)(10001-9999)}{(1001+999)(1001-999)}$
$$=\frac{20000\times2}{2000\times2}=10$$

11 $2015=x$라 하면
$$\frac{x^3-1}{x(x+1)+1}=\frac{(x-1)(x^2+x+1)}{x^2+x+1}$$
$$=x-1=2015-1$$
$$=2014$$

12 $999=x$라 하면
$$\frac{x^3+1}{x^2-x+1}=\frac{(x+1)(x^2-x+1)}{x^2-x+1}$$
$$=x+1=999+1$$
$$=1000$$

13 $2025=x$라 하면
$$\frac{x^3+8}{x(x-2)+4}=\frac{(x+2)(x^2-2x+4)}{x^2-2x+4}$$
$$=x+2=2025+2$$
$$=2027$$

14 $1^2-2^2+3^2-4^2+\cdots+9^2-10^2$
$$=(1-2)(1+2)+(3-4)(3+4)+\cdots+(9-10)(9+10)$$
$$=-(1+2)-(3+4)-\cdots-(9+10)$$
$$=-(1+2+3+\cdots+9+10)=-55$$

15 $103=x$라 하면
$x^3-3x^2-9x+27=x^2(x-3)-9(x-3)$
$$=(x-3)(x^2-9)$$
$$=(x-3)^2(x+3)$$
$$=(103-3)^2(103+3)$$
$$=106\times10^4$$

16 주어진 식의 분자를 인수분해하면
$2^{50}-2^{45}-2^5+1=2^{45}(2^5-1)-(2^5-1)$
$$=(2^5-1)(2^{45}-1)$$
$$\therefore \frac{2^{50}-2^{45}-2^5+1}{2^{45}-1}=\frac{(2^5-1)(2^{45}-1)}{2^{45}-1}$$
$$=2^5-1=31$$

17 $100=x$라 하면
$\sqrt{100\times102\times104\times106+16}$
$$=\sqrt{x(x+2)(x+4)(x+6)+16}$$
$$=\sqrt{x(x+6)(x+2)(x+4)+16}$$
$$=\sqrt{(x^2+6x)(x^2+6x+8)+16}$$
$x^2+6x=t$로 치환하면

(주어진 식)$=\sqrt{t(t+8)+16}=\sqrt{t^2+8t+16}$
$$=\sqrt{(t+4)^2}=t+4=x^2+6x+4$$
$$=10000+600+4=10604$$

Ⅱ. 방정식과 부등식

01 복소수 본문 50쪽

14 복소수 중에서 실수가 아닌 수는 허수이다.

15 순허수의 실수부분은 0이다.

16 -1의 제곱근은 $\pm i$이다.

17 복소수 $3+2i$의 허수부분은 2이다.

18 $z=a^2(1-2i)+a(1+i)-(2-i)$
$$=(a^2+a-2)-(2a^2-a-1)i$$
가 순허수가 되려면
$a^2+a-2=0$이고 $2a^2-a-1\neq0$이어야 하므로
$(a-1)(a+2)=0$, $(2a+1)(a-1)\neq0$에서
$a=-2$

19 두 복소수가 서로 같으려면 실수부분과 허수부분이 각각 같아야 하므로
$x=3$, $y=-1$

20 두 복소수가 서로 같으려면 실수부분과 허수부분이 각각 같아야 하므로
$-x=5$, $2y=-4$ $\therefore x=-5$, $y=-2$

21 두 복소수가 서로 같으려면 실수부분과 허수부분이 각각 같아야 하므로
$3x=0$, $4y=8$ $\therefore x=0$, $y=2$

22 두 복소수가 서로 같으려면 실수부분과 허수부분이 각각 같아야 하므로
$2x=8$, $-4y=0$ $\therefore x=4$, $y=0$

23 두 복소수가 서로 같으려면 실수부분과 허수부분이 각각 같아야 하므로
$3x=3$, $4=-2y$ $\therefore x=1$, $y=-2$

24 $x-2$, $y-3$이 실수이므로 주어진 등식이 성립하려면
$x-2=0$, $y-3=0$에서
$x=2$, $y=3$

25 두 복소수가 서로 같으려면 실수부분과 허수부분이 각각 같아야 하므로
$x+2=-3$, $y-5=-2$에서
$x=-5$, $y=3$

26 두 복소수가 서로 같으려면 실수부분과 허수부분이 각각 같아야 하므로
$x+y=2$, $3=-y$에서
$x=5$, $y=-3$

27 두 복소수가 서로 같으려면 실수부분과 허수부분이 각각 같아
야 하므로
$x-y=5$, $x+y=-1$에서
$x=2$, $y=-3$

28 두 복소수가 서로 같으려면 실수부분과 허수부분이 각각 같아
야 하므로
$x-y=7$, $2x+y-8=0$에서
$x=5$, $y=-2$

34 $z=5+i$에서 $\bar{z}=5-i$이므로
$(3x+y)+(x-y)i=5-i$
두 복소수가 서로 같으려면 실수부분과 허수부분이 각각 같아
야 하므로
$3x+y=5$, $x-y=-1$에서
$x=1$, $y=2$
$\therefore x+y=3$

02 복소수의 사칙계산 본문 53쪽

01 $(5+i)+(-2-3i)=(5-2)+(1-3)i$
$=3-2i$

02 $(4-3i)+(3-4i)=(4+3)+(-3-4)i$
$=7-7i$

03 $(-1+2i)+4i=-1+(2+4)i$
$=-1+6i$

04 $(-i+3)+(-5+6i)=(3-5)+(-1+6)i$
$=-2+5i$

05 $(-3-4i)+(3i-7)=(-3-7)+(-4+3)i$
$=-10-i$

06 $(3-2i)-(4+6i)=(3-4)+(-2-6)i$
$=-1-8i$

07 $(6+i)-(-1+8i)=(6+1)+(1-8)i$
$=7-7i$

08 $(-1+3i)-(5+4i)=(-1-5)+(3-4)i$
$=-6-i$

09 $(i-3)-(1-7i)=(-3-1)+(1+7)i$
$=-4+8i$

10 $(2-3i)-(5i-1)=(2+1)+(-3-5)i$
$=3-8i$

12 $(3+2i)(-2+3i)=-6+9i-4i+6i^2$
$=-6+9i-4i-6$
$=-12+5i$

13 $(4-i)(-1+3i)=-4+12i+i-3i^2$
$=-4+12i+i+3$
$=-1+13i$

14 $(2-i)(-3+4i)=-6+8i+3i-4i^2$
$=-6+8i+3i+4$
$=-2+11i$

15 $(2-3i)(5+4i)=10+8i-15i-12i^2$
$=10+8i-15i+12$
$=22-7i$

16 $(2+3i)(5-2i)=10-4i+15i-6i^2$
$=10-4i+15i+6$
$=16+11i$

17 $(-2-i)(-2+i)=(-2)^2-i^2$
$=4+1=5$

18 $i(5+2i)=5i+2i^2$
$=-2+5i$

19 $-2i(3-4i)=-6i+8i^2=-8-6i$

20 $(6-i)^2=6^2-2\times6\times i+i^2$
$=36-12i-1$
$=35-12i$

21 $(-2+3i)^2=(-2)^2+2\times(-2)\times3i+(3i)^2$
$=4-12i-9$
$=-5-12i$

22 주어진 좌변을 정리하면
$(x+yi)^2=x^2+2xyi+y^2i^2=(x^2-y^2)+2xyi$
즉, $(x^2-y^2)+2xyi=8+4i$
x^2-y^2과 $2xy$가 실수이므로 두 복소수가 서로 같을 조건에 의
하여
$x^2-y^2=8$, $2xy=4$
$\therefore \dfrac{x}{y}-\dfrac{y}{x}=\dfrac{x^2-y^2}{xy}=\dfrac{8}{2}=4$

24 $\dfrac{2}{1+i}=\dfrac{2(1-i)}{(1+i)(1-i)}=\dfrac{2-2i}{1^2-i^2}$
$=\dfrac{2-2i}{2}=1-i$

25 $\dfrac{1}{5-2i}=\dfrac{5+2i}{(5-2i)(5+2i)}=\dfrac{5+2i}{5^2-(2i)^2}$
$=\dfrac{5+2i}{29}=\dfrac{5}{29}+\dfrac{2}{29}i$

26 $\dfrac{i}{1-i}=\dfrac{i(1+i)}{(1-i)(1+i)}=\dfrac{i+i^2}{1^2-i^2}$
$=\dfrac{i-1}{2}=-\dfrac{1}{2}+\dfrac{1}{2}i$

27 $\dfrac{i}{2+3i}=\dfrac{i(2-3i)}{(2+3i)(2-3i)}=\dfrac{2i-3i^2}{2^2-(3i)^2}$
$=\dfrac{2i+3}{13}=\dfrac{3}{13}+\dfrac{2}{13}i$

28 $\dfrac{i}{3+i}=\dfrac{i(3-i)}{(3+i)(3-i)}=\dfrac{3i-i^2}{3^2-i^2}$
$=\dfrac{3i+1}{10}=\dfrac{1}{10}+\dfrac{3}{10}i$

29 $\dfrac{1-i}{2-i}=\dfrac{(1-i)(2+i)}{(2-i)(2+i)}=\dfrac{2+i-2i-i^2}{2^2-i^2}$
$=\dfrac{3-i}{5}=\dfrac{3}{5}-\dfrac{1}{5}i$

30 $\dfrac{1+2i}{3-i}=\dfrac{(1+2i)(3+i)}{(3-i)(3+i)}=\dfrac{3+i+6i+2i^2}{3^2-i^2}$

$\qquad =\dfrac{1+7i}{10}=\dfrac{1}{10}+\dfrac{7}{10}i$

31 $\dfrac{2+i}{1-i}=\dfrac{(2+i)(1+i)}{(1-i)(1+i)}=\dfrac{2+2i+i+i^2}{1^2-i^2}$

$\qquad =\dfrac{1+3i}{2}=\dfrac{1}{2}+\dfrac{3}{2}i$

32 $\dfrac{3+2i}{2+i}=\dfrac{(3+2i)(2-i)}{(2+i)(2-i)}=\dfrac{6-3i+4i-2i^2}{2^2-i^2}$

$\qquad =\dfrac{8+i}{5}=\dfrac{8}{5}+\dfrac{1}{5}i$

33 $(1+i)(1-i)$를 양변에 곱하여 정리하면

$x(1-i)+y(1+i)=(2-i)(1+i)(1-i)$

$(x+y)+(-x+y)i=4-2i$

복소수가 서로 같을 조건에 의하여

$x+y=4,\ -x+y=-2$

$\therefore x=3,\ y=1$

$\therefore x^2+y^2=9+1=10$

03 i의 거듭제곱 본문 56쪽

01 $i^3=i^2\cdot i=(-1)\cdot i=-i$

02 $i^4=i^2\cdot i^2=(-1)^2=1$

03 $i^5=i^4\cdot i=1\cdot i=i$

04 $i^6=i^4\cdot i^2=1\cdot(-1)=-1$

05 $i^7=i^4\cdot i^3=1\cdot(-i)=-i$

06 $i^8=i^4\cdot i^4=1\cdot 1=1$

07 $i^{12}=(i^4)^3=1^3=1$

08 $(-i)^{21}=-i^{21}=-(i^4)^5\cdot i$

$\qquad =-1\cdot i=-i$

09 $i^{2015}=i^{4\times503+3}=(i^4)^{503}\cdot i^3$

$\qquad =1\cdot(-i)=-i$

10 $i^{100}+i^{200}=i^{4\times25}+i^{4\times50}$

$\qquad =(i^4)^{25}+(i^4)^{50}$

$\qquad =1+1=2$

11 $(1+i)^2=1+2i+i^2=1+2i-1=2i$이므로

$(1+i)^{10}=\{(1+i)^2\}^5=(2i)^5=2^5i^5=32i$

따라서 $32i=a+bi$에서 복소수가 서로 같을 조건에 의하여

$a=0,\ b=32$

$\therefore a+b=32$

12 $\dfrac{1+i}{1-i}=\dfrac{(1+i)^2}{(1-i)(1+i)}=\dfrac{1+2i+i^2}{1-i^2}=\dfrac{2i}{2}=i$이므로

$\left(\dfrac{1+i}{1-i}\right)^2=i^2=-1$

13 $\left(\dfrac{1+i}{1-i}\right)^{100}=i^{100}=(i^4)^{25}=1$

14 $\dfrac{1-i}{1+i}=\dfrac{(1-i)^2}{(1+i)(1-i)}=\dfrac{1-2i+i^2}{1-i^2}=\dfrac{-2i}{2}=-i$이므로

$\left(\dfrac{1-i}{1+i}\right)^2=(-i)^2=-1$

15 $\left(\dfrac{1-i}{1+i}\right)^{100}=(-i)^{100}=\{(-i)^4\}^{25}=1$

16 $\dfrac{1}{i}+\dfrac{1}{i^2}+\dfrac{1}{i^3}+\dfrac{1}{i^4}=\dfrac{i}{i^2}+\dfrac{1}{i^2}+\dfrac{i}{i^4}+\dfrac{1}{i^4}$

$\qquad =-i-1+i+1$

$\qquad =0$

17 $i+i^2+i^3+i^4=i-1-i+1=0$이므로

$i+i^2+i^3+i^4+i^5+i^6+i^7+i^8$

$=(i+i^2+i^3+i^4)+(i^5+i^6+i^7+i^8)$

$=(i+i^2+i^3+i^4)+i^4(i+i^2+i^3+i^4)$

$=0+0=0$

18 $i+i^2+i^3+i^4=i-1-i+1=0$이므로

$1+i+i^2+i^3+i^4+i^5+i^6+\cdots+i^{100}$

$=1+(i+i^2+i^3+i^4)+(i^5+i^6+i^7+i^8)+$

$\quad \cdots+(i^{97}+i^{98}+i^{99}+i^{100})$

$=1+(i+i^2+i^3+i^4)+i^4(i+i^2+i^3+i^4)+$

$\quad \cdots+i^{96}(i+i^2+i^3+i^4)$

$=1+0+0+\cdots+0=1$

19 $\dfrac{1}{i}+\dfrac{1}{i^2}+\dfrac{1}{i^3}+\dfrac{1}{i^4}=-i-1+i+1=0$이므로

$1+\dfrac{1}{i}+\dfrac{1}{i^2}+\dfrac{1}{i^3}+\dfrac{1}{i^4}+\dfrac{1}{i^5}+\dfrac{1}{i^6}+\cdots+\dfrac{1}{i^{100}}$

$=1+\left(\dfrac{1}{i}+\dfrac{1}{i^2}+\dfrac{1}{i^3}+\dfrac{1}{i^4}\right)+\left(\dfrac{1}{i^5}+\dfrac{1}{i^6}+\dfrac{1}{i^7}+\dfrac{1}{i^8}\right)+$

$\quad \cdots+\left(\dfrac{1}{i^{97}}+\dfrac{1}{i^{98}}+\dfrac{1}{i^{99}}+\dfrac{1}{i^{100}}\right)$

$=1+\left(\dfrac{1}{i}+\dfrac{1}{i^2}+\dfrac{1}{i^3}+\dfrac{1}{i^4}\right)+\dfrac{1}{i^4}\left(\dfrac{1}{i}+\dfrac{1}{i^2}+\dfrac{1}{i^3}+\dfrac{1}{i^4}\right)+$

$\quad \cdots+\dfrac{1}{i^{96}}\left(\dfrac{1}{i}+\dfrac{1}{i^2}+\dfrac{1}{i^3}+\dfrac{1}{i^4}\right)$

$=1+0+0+\cdots+0=1$

20 $\dfrac{1+i}{1-i}=i,\ \dfrac{1-i}{1+i}=-i$이므로

$f\left(\dfrac{1+i}{1-i}\right)+f\left(\dfrac{1-i}{1+i}\right)=f(i)+f(-i)$

$\qquad =\left(\dfrac{1+i}{1-i}\right)^9+\left(\dfrac{1-i}{1+i}\right)^9$

$\qquad =i^9+(-i)^9$

$\qquad =i+(-i)=0$

04 음수의 제곱근 본문 58쪽

15 $\sqrt{2}\sqrt{-3}=\sqrt{2}\times\sqrt{3}\,i=\sqrt{6}\,i$

16 $\sqrt{-2}\sqrt{3}=\sqrt{2}\,i\times\sqrt{3}=\sqrt{6}\,i$

17 $\sqrt{-2}\sqrt{-3}=\sqrt{2}\,i\times\sqrt{3}\,i=\sqrt{6}\,i^2=-\sqrt{6}$

18 $\dfrac{\sqrt{-2}}{\sqrt{3}}=\dfrac{\sqrt{2}i}{\sqrt{3}}=\dfrac{\sqrt{6}}{3}i$

19 $\dfrac{\sqrt{2}}{\sqrt{-3}}=\dfrac{\sqrt{2}}{\sqrt{3}\,i}=\dfrac{\sqrt{2}i}{\sqrt{3}\,i^2}=-\dfrac{\sqrt{6}}{3}i$

20 $\dfrac{\sqrt{-2}}{\sqrt{-3}}=\dfrac{\sqrt{2}\,i}{\sqrt{3}\,i}=\dfrac{\sqrt{2}}{\sqrt{3}}=\dfrac{\sqrt{6}}{3}$

21 $\dfrac{\sqrt{-2}}{\sqrt{3}}+\dfrac{\sqrt{2}}{\sqrt{-3}}=\dfrac{\sqrt{2}\,i}{\sqrt{3}}+\dfrac{\sqrt{2}}{\sqrt{3}\,i}=\dfrac{\sqrt{2}\,i}{\sqrt{3}}+\dfrac{\sqrt{2}\,i}{\sqrt{3}\,i^2}$

$\qquad=\dfrac{\sqrt{2}\,i}{\sqrt{3}}-\dfrac{\sqrt{2}\,i}{\sqrt{3}}=0$

22 $\sqrt{-4}\sqrt{-6}+\dfrac{\sqrt{12}}{\sqrt{-4}}=2i\times\sqrt{6}\,i+\dfrac{2\sqrt{3}}{2i}$

$\qquad=2\sqrt{6}\,i^2+\dfrac{2\sqrt{3}\,i}{2i^2}$

$\qquad=-2\sqrt{6}-\sqrt{3}\,i$

23 $\sqrt{2}\sqrt{-8}+\sqrt{-2}\sqrt{8}+\sqrt{-2}\sqrt{-8}$

$=\sqrt{2}\times\sqrt{8}\,i+\sqrt{2}\,i\times\sqrt{8}+\sqrt{2}\,i\times\sqrt{8}\,i$

$=\sqrt{16}\,i+\sqrt{16}\,i+\sqrt{16}\,i^2$

$=4i+4i-4=-4+8i$

24 $\dfrac{\sqrt{-8}}{\sqrt{2}}+\dfrac{\sqrt{8}}{\sqrt{-2}}+\dfrac{\sqrt{-8}}{\sqrt{-2}}$

$=\dfrac{\sqrt{8}i}{\sqrt{2}}+\dfrac{\sqrt{8}}{\sqrt{2}\,i}+\dfrac{\sqrt{8}\,i}{\sqrt{2}\,i}$

$=\sqrt{4}\,i+\dfrac{\sqrt{4}\,i}{i^2}+\sqrt{4}$

$=2i-2i+2=2$

25 $\sqrt{a}\sqrt{b}=-\sqrt{ab}$이므로 $a\le0,\ b\le0$

$\therefore a+b\le0$

$\therefore |a|+|a+b|-|b|=-a-(a+b)+b=-2a$

05 일차방정식의 풀이 본문 60쪽

01 $a\ne0$이면 $x=\dfrac{b}{a}$

02 $b\ne0$이면 $0\cdot x=b$의 꼴이므로 해가 없지만
$b=0$이면 $0\cdot x=0$의 꼴이므로 해가 무수히 많다.

03 $a=1,\ b=1$이면 $x=1$

04 $a\ne0,\ b=0$이면 $ax=0$ $\therefore x=0$

05 $a=0,\ b=0$이면 $0\cdot x=0$의 꼴이므로 해가 무수히 많다.

06 $a\ne-1,\ a\ne1$일 때,

$x=\dfrac{a-1}{(a+1)(a-1)}=\dfrac{1}{a+1}$

07 $a=-1$일 때, $0\cdot x=-2$이므로 해가 없다

08 $a=1$일 때, $0\cdot x=0$이므로 해가 무수히 많다.

09 $(a^2-9)x=a-3$에서

$(a+3)(a-3)x=a-3$

(i) $a\ne-3,\ a\ne3$일 때, $x=\dfrac{1}{a+3}$

(ii) $a=3$일 때, $0\cdot x=0$

$\qquad\therefore$ 해는 무수히 많다.

(iii) $a=-3$일 때, $0\cdot x=-6$

$\qquad\therefore$ 해는 없다.

10 $|x-1|=2$에서 $x-1=\pm2$

$x=1\pm2$

$\therefore x=3$ 또는 $x=-1$

11 $|x+2|=3$에서 $x+2=\pm3$

$x=-2\pm3$

$\therefore x=1$ 또는 $x=-5$

12 $|x-4|=5$에서 $x-4=\pm5$

$x=4\pm5$

$\therefore x=9$ 또는 $x=-1$

14 $|x+3|=x-1$에서

(i) $x<-3$일 때, $x+3<0$이므로

$\qquad -x-3=x-1,\ -2x=2$

$\qquad\therefore x=-1$

$\qquad$ 그런데 $x<-3$이므로 $x=-1$은 해가 아니다.

(ii) $x\ge-3$일 때, $x+3\ge0$이므로

$\qquad x+3=x-1,\ 0\cdot x=-4$

$\qquad$ 따라서 해가 없다.

(i), (ii)에서 주어진 방정식의 해는 없다.

15 $|x|-3=\dfrac{x}{2}$에서

(i) $x<0$일 때,

$\qquad -x-3=\dfrac{x}{2},\ -2x-6=x\quad\therefore x=-2$

(ii) $x\ge0$일 때,

$\qquad x-3=\dfrac{x}{2},\ 2x-6=x\quad\therefore x=6$

(i), (ii)에서 주어진 방정식의 해는 $x=-2$ 또는 $x=6$

16 $|x-3|=2|x+1|$에서 $x-3=\pm2(x+1)$

$x-3=2(x+1)$을 풀면 $x=-5$

$x-3=-2(x+1)$을 풀면 $x=\dfrac{1}{3}$

따라서 구하는 방정식의 해는 $x=-5$ 또는 $x=\dfrac{1}{3}$

17 $|3x+5|=|x-1|$에서 $3x+5=\pm(x-1)$

$3x+5=x-1$을 풀면 $x=-3$

$3x+5=-(x-1)$을 풀면 $x=-1$

따라서 구하는 방정식의 해는 $x=-3$ 또는 $x=-1$

18 절댓값 기호 안의 값을 0으로 하는 값 $x=1$, $x=-2$를 기준으로 구간을 나누면

(i) $x<-2$일 때

$\qquad -(x-1)-(x+2)=3\quad\therefore x=-2$

$\qquad$ 그런데 $x<-2$이므로 $x=-2$는 해가 아니다.

(ii) $-2\le x<1$일 때

$\qquad -(x-1)+(x+2)=3,\ 0\cdot x=0$

$\qquad\therefore -2\le x<1$

(iii) $x\ge1$일 때

$$(x-1)+(x+2)=3 \quad \therefore x=1$$
따라서 주어진 방정식의 해는 $-2 \leq x \leq 1$이므로
$a=-2,\ b=1$
$\therefore a+b=-1$

06 이차방정식의 풀이 본문 62쪽

01 $x^2+4x+3=0$에서 $(x+1)(x+3)=0$
$\therefore x=-1$ 또는 $x=-3$

02 $x^2+3x-10=0$에서 $(x-2)(x+5)=0$
$\therefore x=2$ 또는 $x=-5$

03 $x^2-3x-28=0$에서 $(x-7)(x+4)=0$
$\therefore x=7$ 또는 $x=-4$

04 $2x^2+5x-3=0$에서 $(2x-1)(x+3)=0$
$\therefore x=\dfrac{1}{2}$ 또는 $x=-3$

05 $x^2+6x-16=0$에서 $(x+8)(x-2)=0$
$\therefore x=-8$ 또는 $x=2$

07 $x^2+5=0$에서 $x^2=-5$
$\therefore x=\pm\sqrt{5}\,i$

08 $x^2+\dfrac{1}{9}=0$에서 $x^2=-\dfrac{1}{9}$
$\therefore x=\pm\dfrac{1}{3}i$

09 $2x^2+18=0$에서 $x^2=-9$
$\therefore x=\pm3i$

10 $\dfrac{1}{2}x^2+1=0$에서 $x^2=-2$
$\therefore x=\pm\sqrt{2}\,i$

11 근의 공식을 이용하여 해를 구하면
$$x=\frac{-5\pm\sqrt{5^2-4\times1\times(-16)}}{2}=\frac{-5\pm\sqrt{89}}{2}$$

12 일차항의 계수가 짝수일 때의 근의 공식을 이용하여 해를 구하면
$$x=1\pm\sqrt{(-1)^2-1\times4}=1\pm\sqrt{-3}=1\pm\sqrt{3}\,i$$

13 근의 공식을 이용하여 해를 구하면
$$x=\frac{5\pm\sqrt{(-5)^2-4\times3\times4}}{2\times3}=\frac{5\pm\sqrt{23}\,i}{6}$$

14 일차항의 계수가 짝수일 때의 근의 공식을 이용하여 해를 구하면
$$x=-4\pm\sqrt{4^2-1\times20}=-4\pm2i$$

15 양변에 12를 곱하면 $6x^2-4x+3=0$
일차항의 계수가 짝수일 때의 근의 공식을 이용하여 해를 구하면
$$x=\frac{2\pm\sqrt{(-2)^2-6\times3}}{6}=\frac{2\pm\sqrt{14}\,i}{6}$$

16 일차항의 계수가 짝수일 때의 근의 공식을 이용하여 해를 구하면

$$x=\frac{3\pm\sqrt{(-3)^2-3\times6}}{3}=\frac{3\pm3i}{3}=1\pm i$$

17 양변에 10을 곱하면 $2x^2+3x+2=0$
근의 공식을 이용하여 해를 구하면
$$x=\frac{-3\pm\sqrt{3^2-4\times2\times2}}{2\times2}=\frac{-3\pm\sqrt{7}\,i}{4}$$

18 양변에 $\sqrt{2}-1$을 곱하면
$(\sqrt{2}-1)(\sqrt{2}+1)x^2+(\sqrt{2}-1)x-(\sqrt{2}-1)(2+\sqrt{2})=0$
$x^2+(\sqrt{2}-1)x-\sqrt{2}=0$
$(x-1)(x+\sqrt{2})=0$
$\therefore x=1$ 또는 $x=-\sqrt{2}$

19 양변에 $\sqrt{2}+1$을 곱하면
$(\sqrt{2}+1)(\sqrt{2}-1)x^2-(\sqrt{2}+1)^2x+2(\sqrt{2}+1)=0$
$x^2-(3+2\sqrt{2})x+2\sqrt{2}+2=0$
$(x-1)\{x-(2\sqrt{2}+2)\}=0$
$\therefore x=1$ 또는 $x=2\sqrt{2}+2$

20 이차방정식 $x^2+ax+b=0$의 한 근이 $1+i$이므로
$(1+i)^2+a(1+i)+b=0$에서
$(a+b)+(a+2)i=0$
복소수가 서로 같을 조건에 의하여
$a+b=0,\ a+2=0$
$\therefore a=-2,\ b=2$
$\therefore ab=-4$

07 이차방정식의 판별식 본문 64쪽

02 $D=3^2-4\times1\times5=-11<0$
$\therefore$ 서로 다른 두 허근

03 $D=(-2)^2-4\times1\times1=0$
$\therefore$ 중근

04 $D=(-1)^2-4\times1\times4=-15<0$
$\therefore$ 서로 다른 두 허근

05 $D=4^2-4\times2\times1=8>0$
$\therefore$ 서로 다른 두 실근

06 $D=(-4)^2-4\times1\times4=0$
$\therefore$ 중근

07 $D=(-6)^2-4\times4\times9=-108<0$
$\therefore$ 서로 다른 두 허근

08 $D=(-4)^2-4\times2\times(-3)=40>0$
$\therefore$ 서로 다른 두 실근

09 $D=(-3)^2-4\times1\times3=-3<0$
$\therefore$ 서로 다른 두 허근

10 주어진 이차방정식이 허근을 가지려면
$$\frac{D}{4}=(-a)^2-1\times(b-1)<0$$ 이어야 하므로
$a^2-b+1<0$

12 주어진 이차방정식이 중근을 갖기 위한 조건은 $D=0$이므로

$$9-4k=0 \qquad \therefore k=\frac{9}{4}$$

13 주어진 이차방정식이 서로 다른 두 허근을 갖기 위한 조건은
$D<0$이므로
$$9-4k<0 \qquad \therefore k>\frac{9}{4}$$

14 x의 계수가 짝수이므로 $\dfrac{D}{4}=(-k)^2-(k^2-2k)=2k$

주어진 이차방정식이 서로 다른 두 실근을 갖기 위한 조건은
$\dfrac{D}{4}>0$이므로 $2k>0 \qquad \therefore k>0$

15 주어진 이차방정식이 중근을 갖기 위한 조건은 $\dfrac{D}{4}=0$이므로
$$2k=0 \qquad \therefore k=0$$

16 주어진 이차방정식이 서로 다른 두 허근을 갖기 위한 조건은
$\dfrac{D}{4}<0$이므로
$$2k<0 \qquad \therefore k<0$$

17 (이차식)$=0$의 판별식을 D라고 하면
$$\frac{D}{4}=(-2)^2-2k=0 \qquad \therefore k=2$$

18 (이차식)$=0$의 판별식을 D라고 하면
$$\frac{D}{4}=(-3)^2-3k=0 \qquad \therefore k=3$$

19 (이차식)$=0$의 판별식을 D라고 하면
$$\frac{D}{4}=(k-1)^2-4=0,\ k^2-2k-3=0$$
$$(k+1)(k-3)=0 \qquad \therefore k=-1 \text{ 또는 } k=3$$

20 (이차식)$=0$의 판별식을 D라고 하면
$$\frac{D}{4}=(2+k)^2-k^2=0$$
$$4+4k=0 \qquad \therefore k=-1$$

21 $x^2-4x+k=0$이 실근을 가지므로
$$\frac{D}{4}=(-2)^2-1\times k\geq0 \qquad \therefore k\leq4 \qquad \cdots \text{㉠}$$
$x^2+2x+k=0$이 허근을 가지므로
$$\frac{D}{4}=1^2-1\times k<0 \qquad \therefore k>1 \qquad \cdots \text{㉡}$$
㉠, ㉡을 동시에 만족하는 k의 값의 범위는 $1<k\leq4$
따라서 구하는 정수 k는 2, 3, 4의 3개이다.

0**8** 이차방정식의 근과 계수의 관계 본문 66쪽

10 이차방정식 $x^2+ax+b=0$의 두 근이 2, 3이므로
근과 계수의 관계에 의하여
$$-a=2+3=5,\ b=2\cdot3=6$$
따라서 이차방정식 $ax^2+bx+2=0$의 두 근의 합은
$$-\frac{b}{a}=-\frac{6}{-5}=\frac{6}{5}$$

13 $\dfrac{1}{\alpha}+\dfrac{1}{\beta}=\dfrac{\alpha+\beta}{\alpha\beta}=-\dfrac{5}{3}$

14 $(\alpha+1)(\beta+1)=\alpha\beta+\alpha+\beta+1$
$$=3-5+1=-1$$

15 $\alpha^2+\beta^2=(\alpha+\beta)^2-2\alpha\beta$
$$=(-5)^2-2\times3=19$$

16 $\dfrac{\beta}{\alpha}+\dfrac{\alpha}{\beta}=\dfrac{\alpha^2+\beta^2}{\alpha\beta}=\dfrac{19}{3}$

17 $\alpha^3+\beta^3=(\alpha+\beta)^3-3\alpha\beta(\alpha+\beta)$
$$=(-5)^3-3\times3\times(-5)=-80$$

18 $\alpha^4+\beta^4=(\alpha^2)^2+(\beta^2)^2$
$$=(\alpha^2+\beta^2)^2-2\alpha^2\beta^2$$
$$=19^2-2\times3^2=343$$

21 $\dfrac{1}{\alpha}+\dfrac{1}{\beta}=\dfrac{\alpha+\beta}{\alpha\beta}=-2$

22 $(\alpha+1)(\beta+1)=\alpha\beta+\alpha+\beta+1$
$$=-1+2+1=2$$

23 $\alpha^2+\beta^2=(\alpha+\beta)^2-2\alpha\beta$
$$=2^2-2\times(-1)=6$$

24 $\dfrac{\beta}{\alpha}+\dfrac{\alpha}{\beta}=\dfrac{\alpha^2+\beta^2}{\alpha\beta}=-6$

25 $\alpha^3+\beta^3=(\alpha+\beta)^3-3\alpha\beta(\alpha+\beta)$
$$=2^3-3\times(-1)\times2=14$$

26 $\alpha^4+\beta^4=(\alpha^2)^2+(\beta^2)^2$
$$=(\alpha^2+\beta^2)^2-2\alpha^2\beta^2$$
$$=6^2-2\times(-1)^2=34$$

28 (두 근의 합)$=2+(-5)=-3$
(두 근의 곱)$=2\times(-5)=-10$
따라서 구하는 이차방정식은 $x^2+3x-10=0$

29 (두 근의 합)$=(-1)+(-3)=-4$
(두 근의 곱)$=(-1)\times(-3)=3$
따라서 구하는 이차방정식은 $x^2+4x+3=0$

30 (두 근의 합)$=\sqrt{3}+(-\sqrt{3})=0$
(두 근의 곱)$=\sqrt{3}\times(-\sqrt{3})=-3$
따라서 구하는 이차방정식은 $x^2-3=0$

31 (두 근의 합)$=(1+\sqrt{2})+(1-\sqrt{2})=2$
(두 근의 곱)$=(1+\sqrt{2})(1-\sqrt{2})=1^2-(\sqrt{2})^2=-1$
따라서 구하는 이차방정식은 $x^2-2x-1=0$

32 (두 근의 합)$=(2+i)+(2-i)=4$
(두 근의 곱)$=(2+i)(2-i)=4-i^2=5$
따라서 구하는 이차방정식은 $x^2-4x+5=0$

33 $\alpha+\beta=-1,\ \alpha\beta=-3$이므로
$$(-\alpha)+(-\beta)=-(\alpha+\beta)=-(-1)=1$$
$$(-\alpha)\cdot(-\beta)=\alpha\beta=-3$$
따라서 구하는 이차방정식은 $x^2-x-3=0$

34 $2\alpha+2\beta=2(\alpha+\beta)=2\times(-1)=-2$
$2\alpha\cdot2\beta=4\alpha\beta=4\times(-3)=-12$

따라서 구하는 이차방정식은 $x^2+2x-12=0$

35 $(\alpha-1)+(\beta-1)=(\alpha+\beta)-2=-1-2=-3$
$(\alpha-1)(\beta-1)=\alpha\beta-(\alpha+\beta)+1=-3-(-1)+1=-1$
따라서 구하는 이차방정식은 $x^2+3x-1=0$

36 $(\alpha+\beta)+\alpha\beta=(-1)+(-3)=-4$
$(\alpha+\beta)\cdot\alpha\beta=(-1)\times(-3)=3$
따라서 구하는 이차방정식은 $x^2+4x+3=0$

37 이차항의 계수가 1이고 α^2, β^2을 두 근으로 하는 이차방정식은
$x^2-(\alpha^2+\beta^2)x+\alpha^2\cdot\beta^2=0$에서
$x^2-\{(\alpha+\beta)^2-2\alpha\beta\}x+(\alpha\beta)^2=0$
이차방정식 $x^2-4x+2=0$의 두 근이 α, β이므로
$\alpha+\beta=4$, $\alpha\beta=2$
따라서 구하는 이차방정식은
$x^2-(4^2-2\cdot2)x+2^2=0$, 즉 $x^2-12x+4=0$
$\therefore a+b=-12+4=-8$

38 $x^2-2x-5=0$에서 근의 공식에 의하여
$x=1\pm\sqrt{6}$
$\therefore x^2-2x-5=\{x-(1+\sqrt{6})\}\{x-(1-\sqrt{6})\}$
$\qquad\qquad\quad=(x-1-\sqrt{6})(x-1+\sqrt{6})$

39 $x^2+4=0$에서 $x=\pm2i$
$\therefore x^2+4=(x-2i)(x+2i)$

40 $x^2+2x+4=0$에서 근의 공식에 의하여
$x=-1\pm\sqrt{3}\,i$
$\therefore x^2+2x+4=\{x-(-1+\sqrt{3}\,i)\}\{x-(-1-\sqrt{3}\,i)\}$
$\qquad\qquad\qquad=(x+1-\sqrt{3}\,i)(x+1+\sqrt{3}\,i)$

41 $x^2-2x-1=0$에서 근의 공식에 의하여
$x=1\pm\sqrt{2}$
$\therefore x^2-2x-1=\{x-(1+\sqrt{2})\}\{x-(1-\sqrt{2})\}$
$\qquad\qquad\qquad=(x-1-\sqrt{2})(x-1+\sqrt{2})$

42 $x^2+3x+4=0$에서 근의 공식에 의하여
$x=\dfrac{-3\pm\sqrt{7}\,i}{2}$
$\therefore x^2+3x+4=\left(x-\dfrac{-3+\sqrt{7}\,i}{2}\right)\left(x-\dfrac{-3-\sqrt{7}\,i}{2}\right)$
$\qquad\qquad\qquad=\left(x+\dfrac{3-\sqrt{7}\,i}{2}\right)\left(x+\dfrac{3+\sqrt{7}\,i}{2}\right)$

43 $2x^2-4x+5=0$에서 근의 공식에 의하여
$x=\dfrac{2\pm\sqrt{6}\,i}{2}$
$\therefore 2x^2-4x+5=2\left(x-\dfrac{2+\sqrt{6}\,i}{2}\right)\left(x-\dfrac{2-\sqrt{6}\,i}{2}\right)$

44 $3x^2-6x+6=0$, 즉 $x^2-2x+2=0$에서 근의 공식에 의하여
$x=1\pm i$
$\therefore 3x^2-6x+6=3\{x-(1+i)\}\{x-(1-i)\}$
$\qquad\qquad\qquad=3(x-1-i)(x-1+i)$

45 $3x^2-4x+2=0$에서 근의 공식에 의하여
$x=\dfrac{2\pm\sqrt{2}\,i}{3}$
$\therefore 3x^2-4x+2=3\left(x-\dfrac{2+\sqrt{2}\,i}{3}\right)\left(x-\dfrac{2-\sqrt{2}\,i}{3}\right)$

46 $x^2+ax+b=0$의 두 근이 -1, 2이므로
근과 계수의 관계에 의하여
$-1+2=-a$ $\qquad\therefore a=-1$
$(-1)\times2=b$ $\qquad\therefore b=-2$
또한, $x^2-(a+b)x+ab=0$의 두 근이 α, β이므로
근과 계수의 관계에 의하여
$\alpha+\beta=a+b=-1-2=-3$
$\alpha\beta=ab=(-1)\times(-2)=2$
$\therefore \alpha^2+\beta^2=(\alpha+\beta)^2-2\alpha\beta$
$\qquad\qquad\quad=(-3)^2-2\times2=5$

09 이차방정식의 켤레근의 성질 본문70쪽

03 a, b가 유리수이고 주어진 이차방정식의 한 근이 $2+\sqrt{2}$이므로 다른 한 근은 $2-\sqrt{2}$이다.

04 근과 계수의 관계에 의하여
$-a=(2+\sqrt{2})+(2-\sqrt{2})=4$ $\quad\therefore a=-4$
$b=(2+\sqrt{2})(2-\sqrt{2})=4-2=2$
$\therefore a-b=-4-2=-6$

05 a, b가 실수이고 주어진 이차방정식의 한 근이 $1+i$이므로 다른 한 근은 $1-i$이다.

06 근과 계수의 관계에 의하여
$-a=(1+i)+(1-i)=2$ $\quad\therefore a=-2$
$b=(1+i)(1-i)=1-i^2=2$
$\therefore a+b=-2+2=0$

07 a, b가 실수이고 주어진 이차방정식의 한 근이 $2-3i$이므로 다른 한 근은 $2+3i$이다.

08 근과 계수의 관계에 의하여
$-a=(2-3i)+(2+3i)=4$ $\quad\therefore a=-4$
$b=(2-3i)(2+3i)=4-9i^2=13$
$\therefore a-b=-4-13=-17$

10 두 근의 비가 1 : 2이므로 두 근을 α, $2\alpha\,(\alpha\neq0)$라 하면
근과 계수의 관계에 의하여
(두 근의 합)$=\alpha+2\alpha=3$에서 $\alpha=1$
(두 근의 곱)$=\alpha\cdot2\alpha=2k$에서 $2k=2$ $\quad\therefore k=1$

11 두 근의 비가 1 : 2이므로 두 근을 α, $2\alpha\,(\alpha\neq0)$라 하면
근과 계수의 관계에 의하여
(두 근의 합)$=\alpha+2\alpha=12$에서 $\alpha=4$
(두 근의 곱)$=\alpha\cdot2\alpha=k+1$에서
$k+1=4\times8=32$ $\quad\therefore k=31$

12 두 근의 비가 2 : 3이므로 두 근을 2α, $3\alpha\,(\alpha\neq0)$라 하면
근과 계수의 관계에 의하여
(두 근의 합)$=2\alpha+3\alpha=-5$에서 $\alpha=-1$
(두 근의 곱)$=2\alpha\cdot3\alpha=1-k$에서
$1-k=(-2)\times(-3)=6$ $\quad\therefore k=-5$

13 두 근의 비가 2 : 3이므로 두 근을 2α, $3\alpha\,(\alpha\neq0)$라 하면
근과 계수의 관계에 의하여
(두 근의 합)$=2\alpha+3\alpha=10$에서 $\alpha=2$

(두 근의 곱)$=2\alpha\cdot3\alpha=2k-2$에서
$2k-2=4\times6=24$ $\therefore k=13$

14 두 근의 차가 2이므로 두 근을 α, $\alpha+2$라 하면
근과 계수의 관계에 의하여
(두 근의 합)$=\alpha+(\alpha+2)=-2$에서 $\alpha=-2$
(두 근의 곱)$=\alpha(\alpha+2)=k+1$에서
$k+1=(-2)\times0=0$ $\therefore k=-1$

15 두 근의 차가 2이므로 두 근을 α, $\alpha+2$라 하면
근과 계수의 관계에 의하여
(두 근의 합)$=\alpha+(\alpha+2)=4$에서 $\alpha=1$
(두 근의 곱)$=\alpha(\alpha+2)=2k$에서
$2k=3$ $\therefore k=\dfrac{3}{2}$

16 두 근의 차가 2이므로 두 근을 α, $\alpha+2$라 하면
근과 계수의 관계에 의하여
(두 근의 합)$=\alpha+(\alpha+2)=k+3$에서
$k=2\alpha-1$ $\cdots$ ㉠
(두 근의 곱)$=\alpha(\alpha+2)=3$에서
$\alpha^2+2\alpha-3=0$, $(\alpha+3)(\alpha-1)=0$
$\therefore \alpha=-3$ 또는 $\alpha=1$
이 값을 ㉠에 대입하면
$k=-7$ 또는 $k=1$

17 $x^2-2kx+3k=0$의 두 근을 α, 3α $(\alpha\neq0)$라 하면
근과 계수의 관계에 의하여
(두 근의 합)$=\alpha+3\alpha=2k$ $\cdots$ ㉠
(두 근의 곱)$=\alpha\cdot3\alpha=3k$ $\cdots$ ㉡
㉠에서 $k=2\alpha$를 ㉡에 대입하면
$\alpha^2=2\alpha$, $\alpha(\alpha-2)=0$
$\therefore \alpha=0$ 또는 $\alpha=2$
이때 $\alpha=0$이면 주어진 조건에 모순이므로 $\alpha=2$
$\alpha=2$를 ㉠에 대입하면 $k=4$

10 이차함수의 그래프 본문 72쪽

05 $y=-x^2-4x-7$
$\quad=-(x^2+4x+4-4)-7$
$\quad=-(x+2)^2-3$
이므로 꼭짓점의 좌표는 $(-2, -3)$,
y절편은 -7

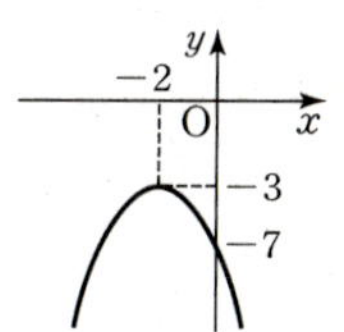

06 $y=3x^2-12x+2$
$\quad=3(x^2-4x+4-4)+2$
$\quad=3(x-2)^2-10$
이므로 꼭짓점의 좌표는 $(2, -10)$,
y절편은 2

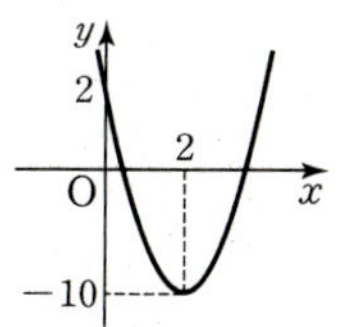

07 $y=x^2-2kx+2k+3$을 변형하면
$y=(x^2-2kx+k^2)-k^2+2k+3$
$\quad=(x-k)^2-k^2+2k+3$
이 이차함수의 그래프의 꼭짓점의 좌표는 $(k, -k^2+2k+3)$
이때 꼭짓점이 x축 위에 있으려면 꼭짓점의 y좌표가 0이어야 하므로 $-k^2+2k+3=0$
따라서 이차방정식의 근과 계수의 관계에 의하여 모든 상수 k의 값의 합은 2이다.

07 이차방정식 $x^2-2x=0$에서
$x(x-2)=0$ $\therefore x=0$ 또는 $x=2$
따라서 구하는 교점의 좌표는 $(0, 0)$, $(2, 0)$

08 이차방정식 $x^2-x-20=0$에서
$(x+4)(x-5)=0$ $\therefore x=-4$ 또는 $x=5$
따라서 구하는 교점의 좌표는 $(-4, 0)$, $(5, 0)$

09 이차방정식 $-x^2+10x-16=0$에서
$(x-2)(x-8)=0$ $\therefore x=2$ 또는 $x=8$
따라서 구하는 교점의 좌표는 $(2, 0)$, $(8, 0)$

10 이차방정식 $x^2-4x+4=0$에서
$(x-2)^2=0$ $\therefore x=2$
따라서 구하는 교점의 좌표는 $(2, 0)$

11 이차방정식 $-x^2-2x+15=0$에서
$(x+5)(x-3)=0$ $\therefore x=-5$ 또는 $x=3$
따라서 구하는 교점의 좌표는 $(-5, 0)$, $(3, 0)$

12 이차방정식 $2x^2-x-1=0$에서
$(2x+1)(x-1)=0$ $\therefore x=-\dfrac{1}{2}$ 또는 $x=1$
따라서 구하는 교점의 좌표는 $\left(-\dfrac{1}{2}, 0\right)$, $(1, 0)$

14 이차방정식 $-x^2+2x-1=0$의 판별식을 D라 하면
$\dfrac{D}{4}=1^2-(-1)\times(-1)=0$
이므로 $-x^2+2x-1=0$은 중근을 갖는다.
따라서 주어진 이차함수의 그래프와 x축의 교점은 1개이다.

15 이차방정식 $x^2-x+1=0$의 판별식을 D라 하면
$D=(-1)^2-4\times1\times1=-3<0$
이므로 $x^2-x+1=0$은 서로 다른 두 허근을 갖는다.
따라서 주어진 이차함수의 그래프와 x축의 교점은 없다.

16 이차방정식 $-x^2+4x+1=0$의 판별식을 D라 하면
$\dfrac{D}{4}=2^2-(-1)\times1=5>0$
이므로 $-x^2+4x+1=0$은 서로 다른 두 실근을 갖는다.
따라서 주어진 이차함수의 그래프와 x축의 교점은 2개이다.

17 이차방정식 $2x^2-x+1=0$의 판별식을 D라 하면
$D=(-1)^2-4\times2\times1=-7<0$
이므로 $2x^2-x+1=0$은 서로 다른 두 허근을 갖는다.
따라서 주어진 이차함수의 그래프와 x축의 교점은 없다.

18 이차방정식 $-4x^2+4x-1=0$의 판별식을 D라 하면
$\dfrac{D}{4}=2^2-(-4)\times(-1)=0$
이므로 $-4x^2+4x-1=0$은 중근을 갖는다.
따라서 주어진 이차함수의 그래프와 x축의 교점은 1개이다.

20 이차방정식 $x^2+4x-k=0$의 판별식 D가 $D=0$이어야 하므로
$\dfrac{D}{4}=2^2-(-k)=0$ $\therefore k=-4$

21 이차방정식 $x^2+4x-k=0$의 판별식 D가 $D<0$이어야 하므

로
$$\frac{D}{4}=2^2-(-k)<0 \qquad \therefore k<-4$$

22 이차방정식 $-x^2-2x+k+1=0$의 판별식 D가 $D>0$이어야
하므로
$$\frac{D}{4}=(-1)^2-(-1)\times(k+1)>0 \quad \therefore k>-2$$

23 이차방정식 $-x^2-2x+k+1=0$의 판별식 D가 $D=0$이어야
하므로
$$\frac{D}{4}=(-1)^2-(-1)\times(k+1)=0 \quad \therefore k=-2$$

24 이차방정식 $-x^2-2x+k+1=0$의 판별식 D가 $D<0$이어야
하므로
$$\frac{D}{4}=(-1)^2-(-1)\times(k+1)<0 \quad \therefore k<-2$$

25 이차방정식 $x^2+2kx+k^2-3k=0$의 판별식 D가 $D>0$이어
야 하므로
$$\frac{D}{4}=k^2-(k^2-3k)>0 \quad \therefore k>0$$

26 이차방정식 $x^2+2kx+k^2-3k=0$의 판별식 D가 $D=0$이어
야 하므로
$$\frac{D}{4}=k^2-(k^2-3k)=0 \quad \therefore k=0$$

27 이차방정식 $x^2+2kx+k^2-3k=0$의 판별식 D가 $D<0$이어
야 하므로
$$\frac{D}{4}=k^2-(k^2-3k)<0 \qquad \therefore k<0$$

28 이차방정식 $x^2+2kx+k^2-3k=0$의 판별식 D가 $D\geq0$이어야
하므로
$$\frac{D}{4}=k^2-(k^2-3k)\geq0 \qquad \therefore k\geq0$$

29 이차함수 $y=x^2-2ax+2am-2m+b$의 그래프가 x축에 접
하면 이차방정식 $x^2-2ax+2am-2m+b=0$의 판별식 D
가 $D=0$이므로
$$\frac{D}{4}=a^2-(2am-2m+b)=0$$
$$\therefore a^2-2am+2m-b=0$$
이 식이 m의 값에 관계없이 성립하므로
$(2-2a)m+(a^2-b)=0$에서
$2-2a=0,\ a^2-b=0$
따라서 $a=1,\ b=1$이므로 $ab=1$

12 이차함수의 그래프와 직선의 위치 관계 _{본문}**76쪽**

01 주어진 이차함수의 그래프와 직선의 교점의 x좌표는
이차방정식 $x^2=x+2$에서
$x^2-x-2=0,\ (x+1)(x-2)=0$
$\therefore x=-1$ 또는 $x=2$

02 이차방정식 $-x^2+3=2x-5$에서

$x^2+2x-8=0,\ (x+4)(x-2)=0$
$\therefore x=-4$ 또는 $x=2$

03 이차방정식 $-x^2+4x+1=-x+5$에서
$x^2-5x+4=0,\ (x-1)(x-4)=0$
$\therefore x=1$ 또는 $x=4$

04 이차방정식 $2x^2+5x+3=x+1$에서
$2x^2+4x+2=0,\ x^2+2x+1=0$
$(x+1)^2=0$
$\therefore x=-1$

05 이차방정식 $x^2-2x-1=2x-5$에서
$x^2-4x+4=0,\ (x-2)^2=0$
$\therefore x=2$

06 이차방정식 $x^2-x-4=-2x+2$에서
$x^2+x-6=0,\ (x+3)(x-2)=0$
$\therefore x=-3$ 또는 $x=2$

07 이차방정식 $-x^2-2x+7=3x+1$에서
$x^2+5x-6=0,\ (x+6)(x-1)=0$
$\therefore x=-6$ 또는 $x=1$

08 이차방정식 $-3x^2-2x+4=x-2$에서
$3x^2+3x-6=0,\ x^2+x-2=0$
$(x+2)(x-1)=0$
$\therefore x=-2$ 또는 $x=1$

10 이차방정식 $2x^2-1=x-2$, 즉 $2x^2-x+1=0$의 판별식을 D
라 하면
$$D=(-1)^2-4\times2\times1=-7<0$$
따라서 주어진 이차함수의 그래프와 직선은 만나지 않는다.

11 이차방정식 $-x^2+2x=x-1$, 즉 $x^2-x-1=0$의 판별식을
D라 하면
$$D=(-1)^2-4\times1\times(-1)=5>0$$
따라서 주어진 이차함수의 그래프와 직선은 서로 다른 두 점
에서 만난다.

12 이차방정식 $2x^2-3x+1=x-1$, 즉 $2x^2-2x+1=0$의
판별식을 D라 하면
$$\frac{D}{4}=(-1)^2-1\times1=0$$
따라서 주어진 이차함수의 그래프와 직선은 한 점에서 만난
다. (접한다.)

13 이차방정식 $-x^2-x+2=2x+3$, 즉 $x^2+3x+1=0$의
판별식을 D라 하면
$$D=3^2-4\times1\times1=5>0$$
따라서 주어진 이차함수의 그래프와 직선은 서로 다른 두 점
에서 만난다.

14 이차방정식 $x^2-2x+1=2x-1$, 즉 $x^2-4x+2=0$의
판별식을 D라 하면
$$\frac{D}{4}=(-2)^2-1\times2=2>0$$
따라서 주어진 이차함수의 그래프와 직선은 서로 다른 두 점
에서 만난다.

15 이차방정식 $-x^2+3x-1=x+3$, 즉 $x^2-2x+4=0$의

판별식을 D라 하면
$$\frac{D}{4}=(-1)^2-1\times4=-3<0$$
따라서 주어진 이차함수의 그래프와 직선은 만나지 않는다.

16 이차방정식 $x^2-5x+2=-3x+1$, 즉 $x^2-2x+1=0$의 판별식을 D라 하면
$$\frac{D}{4}=(-1)^2-1\times1=0$$
따라서 주어진 이차함수의 그래프와 직선은 한 점에서 만난다. (접한다.)

17 이차방정식 $-2x^2+x-2=3x+2$, 즉 $x^2+x+2=0$의 판별식을 D라 하면
$$D=1^2-4\times1\times2=-7<0$$
따라서 주어진 이차함수의 그래프와 직선은 만나지 않는다.

18 이차방정식 $2x^2-x+2=x+3$, 즉 $2x^2-2x-1=0$의 판별식을 D라 하면
$$\frac{D}{4}=(-1)^2-2\times(-1)=3>0$$
따라서 주어진 이차함수의 그래프와 직선은 서로 다른 두 점에서 만난다.

19 이차방정식 $x^2+4x+6=x+k$, 즉 $x^2+3x+6-k=0$의 판별식 D가 $D>0$이어야 하므로
$$D=3^2-4(6-k)=4k-15>0 \quad \therefore k>\frac{15}{4}$$

20 이차방정식 $x^2+3x+6-k=0$의 판별식 D가 $D=0$이어야 하므로
$$D=4k-15=0 \quad \therefore k=\frac{15}{4}$$

21 이차방정식 $x^2+3x+6-k=0$의 판별식 D가 $D<0$이어야 하므로
$$D=4k-15<0 \quad \therefore k<\frac{15}{4}$$

22 이차방정식 $-x^2+x-k=-x+3$, 즉 $x^2-2x+k+3=0$의 판별식 D가 $D>0$이어야 하므로
$$\frac{D}{4}=(-1)^2-(k+3)=-k-2>0 \quad \therefore k<-2$$

23 이차방정식 $x^2-2x+k+3=0$의 판별식 D가 $D=0$이어야 하므로
$$\frac{D}{4}=-k-2=0 \quad \therefore k=-2$$

24 이차방정식 $x^2-2x+k+3=0$의 판별식 D가 $D<0$이어야 하므로
$$\frac{D}{4}=-k-2<0 \quad \therefore k>-2$$

25 이차방정식 $x^2-2x-1=-3x+k$, 즉 $x^2+x-(k+1)=0$의 판별식 D가 $D>0$이어야 하므로
$$D=1^2-4\times1\times\{-(k+1)\}=4k+5>0$$
$$\therefore k>-\frac{5}{4}$$

26 이차방정식 $x^2+x-(k+1)=0$의 판별식 D가 $D=0$이어야

하므로
$$D=4k+5=0 \quad \therefore k=-\frac{5}{4}$$

27 이차방정식 $x^2+x-(k+1)=0$의 판별식 D가 $D<0$이어야 하므로
$$D=4k+5<0 \quad \therefore k<-\frac{5}{4}$$

28 이차방정식 $x^2+x-(k+1)=0$의 판별식 D가 $D\geq0$이어야 하므로
$$D=4k+5\geq0 \quad \therefore k\geq-\frac{5}{4}$$

29 원점을 지나고 기울기가 m인 직선은 $y=mx$
이 직선이 이차함수 $y=x^2+3x+1$의 그래프와 접하므로 이차방정식 $x^2+3x+1=mx$, 즉 $x^2+(3-m)x+1=0$이 중근을 갖는다.
$$D=(3-m)^2-4=0에서 m^2-6m+5=0$$
이 이차방정식의 두 근을 α, β라 하면 α, β가 구하는 두 직선의 기울기이므로 두 직선의 기울기의 곱은 근과 계수의 관계에 의하여 $\alpha\beta=5$

13 이차함수의 최대, 최소 본문 79쪽

01 꼭짓점의 좌표가 $(0, 2)$이고 아래로 볼록인 그래프이므로 $x=0$일 때 최솟값 2를 갖고, 최댓값은 없다.

02 꼭짓점의 좌표가 $(3, 5)$이고 아래로 볼록인 그래프이므로 $x=3$일 때 최솟값 5를 갖고, 최댓값은 없다.

03 꼭짓점의 좌표가 $(0, 4)$이고 위로 볼록인 그래프이므로 $x=0$일 때 최댓값 4를 갖고, 최솟값은 없다.

04 꼭짓점의 좌표가 $(-5, -1)$이고 위로 볼록인 그래프이므로 $x=-5$일 때 최댓값 -1을 갖고, 최솟값은 없다.

05 $y=x^2+2x-3$
$$=(x^2+2x+1-1)-3$$
$$=(x+1)^2-4$$
이므로 $x=-1$일 때 최솟값 -4를 갖고, 최댓값은 없다.

06 $y=\frac{1}{2}x^2-4x-1$
$$=\frac{1}{2}(x^2-8x+16-16)-1$$
$$=\frac{1}{2}(x-4)^2-9$$
이므로 $x=4$일 때 최솟값 -9를 갖고, 최댓값은 없다.

07 $y=-3x^2+6x+9$
$$=-3(x^2-2x+1-1)+9$$
$$=-3(x-1)^2+12$$
이므로 $x=1$일 때 최댓값 12를 갖고, 최솟값은 없다.

08 $y=x^2-2ax+a=(x-a)^2-a^2+a$이고 $x=3$에서 최솟값 -6을 가지므로 $a=3$

09 $y=x^2-6x+k$

$=(x-3)^2-9+k$

에서 최솟값이 5이므로 $-9+k=5$

$\therefore k=14$

10 $y=x^2+4x-k$

$=(x+2)^2-4-k$

에서 최솟값이 -2이므로 $-4-k=-2$

$\therefore k=-2$

11 $y=-x^2-2x+k+3$

$=-(x+1)^2+k+4$

에서 최댓값이 1이므로 $k+4=1$

$\therefore k=-3$

12 $y=-2x^2+16x+k$

$=-2(x-4)^2+32+k$

에서 최댓값이 20이므로 $32+k=20$

$\therefore k=-12$

13 $y=x^2-2x+k$

$=(x-1)^2+k-1$

에서 최솟값이 -4이므로 $k-1=-4$

$\therefore k=-3$

14 $y=-\dfrac{1}{2}x^2+4x+k$

$=-\dfrac{1}{2}(x-4)^2+8+k$

에서 최댓값이 8이므로 $8+k=8$

$\therefore k=0$

15 $y=x^2-2kx+11$

$=(x-k)^2-k^2+11$

에서 최솟값이 2이므로 $-k^2+11=2$

$k^2=9$ $\quad\therefore k=\pm3$

16 $y=-x^2+6kx+12k$

$=-(x-3k)^2+9k^2+12k$

에서 최댓값이 12이므로 $9k^2+12k=12$

$3k^2+4k-4=0$, $(k+2)(3k-2)=0$

$\therefore k=-2$ 또는 $k=\dfrac{2}{3}$

17 $x=1$일 때, 최솟값 -4를 가지므로 꼭짓점은 $(1,\ -4)$이다.

$y=a(x-1)^2-4$에 점 $(3,\ 8)$을 대입하면

$4a-4=8$ $\quad\therefore a=3$

따라서 $y=3(x-1)^2-4=3x^2-6x-1$이므로

$b=-6,\ c=-1$

$\therefore a+b-c=3+(-6)-(-1)=-2$

14 제한된 범위에서 이차함수의 최대, 최소 _{본문 81쪽}

02 $f(x)=x^2+2x+2=(x+1)^2+1$에서

꼭짓점의 x좌표 -1이 $-4\leq x\leq-2$에 속하지 않고

$f(-4)=10$, $f(-2)=2$이므로

최댓값은 10, 최솟값은 2이다.

03 꼭짓점의 x좌표 -1이 $-2\leq x\leq0$에 속하고

$f(-2)=2$, $f(0)=2$, $f(-1)=1$이므로

최댓값은 2, 최솟값은 1이다.

04 꼭짓점의 x좌표 -1이 $0\leq x\leq2$에 속하지 않고

$f(0)=2$, $f(2)=10$이므로

최댓값은 10, 최솟값은 2이다.

05 $f(x)=x^2-4x+1=(x-2)^2-3$에서

꼭짓점의 x좌표 2가 $-2\leq x\leq0$에 속하지 않고

$f(-2)=13$, $f(0)=1$이므로

최댓값은 13, 최솟값은 1이다.

06 꼭짓점의 x좌표 2가 $-2\leq x\leq2$에 속하고

$f(-2)=13$, $f(2)=-3$이므로

최댓값은 13, 최솟값은 -3이다.

07 꼭짓점의 x좌표 2가 $-1\leq x\leq1$에 속하지 않고

$f(-1)=6$, $f(1)=-2$이므로

최댓값은 6, 최솟값은 -2이다.

08 꼭짓점의 x좌표 2가 $0\leq x\leq2$에 속하고

$f(0)=1$, $f(2)=-3$이므로

최댓값은 1, 최솟값은 -3이다.

09 꼭짓점의 x좌표 2가 $0\leq x\leq4$에 속하고

$f(0)=1$, $f(4)=1$, $f(2)=-3$이므로

최댓값은 1, 최솟값은 -3이다.

10 꼭짓점의 x좌표 2가 $1\leq x\leq5$에 속하고

$f(1)=-2$, $f(5)=6$, $f(2)=-3$이므로

최댓값은 6, 최솟값은 -3이다.

11 $f(x)=-x^2+2x+5=-(x-1)^2+6$에서

꼭짓점의 x좌표 1이 $-3\leq x\leq-1$에 속하지 않고

$f(-3)=-10$, $f(-1)=2$이므로

최댓값은 2, 최솟값은 -10이다.

12 꼭짓점의 x좌표 1이 $-2\leq x\leq1$에 속하고

$f(-2)=-3$, $f(1)=6$이므로

최댓값은 6, 최솟값은 -3이다.

13 꼭짓점의 x좌표 1이 $-1\leq x\leq2$에 속하고

$f(-1)=2$, $f(2)=5$, $f(1)=6$이므로

최댓값은 6, 최솟값은 2이다.

14 꼭짓점의 x좌표 1이 $0\leq x\leq2$에 속하고

$f(0)=5$, $f(2)=5$, $f(1)=6$이므로

최댓값은 6, 최솟값은 5이다.

15 꼭짓점의 x좌표 1이 $1\leq x\leq3$에 속하고

$f(1)=6$, $f(3)=2$이므로

최댓값은 6, 최솟값은 2이다.

16 꼭짓점의 x좌표 1이 $2\leq x\leq4$에 속하지 않고

$f(2)=5$, $f(4)=-3$이므로

최댓값은 5, 최솟값은 -3이다.

17 $f(x)=-x^2-6x+1=-(x+3)^2+10$에서

꼭짓점의 x좌표 -3이 $-6\leq x\leq-4$에 속하지 않고

$f(-6)=1$, $f(-4)=9$이므로

최댓값은 9, 최솟값은 1이다.

18 꼭짓점의 x좌표 -3이 $-6 \leq x \leq -2$에 속하고
$f(-6)=1$, $f(-2)=9$, $f(-3)=10$이므로
최댓값은 10, 최솟값은 1이다.

19 꼭짓점의 x좌표 -3이 $-5 \leq x \leq -1$에 속하고
$f(-5)=6$, $f(-1)=6$, $f(-3)=10$이므로
최댓값은 10, 최솟값은 6이다.

20 꼭짓점의 x좌표 -3이 $-4 \leq x \leq 0$에 속하고
$f(-4)=9$, $f(0)=1$, $f(-3)=10$이므로
최댓값은 10, 최솟값은 1이다.

21 꼭짓점의 x좌표 -3이 $-3 \leq x \leq 1$에 속하고
$f(-3)=10$, $f(1)=-6$이므로
최댓값은 10, 최솟값은 -6이다.

22 $f(x)=x^2+2x+a=(x+1)^2+a-1$
$b<-1$이므로 꼭짓점의 x좌표 -1은 $b \leq x \leq 0$에 속한다.
따라서 $x=-1$일 때 최솟값 -1을 가지므로
$f(-1)=a-1=-1$ $\therefore a=0$
이때 $f(x)=x^2+2x$이고 $f(0)=0$이므로 $f(b)$가 최댓값이다.
즉, $f(b)=b^2+2b=3$에서 $b^2+2b-3=0$
$(b+3)(b-1)=0$ $\therefore b=-3\ (\because b<-1)$
$\therefore a+b=0-3=-3$

23 세로의 길이가 x m이면 가로의 길이는 $(12-2x)$m이다.

24 $x>0$, $12-2x>0$이므로
$0<x<6$

25 직사각형의 넓이는 (가로의 길이)$\times$(세로의 길이)이므로
$y=x(12-2x)$

26 $y=x(12-2x)$
$\quad =-2x^2+12x$
$\quad =-2(x-3)^2+18$
이므로 $0<x<6$에서 최댓값은 $x=3$일 때 18이다.
따라서 구하는 바닥의 넓이의 최댓값은 18 m^2이다.

27 바닥의 넓이가 최대일 때, 세로의 길이는 $x=3(\text{m})$이므로
가로의 길이는 $12-2x=6(\text{m})$

28 세로의 길이가 x cm이면 가로의 길이는 $(20-2x)$cm이다.

29 $x>0$, $20-2x>0$이므로
$0<x<10$

30 직사각형의 넓이는 (가로의 길이)$\times$(세로의 길이)이므로
$y=x(20-2x)$

31 $y=x(20-2x)$
$\quad =-2x^2+20x$
$\quad =-2(x-5)^2+50$
이므로 $0<x<10$에서 최댓값은 $x=5$일 때 50이다.
따라서 어둡게 표시된 단면의 넓이의 최댓값은 50 cm^2이다.

32 단면의 최대 넓이는 $x=5(\text{cm})$일 때 50 cm^2이므로 양쪽을 각각 5 cm씩 접어야 한다.

33 $\overline{\text{AP}}=x$이면 $\overline{\text{BP}}=20-x$이다.

34 $x>0$, $20-x>0$이므로
$0<x<20$

35 두 정사각형의 넓이의 합을 $S(x)$라 하면
$S(x)=x^2+(20-x)^2$
$\quad\quad =2x^2-40x+400$
$\quad\quad =2(x-10)^2+200$
이므로 $0<x<20$에서 $x=10$일 때 $S(x)$의 최솟값은 200이다.

36 $2x+y^2=1$에서 $y^2=1-2x$ $\cdots\cdots$ ㉠

y가 실수이므로 $y^2=1-2x \geq 0$
$\therefore x \leq \dfrac{1}{2}$
㉠을 x^2+y^2-2x에 대입하면
$x^2+y^2-2x=x^2+1-2x-2x=x^2-4x+1$
$\quad\quad\quad\quad\quad =(x-2)^2-3$
$f(x)=(x-2)^2-3$으로 놓으면
$x \leq \dfrac{1}{2}$에서 함수 $y=f(x)$는 $x=\dfrac{1}{2}$일 때 최솟값을 갖는다.
따라서 구하는 최솟값은 $\left(\dfrac{1}{2}-2\right)^2-3=-\dfrac{3}{4}$

15 삼차방정식과 사차방정식 (1) 본문 **85**쪽

02 $x^3+8=0$에서
$(x+2)(x^2-2x+4)=0$
$x+2=0$ 또는 $x^2-2x+4=0$
$\therefore x=-2$ 또는 $x=1\pm\sqrt{3}i$

03 $x^3+27=0$에서
$(x+3)(x^2-3x+9)=0$
$x+3=0$ 또는 $x^2-3x+9=0$
$\therefore x=-3$ 또는 $x=\dfrac{3\pm3\sqrt{3}\,i}{2}$

04 인수분해 공식 $a^3-b^3=(a-b)(a^2+ab+b^2)$을 이용하여 주어진 방정식의 좌변을 인수분해하면
$(x-1)(x^2+x+1)=0$
$x-1=0$ 또는 $x^2+x+1=0$
$\therefore x=1$ 또는 $x=\dfrac{-1\pm\sqrt{3}\,i}{2}$

05 $x^3-8=0$에서
$(x-2)(x^2+2x+4)=0$
$x-2=0$ 또는 $x^2+2x+4=0$
$\therefore x=2$ 또는 $x=-1\pm\sqrt{3}i$

06 $x^3-27=0$에서
$(x-3)(x^2+3x+9)=0$
$x-3=0$ 또는 $x^2+3x+9=0$
$\therefore x=3$ 또는 $x=\dfrac{-3\pm3\sqrt{3}\,i}{2}$

07 $x^3-2x^2=0$에서
$x^2(x-2)=0$
$\therefore x=0$ 또는 $x=2$

08 $x^3-4x=0$에서
$x(x^2-4)=0$
$x(x+2)(x-2)=0$
$\therefore x=0$ 또는 $x=-2$ 또는 $x=2$

09 $x^3-x^2-6x=0$에서
$x(x^2-x-6)=0$
$x(x+2)(x-3)=0$
$\therefore x=0$ 또는 $x=-2$ 또는 $x=3$

10 $x^3+x^2-42x=0$에서
$x(x^2+x-42)=0$
$x(x-6)(x+7)=0$
$\therefore x=0$ 또는 $x=6$ 또는 $x=-7$

11 $x^3-2x^2-x+2=0$에서
$x^2(x-2)-(x-2)=0$
$(x-2)(x^2-1)=0$
$(x-2)(x+1)(x-1)=0$
$\therefore x=2$ 또는 $x=-1$ 또는 $x=1$

12 $x^4-1=0$에서
$(x^2-1)(x^2+1)=0$
$(x+1)(x-1)(x^2+1)=0$
$\therefore x=\pm1$ 또는 $x=\pm i$

13 $x^4-16=0$에서
$(x^2-4)(x^2+4)=0$
$(x+2)(x-2)(x^2+4)=0$
$\therefore x=\pm2$ 또는 $x=\pm2i$

14 $x^4-9x^2=0$에서
$x^2(x^2-9)=0$
$x^2(x+3)(x-3)=0$
$\therefore x=0$ 또는 $x=-3$ 또는 $x=3$

15 $x^4+x=0$에서
$x(x^3+1)=0$
$x(x+1)(x^2-x+1)=0$
$\therefore x=0$ 또는 $x=-1$ 또는 $x=\dfrac{1\pm\sqrt{3}\,i}{2}$

16 $x^4-3x^3-x+3=0$에서
$x^3(x-3)-(x-3)=0$
$(x-3)(x^3-1)=0$
$(x-3)(x-1)(x^2+x+1)=0$
$\therefore x=3$ 또는 $x=1$ 또는 $x=\dfrac{-1\pm\sqrt{3}\,i}{2}$
따라서 구하는 정수근의 합은 $3+1=4$

18 $f(x)=x^3-3x+2$로 놓으면
$f(1)=0$이므로 조립제법을 이용하
여 $f(x)$를 인수분해하면

	1	1	0	-3	2
			1	1	-2
		1	1	-2	0

$f(x)=(x-1)(x^2+x-2)$
$\qquad=(x-1)(x-1)(x+2)$
$\qquad=(x-1)^2(x+2)$
즉, 주어진 방정식은 $(x-1)^2(x+2)=0$
$\therefore x=1$ 또는 $x=-2$

19 $f(x)=x^3+6x^2+11x+6$으로
놓으면 $f(-1)=0$이므로
조립제법을 이용하여 $f(x)$를
인수분해하면

	1	6	11	6
-1		-1	-5	-6
	1	5	6	0

$f(x)=(x+1)(x^2+5x+6)=(x+1)(x+2)(x+3)$

즉, 주어진 방정식은 $(x+1)(x+2)(x+3)=0$
$\therefore x=-1$ 또는 $x=-2$ 또는 $x=-3$

20 $f(x)=x^3+2x^2-5x+2$로 놓으면
$f(1)=0$이므로 조립제법을 이용하
여 $f(x)$를 인수분해하면

	1	2	-5	2
1		1	3	-2
	1	3	-2	0

$f(x)=(x-1)(x^2+3x-2)$
즉, 주어진 방정식은 $(x-1)(x^2+3x-2)=0$
$\therefore x=1$ 또는 $x=\dfrac{-3\pm\sqrt{17}}{2}$

21 $f(x)=x^3-x^2-6x+8$로 놓으면
$f(2)=0$이므로 조립제법을
이용하여 $f(x)$를 인수분해하면

	1	-1	-6	8
2		2	2	-8
	1	1	-4	0

$f(x)=(x-2)(x^2+x-4)$
즉, 주어진 방정식은 $(x-2)(x^2+x-4)=0$
$\therefore x=2$ 또는 $x=\dfrac{-1\pm\sqrt{17}}{2}$

22 $f(x)=x^3+5x^2-2x-6$으로
놓으면 $f(-1)=0$이므로
조립제법을 이용하여 $f(x)$를
인수분해하면

	1	5	-2	-6
-1		-1	-4	6
	1	4	-6	0

$f(x)=(x+1)(x^2+4x-6)$
즉, 주어진 방정식은 $(x+1)(x^2+4x-6)=0$
$\therefore x=-1$ 또는 $x=-2\pm\sqrt{10}$

23 $f(x)=x^3-x^2+2x-8$로 놓으면
$f(2)=0$이므로 조립제법을 이용하
여 $f(x)$를 인수분해하면

	1	-1	2	-8
2		2	2	8
	1	1	4	0

$f(x)=(x-2)(x^2+x+4)$
즉, 주어진 방정식은 $(x-2)(x^2+x+4)=0$
$\therefore x=2$ 또는 $x=\dfrac{-1\pm\sqrt{15}\,i}{2}$

24 $f(x)=x^3-3x^2-6x+8$로 놓으
면 $f(1)=0$이므로 조립제법을 이
용하여 $f(x)$를 인수분해하면

	1	-3	-6	8
1		1	-2	-8
	1	-2	-8	0

$f(x)=(x-1)(x^2-2x-8)$
$\qquad=(x-1)(x+2)(x-4)$
즉, 주어진 방정식은 $(x-1)(x+2)(x-4)=0$
$\therefore x=1$ 또는 $x=-2$ 또는 $x=4$
따라서 구하는 합은 $1+2+4=7$

25 $f(x)=x^4-3x^3+x^2+3x-2$로 놓으면
$f(1)=0$, $f(2)=0$이므로 $x-1$, $x-2$는 $f(x)$의 인수이다.
조립제법을 이용하여 $f(x)$를 인수분해하면

	1	-3	1	3	-2
1		1	-2	-1	2
2	1	-2	-1	2	0
		2	0	-2	
	1	0	-1	0	

$f(x)=(x-1)(x-2)(x^2-1)$
$\qquad=(x-1)(x-2)(x-1)(x+1)$
$\qquad=(x-1)^2(x+1)(x-2)$
즉, 주어진 방정식은 $(x-1)^2(x+1)(x-2)=0$
$\therefore x=1$ 또는 $x=-1$ 또는 $x=2$

26 $f(x)=x^4-3x^3+3x^2+x-6$으로 놓으면
$f(-1)=0, f(2)=0$이므로 조립제법을 이용하여 $f(x)$를
인수분해하면

$$
\begin{array}{r|rrrrr}
-1 & 1 & -3 & 3 & 1 & -6 \\
   &   & -1 & 4 & -7 & 6 \\
\hline
2 & 1 & -4 & 7 & -6 & \boxed{0} \\
  &   & 2 & -4 & 6 & \\
\hline
  & 1 & -2 & 3 & \boxed{0} &
\end{array}
$$

$f(x)=(x+1)(x-2)(x^2-2x+3)$
즉, 주어진 방정식은 $(x+1)(x-2)(x^2-2x+3)=0$
$\therefore x=-1$ 또는 $x=2$ 또는 $x=1\pm\sqrt{2}\,i$

27 $f(x)=x^4-2x^3-x+2$로 놓으면
$f(1)=0, f(2)=0$이므로 조립제법을 이용하여 $f(x)$를 인수
분해하면

$$
\begin{array}{r|rrrrr}
1 & 1 & -2 & 0 & -1 & 2 \\
  &   & 1 & -1 & -1 & -2 \\
\hline
2 & 1 & -1 & -1 & -2 & \boxed{0} \\
  &   & 2 & 2 & 2 & \\
\hline
  & 1 & 1 & 1 & \boxed{0} &
\end{array}
$$

$f(x)=(x-1)(x-2)(x^2+x+1)$
즉, 주어진 방정식은 $(x-1)(x-2)(x^2+x+1)=0$
$\therefore x=1$ 또는 $x=2$ 또는 $x=\dfrac{-1\pm\sqrt{3}\,i}{2}$

28 $f(x)=x^4+x^3-x^2-7x-6$으로 놓으면
$f(-1)=0, f(2)=0$이므로 조립제법을 이용하여 $f(x)$를
인수분해하면

$$
\begin{array}{r|rrrrr}
-1 & 1 & 1 & -1 & -7 & -6 \\
   &   & -1 & 0 & 1 & 6 \\
\hline
2 & 1 & 0 & -1 & -6 & \boxed{0} \\
  &   & 2 & 4 & 6 & \\
\hline
  & 1 & 2 & 3 & \boxed{0} &
\end{array}
$$

$f(x)=(x+1)(x-2)(x^2+2x+3)$
즉, 주어진 방정식은 $(x+1)(x-2)(x^2+2x+3)=0$
$\therefore x=-1$ 또는 $x=2$ 또는 $x=-1\pm\sqrt{2}\,i$

29 $f(x)=x^4-5x-6$으로 놓으면
$f(-1)=0, f(2)=0$이므로 조립제법을 이용하여 $f(x)$를 인
수분해하면

$$
\begin{array}{r|rrrrr}
-1 & 1 & 0 & 0 & -5 & -6 \\
   &   & -1 & 1 & -1 & 6 \\
\hline
2 & 1 & -1 & 1 & -6 & \boxed{0} \\
  &   & 2 & 2 & 6 & \\
\hline
  & 1 & 1 & 3 & \boxed{0} &
\end{array}
$$

$f(x)=(x+1)(x-2)(x^2+x+3)$
즉, 주어진 방정식은 $(x+1)(x-2)(x^2+x+3)=0$
$\therefore x=-1$ 또는 $x=2$ 또는 $x=\dfrac{-1\pm\sqrt{11}\,i}{2}$

30 $f(x)=x^4-4x+3$으로 놓으면
$f(1)=0$이므로 조립제법을 이용하여 $f(x)$를 인수분해하면

$$
\begin{array}{r|rrrrr}
1 & 1 & 0 & 0 & -4 & 3 \\
  &   & 1 & 1 & 1 & -3 \\
\hline
1 & 1 & 1 & 1 & -3 & \boxed{0} \\
  &   & 1 & 2 & 3 & \\
\hline
  & 1 & 2 & 3 & \boxed{0} &
\end{array}
$$

$f(x)=(x-1)^2(x^2+2x+3)$
즉, 주어진 방정식은 $(x-1)^2(x^2+2x+3)=0$
$\therefore x=1$ 또는 $x=-1\pm\sqrt{2}\,i$

31 $f(x)=x^3-(2k+1)x+2k$로
놓으면 $f(1)=0$이므로
조립제법을 이용하여 $f(x)$를
인수분해하면

$$
\begin{array}{r|rrrr}
1 & 1 & 0 & -2k-1 & 2k \\
  &   & 1 & 1 & -2k \\
\hline
  & 1 & 1 & -2k & \boxed{0}
\end{array}
$$

$f(x)=(x-1)(x^2+x-2k)$
즉, 주어진 방정식은 $(x-1)(x^2+x-2k)=0$
$\therefore x=1$ 또는 $x^2+x-2k=0$
이때 $x^2+x-2k=0$도 실근을 가져야 하므로
$D=1+8k\geq0$ $\therefore k\geq-\dfrac{1}{8}$

16 삼차방정식과 사차방정식 (2) 본문 89쪽

02 $x^2-3=X$로 치환하면
$(x^2-3)^2+3(x^2-3)+2=0$에서
$X^2+3X+2=0, (X+1)(X+2)=0$
$\therefore X=-1$ 또는 $X=-2$
(i) $X=-1$, 즉 $x^2-3=-1$일 때
  $x^2=2$ $\therefore x=\pm\sqrt{2}$
(ii) $X=-2$, 즉 $x^2-3=-2$일 때
  $x^2=1$ $\therefore x=\pm1$
(i), (ii)에서 $x=\pm1$ 또는 $x=\pm\sqrt{2}$

03 $x^2+4x=X$로 치환하면
$(x^2+4x)^2-2(x^2+4x)-15=0$에서
$X^2-2X-15=0, (X+3)(X-5)=0$
$\therefore X=-3$ 또는 $X=5$
(i) $X=-3$, 즉 $x^2+4x=-3$일 때
  $x^2+4x+3=0, (x+1)(x+3)=0$
  $\therefore x=-1$ 또는 $x=-3$
(ii) $X=5$, 즉 $x^2+4x=5$일 때
  $x^2+4x-5=0, (x-1)(x+5)=0$
  $\therefore x=1$ 또는 $x=-5$
(i), (ii)에서 $x=-5$ 또는 $x=-3$ 또는 $x=-1$ 또는 $x=1$

04 $x^2+x=X$로 치환하면
$(x^2+x)^2-6(x^2+x)+8=0$에서
$X^2-6X+8=0, (X-2)(X-4)=0$
$\therefore X=2$ 또는 $X=4$
(i) $X=2$, 즉 $x^2+x=2$일 때
  $x^2+x-2=0, (x-1)(x+2)=0$
  $\therefore x=1$ 또는 $x=-2$
(ii) $X=4$, 즉 $x^2+x=4$일 때
  $x^2+x-4=0$ $\therefore x=\dfrac{-1\pm\sqrt{17}}{2}$

(i), (ii)에서 $x=-2$ 또는 $x=1$ 또는 $x=\dfrac{-1\pm\sqrt{17}}{2}$

05 $x^2+3x=X$로 치환하면
$(x^2+3x+1)(x^2+3x-1)-3=0$에서
$(X+1)(X-1)-3=0$
$X^2-4=0,\ X^2=4$
$\therefore X=\pm2$
(i) $X=-2$, 즉 $x^2+3x=-2$일 때
　$x^2+3x+2=0,\ (x+1)(x+2)=0$
　$\therefore x=-1$ 또는 $x=-2$
(ii) $X=2$, 즉 $x^2+3x=2$일 때
　$x^2+3x-2=0$　$\therefore x=\dfrac{-3\pm\sqrt{17}}{2}$
(i), (ii)에서 $x=-2$ 또는 $x=-1$ 또는 $x=\dfrac{-3\pm\sqrt{17}}{2}$

06 $x^2+2x=X$로 치환하면
$(x^2+2x+3)(x^2+2x+5)-15=0$에서
$(X+3)(X+5)-15=0$
$X^2+8X=0,\ X(X+8)=0$
$\therefore X=0$ 또는 $X=-8$
(i) $X=0$, 즉 $x^2+2x=0$일 때
　$x(x+2)=0$
　$\therefore x=0$ 또는 $x=-2$
(ii) $X=-8$, 즉 $x^2+2x=-8$일 때
　$x^2+2x+8=0$　$\therefore x=-1\pm\sqrt{7}i$
(i), (ii)에서 $x=-2$ 또는 $x=0$ 또는 $x=-1\pm\sqrt{7}i$

07 $x^2-x=X$로 치환하면
$(x^2-x+1)(x^2-x+2)-2=0$에서
$(X+1)(X+2)-2=0$
$X^2+3X=0,\ X(X+3)=0$
$\therefore X=0$ 또는 $X=-3$
(i) $X=0$, 즉 $x^2-x=0$일 때
　$x(x-1)=0$
　$\therefore x=0$ 또는 $x=1$
(ii) $X=-3$, 즉 $x^2-x=-3$일 때
　$x^2-x+3=0$　$\therefore x=\dfrac{1\pm\sqrt{11}\,i}{2}$
(i), (ii)에서 $x=0$ 또는 $x=1$ 또는 $x=\dfrac{1\pm\sqrt{11}\,i}{2}$

08 $x(x-1)(x+1)(x+2)-24=0$에서
$\{x(x+1)\}\{(x-1)(x+2)\}-24=0$
$(x^2+x)(x^2+x-2)-24=0$
$x^2+x=X$로 치환하면 $X(X-2)-24=0$
$X^2-2X-24=0,\ (X+4)(X-6)=0$
$\therefore X=-4$ 또는 $X=6$
(i) $X=-4$, 즉 $x^2+x=-4$일 때
　$x^2+x+4=0$　$\therefore x=\dfrac{-1\pm\sqrt{15}\,i}{2}$
(ii) $X=6$, 즉 $x^2+x=6$일 때
　$x^2+x-6=0,\ (x-2)(x+3)=0$
　$\therefore x=2$ 또는 $x=-3$

(i), (ii)에서 $x=-3$ 또는 $x=2$ 또는 $x=\dfrac{-1\pm\sqrt{15}\,i}{2}$

09 $(x-1)(x-2)(x+3)(x+4)+4=0$에서
$\{(x-1)(x+3)\}\{(x-2)(x+4)\}+4=0$
$(x^2+2x-3)(x^2+2x-8)+4=0$
$x^2+2x=X$로 치환하면 $(X-3)(X-8)+4=0$
$X^2-11X+28=0,\ (X-4)(X-7)=0$
$\therefore X=4$ 또는 $X=7$
(i) $X=4$, 즉 $x^2+2x=4$일 때
　$x^2+2x-4=0$　$\therefore x=-1\pm\sqrt{5}$
(ii) $X=7$, 즉 $x^2+2x=7$일 때
　$x^2+2x-7=0$　$\therefore x=-1\pm2\sqrt{2}$
(i), (ii)에서 $x=-1\pm\sqrt{5}$ 또는 $x=-1\pm2\sqrt{2}$

10 $x(x-1)(x-2)(x-3)+1=0$에서
$\{x(x-3)\}\{(x-1)(x-2)\}+1=0$
$(x^2-3x)(x^2-3x+2)+1=0$
$x^2-3x=X$로 치환하면 $X(X+2)+1=0$
$X^2+2X+1=0,\ (X+1)^2=0$
$\therefore X=-1(중근)$
즉, $x^2-3x=-1$이므로 $x^2-3x+1=0$
$\therefore x=\dfrac{3\pm\sqrt{5}}{2}$

12 $x^2=X$로 치환하면
$x^4-4x^2+3=0$에서
$X^2-4X+3=0,\ (X-1)(X-3)=0$
$\therefore X=1$ 또는 $X=3$
(i) $X=1$, 즉 $x^2=1$일 때 $x=\pm1$
(ii) $X=3$, 즉 $x^2=3$일 때 $x=\pm\sqrt{3}$
(i), (ii)에서 $x=\pm1$ 또는 $x=\pm\sqrt{3}$

13 $x^2=X$로 치환하면
$x^4-x^2-12=0$에서
$X^2-X-12=0,\ (X+3)(X-4)=0$
$\therefore X=-3$ 또는 $X=4$
(i) $X=-3$, 즉 $x^2=-3$일 때 $x=\pm\sqrt{3}i$
(ii) $X=4$, 즉 $x^2=4$일 때 $x=\pm2$
(i), (ii)에서 $x=\pm\sqrt{3}i$ 또는 $x=\pm2$

14 $x^2=X$로 치환하면
$x^4-5x^2+6=0$에서
$X^2-5X+6=0,\ (X-2)(X-3)=0$
$\therefore X=2$ 또는 $X=3$
(i) $X=2$, 즉 $x^2=2$일 때 $x=\pm\sqrt{2}$
(ii) $X=3$, 즉 $x^2=3$일 때 $x=\pm\sqrt{3}$
(i), (ii)에서 $x=\pm\sqrt{2}$ 또는 $x=\pm\sqrt{3}$

15 $x^4+3x^2+4=0$에서
$(x^4+4x^2+4)-x^2=0$
$(x^2+2)^2-x^2=0$
$(x^2+x+2)(x^2-x+2)=0$
$\therefore x=\dfrac{-1\pm\sqrt{7}\,i}{2}$ 또는 $x=\dfrac{1\pm\sqrt{7}\,i}{2}$

16 $x^4+4=0$에서

$(x^4+4x^2+4)-4x^2=0$

$(x^2+2)^2-(2x)^2=0$

$(x^2+2x+2)(x^2-2x+2)=0$

$\therefore x=-1\pm i$ 또는 $x=1\pm i$

17 $x^4+2x^2+9=0$에서

$(x^4+6x^2+9)-4x^2=0$

$(x^2+3)^2-(2x)^2=0$

$(x^2+2x+3)(x^2-2x+3)=0$

$\therefore x=-1\pm\sqrt{2}i$ 또는 $x=1\pm\sqrt{2}i$

18 $x^4-11x^2+1=0$에서

$(x^4-2x^2+1)-9x^2=0$

$(x^2-1)^2-(3x)^2=0$

$(x^2+3x-1)(x^2-3x-1)=0$

$\therefore x=\dfrac{-3\pm\sqrt{13}}{2}$ 또는 $x=\dfrac{3\pm\sqrt{13}}{2}$

19 $x^4+2x^2-3=0$에서

$(x^4+2x^2+1)-4=0$

$(x^2+1)^2-2^2=0$

$(x^2+1+2)(x^2+1-2)=0$

$(x^2+3)(x^2-1)=0$

$\therefore x=\pm\sqrt{3}i$ 또는 $x=\pm1$

21 $x\neq0$이므로 주어진 방정식의 양변을 x^2으로 나누면

$x^2+5x+6+\dfrac{5}{x}+\dfrac{1}{x^2}=0,\ \left(x^2+\dfrac{1}{x^2}\right)+5\left(x+\dfrac{1}{x}\right)+6=0$

$\left(x+\dfrac{1}{x}\right)^2+5\left(x+\dfrac{1}{x}\right)+4=0$

$x+\dfrac{1}{x}=X$로 치환하면 $X^2+5X+4=0$

$(X+1)(X+4)=0$ $\therefore X=-1$ 또는 $X=-4$

(i) $X=-1$, 즉 $x+\dfrac{1}{x}=-1$일 때

　$x+\dfrac{1}{x}+1=0,\ x^2+x+1=0$

　$\therefore x=\dfrac{-1\pm\sqrt{3}i}{2}$

(ii) $X=-4$, 즉 $x+\dfrac{1}{x}=-4$일 때

　$x+\dfrac{1}{x}+4=0,\ x^2+4x+1=0$

　$\therefore x=-2\pm\sqrt{3}$

(i), (ii)에서 $x=\dfrac{-1\pm\sqrt{3}i}{2}$ 또는 $x=-2\pm\sqrt{3}$

22 $x\neq0$이므로 주어진 방정식의 양변을 x^2으로 나누면

$x^2+4x+6+\dfrac{4}{x}+\dfrac{1}{x^2}=0,\ \left(x^2+\dfrac{1}{x^2}\right)+4\left(x+\dfrac{1}{x}\right)+6=0$

$\left(x+\dfrac{1}{x}\right)^2+4\left(x+\dfrac{1}{x}\right)+4=0$

$x+\dfrac{1}{x}=X$로 치환하면 $X^2+4X+4=0$

$(X+2)^2=0$ $\therefore X=-2$(중근)

즉, $x+\dfrac{1}{x}=-2$이므로 $x+\dfrac{1}{x}+2=0$에서

$x^2+2x+1=0,\ (x+1)^2=0$

$\therefore x=-1$(중근)

23 $x\neq0$이므로 주어진 방정식의 양변을 x^2으로 나누면

$x^2-2x-1-\dfrac{2}{x}+\dfrac{1}{x^2}=0,\ \left(x^2+\dfrac{1}{x^2}\right)-2\left(x+\dfrac{1}{x}\right)-1=0$

$\left(x+\dfrac{1}{x}\right)^2-2\left(x+\dfrac{1}{x}\right)-3=0$

$x+\dfrac{1}{x}=X$로 치환하면 $X^2-2X-3=0$

$(X+1)(X-3)=0$ $\therefore X=-1$ 또는 $X=3$

(i) $X=-1$, 즉 $x+\dfrac{1}{x}=-1$일 때 $x+\dfrac{1}{x}+1=0$

　$x^2+x+1=0$ $\therefore x=\dfrac{-1\pm\sqrt{3}i}{2}$

(ii) $X=3$, 즉 $x+\dfrac{1}{x}=3$일 때 $x+\dfrac{1}{x}-3=0$

　$x^2-3x+1=0$ $\therefore x=\dfrac{3\pm\sqrt{5}}{2}$

(i), (ii)에서 $x=\dfrac{-1\pm\sqrt{3}i}{2}$ 또는 $x=\dfrac{3\pm\sqrt{5}}{2}$

24 한 근이 1이므로 사차방정식 $x^4+3x^2+a=0$에 대입하면

$1+3+a=0$ $\therefore a=-4$

방정식 $x^4+3x^2-4=0$에서 $x^2=X$로 치환하면

$X^2+3X-4=0,\ (X+4)(X-1)=0$

$(x^2+4)(x^2-1)=0$

$\therefore x=\pm2i$ 또는 $x=\pm1$

17 삼차방정식의 근과 계수의 관계 본문 93쪽

01 $\alpha+\beta+\gamma=-\dfrac{-3}{1}=3$

$\alpha\beta+\beta\gamma+\gamma\alpha=\dfrac{-4}{1}=-4$

$\alpha\beta\gamma=-\dfrac{2}{1}=-2$

13 $\dfrac{1}{\alpha}+\dfrac{1}{\beta}+\dfrac{1}{\gamma}=\dfrac{\alpha\beta+\beta\gamma+\gamma\alpha}{\alpha\beta\gamma}=\dfrac{5}{2}$

14 $\alpha^2+\beta^2+\gamma^2=(\alpha+\beta+\gamma)^2-2(\alpha\beta+\beta\gamma+\gamma\alpha)$

$\qquad\qquad=1^2-2\times5=-9$

15 $(\alpha-1)(\beta-1)(\gamma-1)$

$=\alpha\beta\gamma-(\alpha\beta+\beta\gamma+\gamma\alpha)+(\alpha+\beta+\gamma)-1$

$=2-5+1-1=-3$

16 $\alpha+\beta+\gamma=1$이므로

$(\alpha+\beta)(\beta+\gamma)(\gamma+\alpha)$

$=(1-\gamma)(1-\alpha)(1-\beta)$

$=1-(\alpha+\beta+\gamma)+(\alpha\beta+\beta\gamma+\gamma\alpha)-\alpha\beta\gamma$

$=1-1+5-2=3$

20 $\dfrac{1}{\alpha}+\dfrac{1}{\beta}+\dfrac{1}{\gamma}=\dfrac{\alpha\beta+\beta\gamma+\gamma\alpha}{\alpha\beta\gamma}=\dfrac{-6}{4}=-\dfrac{3}{2}$

21 $\alpha^2+\beta^2+\gamma^2=(\alpha+\beta+\gamma)^2-2(\alpha\beta+\beta\gamma+\gamma\alpha)$

$\qquad\qquad=0-2\times(-6)=12$

22 $(\alpha-1)(\beta-1)(\gamma-1)$
$=\alpha\beta\gamma-(\alpha\beta+\beta\gamma+\gamma\alpha)+(\alpha+\beta+\gamma)-1$
$=4-(-6)+0-1=9$

23 삼차방정식의 근과 계수의 관계에 의하여
$\alpha+\beta+\gamma=3,\ \alpha\beta+\beta\gamma+\gamma\alpha=6,\ \alpha\beta\gamma=10$
$\therefore\ (\alpha+\beta)(\beta+\gamma)(\gamma+\alpha)$
$=(3-\gamma)(3-\alpha)(3-\beta)$
$=3^3-(\alpha+\beta+\gamma)\cdot 3^2+(\alpha\beta+\beta\gamma+\gamma\alpha)\cdot 3-\alpha\beta\gamma$
$=3^3-3\cdot 3^2+6\cdot 3-10$
$=27-27+18-10=8$

25 (세 근의 합)$=1+2+3=6$
(두 근끼리의 곱의 합)$=2+6+3=11$
(세 근의 곱)$=1\times 2\times 3=6$
따라서 구하는 삼차방정식은 $x^3-6x^2+11x-6=0$

26 (세 근의 합)$=1+(1+\sqrt{2})+(1-\sqrt{2})=3$
(두 근끼리의 곱의 합)
$=1+\sqrt{2}+(1+\sqrt{2})(1-\sqrt{2})+1-\sqrt{2}=1$
(세 근의 곱)$=1\cdot(1+\sqrt{2})(1-\sqrt{2})=-1$
따라서 구하는 삼차방정식은 $x^3-3x^2+x+1=0$

27 (세 근의 합)$=-1+i+(-i)=-1$
(두 근끼리의 곱의 합)$=-i-i^2+i=1$
(세 근의 곱)$=-1\cdot i\cdot(-i)=-1$
따라서 구하는 삼차방정식은 $x^3+x^2+x+1=0$

28 (세 근의 합)$=2+(1+i)+(1-i)=4$
(두 근끼리의 곱의 합)
$=2(1+i)+(1+i)(1-i)+2(1-i)=6$
(세 근의 곱)$=2(1+i)(1-i)=4$
따라서 구하는 삼차방정식은 $x^3-4x^2+6x-4=0$

29 $\alpha+\beta+\gamma=0,\ \alpha\beta+\beta\gamma+\gamma\alpha=1,\ \alpha\beta\gamma=1$이므로
(세 근의 합)$=(-\alpha)+(-\beta)+(-\gamma)=-(\alpha+\beta+\gamma)=0$
(두 근끼리의 곱의 합)$=\alpha\beta+\beta\gamma+\gamma\alpha=1$
(세 근의 곱)$=(-\alpha)\cdot(-\beta)\cdot(-\gamma)=-\alpha\beta\gamma=-1$
따라서 구하는 삼차방정식은 $x^3+x+1=0$

30 (세 근의 합)$=(\alpha+1)+(\beta+1)+(\gamma+1)$
$=\alpha+\beta+\gamma+3=3$
(두 근끼리의 곱의 합)
$=(\alpha+1)(\beta+1)+(\beta+1)(\gamma+1)+(\gamma+1)(\alpha+1)$
$=\alpha\beta+\beta\gamma+\gamma\alpha+2(\alpha+\beta+\gamma)+3$
$=1+0+3=4$
(세 근의 곱)$=(\alpha+1)(\beta+1)(\gamma+1)$
$=\alpha\beta\gamma+(\alpha\beta+\beta\gamma+\gamma\alpha)+(\alpha+\beta+\gamma)+1$
$=1+1+0+1=3$
따라서 구하는 삼차방정식은 $x^3-3x^2+4x-3=0$

31 (세 근의 합)$=\dfrac{1}{\alpha}+\dfrac{1}{\beta}+\dfrac{1}{\gamma}=\dfrac{\alpha\beta+\beta\gamma+\gamma\alpha}{\alpha\beta\gamma}=1$
(두 근끼리의 곱의 합)$=\dfrac{1}{\alpha}\cdot\dfrac{1}{\beta}+\dfrac{1}{\beta}\cdot\dfrac{1}{\gamma}+\dfrac{1}{\gamma}\cdot\dfrac{1}{\alpha}$
$=\dfrac{\alpha+\beta+\gamma}{\alpha\beta\gamma}=0$
(세 근의 곱)$=\dfrac{1}{\alpha}\cdot\dfrac{1}{\beta}\cdot\dfrac{1}{\gamma}=\dfrac{1}{\alpha\beta\gamma}=1$

따라서 구하는 삼차방정식은 $x^3-x^2-1=0$

32 $\alpha+\beta+\gamma=0$에서
$\alpha+\beta=-\gamma,\ \beta+\gamma=-\alpha,\ \gamma+\alpha=-\beta$이므로
구하는 방정식은 $-\alpha,\ -\beta,\ -\gamma$를 세 근으로 하는 방정식과 같다.
$\therefore\ x^3+x+1=0$

33 $\alpha\beta\gamma=1$에서 $\alpha\beta=\dfrac{1}{\gamma},\ \beta\gamma=\dfrac{1}{\alpha},\ \gamma\alpha=\dfrac{1}{\beta}$이므로

구하는 방정식은 $\dfrac{1}{\alpha},\ \dfrac{1}{\beta},\ \dfrac{1}{\gamma}$을 세 근으로 하는 방정식과 같다.
$\therefore\ x^3-x^2-1=0$

35 주어진 삼차방정식의 세 근이 $-2,\ 1+\sqrt{2},\ 1-\sqrt{2}$이므로
근과 계수의 관계에 의하여
$a=-2(1+\sqrt{2})+(1+\sqrt{2})(1-\sqrt{2})-2(1-\sqrt{2})=-5$
$-b=-2(1+\sqrt{2})(1-\sqrt{2})=2\quad\therefore\ b=-2$
$\therefore\ a+b=-5-2=-7$

36 $a,\ b$가 유리수이고 주어진 삼차방정식의 한 근이 $2+\sqrt{3}$이므로 다른 한 근은 $2-\sqrt{3}$이다.
나머지 한 근을 α라고 하면 근과 계수의 관계에 의하여
$\alpha(2+\sqrt{3})(2-\sqrt{3})=3$이므로 $\alpha=3$
따라서 나머지 두 근은 $3,\ 2-\sqrt{3}$이다.

37 주어진 삼차방정식의 세 근이 $3,\ 2+\sqrt{3},\ 2-\sqrt{3}$이므로
근과 계수의 관계에 의하여
$-a=3+(2+\sqrt{3})+(2-\sqrt{3})=7\quad\therefore\ a=-7$
$b=3(2+\sqrt{3})+(2+\sqrt{3})(2-\sqrt{3})+3(2-\sqrt{3})=13$
$\therefore\ a+b=-7+13=6$

38 $a,\ b$가 실수이고 주어진 삼차방정식의 한 근이 $1+i$이므로 다른 한 근은 $1-i$이다.
나머지 한 근을 α라고 하면 근과 계수의 관계에 의하여
$(1+i)+(1-i)+\alpha=1$이므로 $\alpha=-1$
따라서 나머지 두 근은 $-1,\ 1-i$이다.

39 주어진 삼차방정식의 세 근이 $-1,\ 1+i,\ 1-i$이므로
근과 계수의 관계에 의하여
$a=-(1+i)+(1+i)(1-i)-(1-i)=0$
$-b=-(1+i)(1-i)=-2\quad\therefore\ b=2$
$\therefore\ a+b=2$

40 $a,\ b$가 실수이고 주어진 삼차방정식의 한 근이 $2+i$이므로 다른 한 근은 $2-i$이다.
나머지 한 근을 α라고 하면 근과 계수의 관계에 의하여
$\alpha(2+i)(2-i)=10$이므로 $\alpha=2$
따라서 나머지 두 근은 $2,\ 2-i$이다.

41 주어진 삼차방정식의 세 근이 $2,\ 2+i,\ 2-i$이므로
근과 계수의 관계에 의하여
$-a=2+(2+i)+(2-i)=6\quad\therefore\ a=-6$
$b=2(2+i)+(2+i)(2-i)+2(2-i)=13$
$\therefore\ a+b=-6+13=7$

42 세 근을 $\alpha,\ 2\alpha,\ 3\alpha\,(\alpha\neq 0)$라 하면 근과 계수의 관계에 의하여
$\alpha+2\alpha+3\alpha=12$에서 $6\alpha=12\quad\therefore\ \alpha=2$
$\alpha\cdot 2\alpha+2\alpha\cdot 3\alpha+3\alpha\cdot\alpha=a$에서 $a=11\alpha^2=44$

$\alpha \cdot 2\alpha \cdot 3\alpha = -b$에서 $b = -6\alpha^3 = -48$

$\therefore a + b = 44 - 48 = -4$

18 방정식 $x^3 = 1$의 허근 본문 97쪽

02 $x^2 + x + 1 = 0$의 한 허근이 ω이면 다른 한 근은 $\overline{\omega}$이므로

이차방정식의 근과 계수의 관계에 의하여

$\omega + \overline{\omega} = -1$

03 $x^2 + x + 1 = 0$의 두 허근이 ω와 $\overline{\omega}$이므로

이차방정식의 근과 계수의 관계에 의하여

$\omega\overline{\omega} = 1$

04 $\omega + \dfrac{1}{\omega} = \dfrac{\omega^2 + 1}{\omega} = \dfrac{-\omega}{\omega} = -1$

05 $2\omega^2 + 2\omega + 4 = 2(\omega^2 + \omega + 1) + 2 = 2$

06 $\omega^3 = 1$이므로 $\omega^4 = \omega^3 \cdot \omega = \omega$

$\therefore \dfrac{\omega^4}{\omega^2 + 1} = \dfrac{\omega}{-\omega} = -1$

07 $\omega^{20} + \omega^{10} + 2 = (\omega^3)^6 \cdot \omega^2 + (\omega^3)^3 \cdot \omega + 2$

$\qquad = \omega^2 + \omega + 2$

$\qquad = (\omega^2 + \omega + 1) + 1$

$\qquad = 1$

08 $1 + \omega + \omega^2 + \omega^3 + \omega^4 + \omega^5 + \cdots + \omega^{30}$

$= (1 + \omega + \omega^2) + \omega^3(1 + \omega + \omega^2) + \cdots + \omega^{27}(1 + \omega + \omega^2) + \omega^{30}$

$= \omega^{30} = (\omega^3)^{10} = 1$

09 $(1 + \omega)(1 + \omega^2)(1 + \omega^3)(1 + \omega^4)(1 + \omega^5)(1 + \omega^6)$

$= (1 + \omega)(1 + \omega^2)(1 + \omega^3)(1 + \omega^3 \cdot \omega)(1 + \omega^3 \cdot \omega^2)(1 + \omega^3 \cdot \omega^3)$

$= (-\omega^2)(-\omega)(1 + 1)(-\omega^2)(-\omega)(1 + 1)$

$= 4(-\omega^2)^2(-\omega)^2$

$= 4\omega^6 = 4 \cdot (\omega^3)^2 = 4$

11 $x^2 - x + 1 = 0$의 한 허근이 ω이면 다른 한 근은 $\overline{\omega}$이므로

이차방정식의 근과 계수의 관계에 의하여

$\omega + \overline{\omega} = 1$

12 $x^2 - x + 1 = 0$의 두 허근이 ω와 $\overline{\omega}$이므로

이차방정식의 근과 계수의 관계에 의하여

$\omega\overline{\omega} = 1$

13 $\omega + \dfrac{1}{\omega} = \dfrac{\omega^2 + 1}{\omega} = \dfrac{\omega}{\omega} = 1$

14 $2\omega^2 - 2\omega - 4 = 2(\omega^2 - \omega + 1) - 6 = -6$

15 $\omega^3 = -1$이므로 $\omega^4 = \omega^3 \cdot \omega = -\omega$

$\therefore \dfrac{\omega^4}{\omega^2 + 1} = \dfrac{-\omega}{\omega} = -1$

16 $\omega^{20} + \omega^{10} + 2 = (\omega^3)^6 \cdot \omega^2 + (\omega^3)^3 \cdot \omega + 2$

$\qquad = (-1)^6 \cdot \omega^2 + (-1)^3 \cdot \omega + 2$

$\qquad = \omega^2 - \omega + 2$

$\qquad = (\omega^2 - \omega + 1) + 1$

$\qquad = 1$

17 $1 + \omega + \omega^2 + \omega^3 + \omega^4 + \omega^5$

$= (1 + \omega + \omega^2) + \omega^3(1 + \omega + \omega^2)$

$= (1 + \omega + \omega^2) - (1 + \omega + \omega^2)$

$= 0$

이고, $\omega^6 = (\omega^3)^2 = 1$이므로

$1 + \omega + \omega^2 + \omega^3 + \omega^4 + \omega^5 + \cdots + \omega^{30}$

$= (1 + \omega + \omega^2 + \omega^3 + \omega^4 + \omega^5)$

$\quad + \omega^6(1 + \omega + \omega^2 + \omega^3 + \omega^4 + \omega^5) +$

$\quad \cdots + \omega^{24}(1 + \omega + \omega^2 + \omega^3 + \omega^4 + \omega^5) + \omega^{30}$

$= \omega^{30} = (\omega^6)^5 = 1$

18 $x^3 + 1 = (x + 1)(x^2 - x + 1)$에서

$x^2 - x + 1 = 0$의 한 허근이 ω이므로 다른 한 허근은 $\overline{\omega}$이다.

이때 근과 계수의 관계에 의하여

$\omega + \overline{\omega} = 1$, $\omega\overline{\omega} = 1$

$\therefore (2 + 3\omega)(2 + 3\overline{\omega}) = 4 + 6(\omega + \overline{\omega}) + 9\omega\overline{\omega}$

$\qquad\qquad\qquad\qquad = 4 + 6 + 9 = 19$

19 연립일차방정식 본문 99쪽

01 $\bigcirc + \bigcirc$을 하면 $2x = 10$ $\quad \therefore x = 5$

$x = 5$를 $\bigcirc$에 대입하면 $y = 2$

02 $\bigcirc \times 3 - \bigcirc$을 하면 $2x = 6$ $\quad \therefore x = 3$

$x = 3$을 $\bigcirc$에 대입하면 $y = -2$

03 $\bigcirc$을 $\bigcirc$에 대입하면 $3x + (2x + 1) = 11$

$5x = 10$ $\quad \therefore x = 2$

$x = 2$를 $\bigcirc$에 대입하면 $y = 5$

04 $\bigcirc \times 2 - \bigcirc$을 하면 $3x = -3$ $\quad \therefore x = -1$

$x = -1$을 $\bigcirc$에 대입하면 $y = 4$

06 $\bigcirc + \bigcirc + \bigcirc$을 하면 $2(x + y + z) = 16$

$\therefore x + y + z = 8$ $\qquad \cdots \textcircled{e}$

$\textcircled{e} - \bigcirc$을 하면 $x = 2$

$\textcircled{e} - \bigcirc$을 하면 $y = 1$

$\textcircled{e} - \bigcirc$을 하면 $z = 5$

07 $\bigcirc + \bigcirc + \bigcirc$을 하면 $2(x + 2y + 3z) = 14$

$\therefore x + 2y + 3z = 7$ $\qquad \cdots \textcircled{e}$

$\textcircled{e} - \bigcirc$을 하면 $x = 1$

$\textcircled{e} - \bigcirc$을 하면 $2y = 0$ $\quad \therefore y = 0$

$\textcircled{e} - \bigcirc$을 하면 $3z = 6$ $\quad \therefore z = 2$

$\therefore a + b + c = 1 + 0 + 2 = 3$

20 연립이차방정식 본문 100쪽

02 $\bigcirc$에서 $y = 14 - x$ $\qquad \cdots \textcircled{c}$

$\textcircled{c}$을 $\bigcirc$에 대입하면 $x^2 + (14 - x)^2 = 100$

$x^2 - 14x + 48 = 0$, $(x - 6)(x - 8) = 0$

$\therefore x = 6$ 또는 $x = 8$

$x = 6$을 $\textcircled{c}$에 대입하면 $y = 8$

$x = 8$을 $\textcircled{c}$에 대입하면 $y = 6$

따라서 주어진 연립방정식의 해는

$\begin{cases} x = 6 \\ y = 8 \end{cases}$ 또는 $\begin{cases} x = 8 \\ y = 6 \end{cases}$

03 ㉠에서 $y=2x+1$　　$\cdots$ ㉢

㉢을 ㉡에 대입하면 $3x^2-(2x+1)^2=-6$

$x^2+4x-5=0,\ (x-1)(x+5)=0$

$\therefore\ x=1$ 또는 $x=-5$

$x=1$을 ㉢에 대입하면 $y=3$

$x=-5$를 ㉢에 대입하면 $y=-9$

따라서 주어진 연립방정식의 해는

$$\begin{cases} x=-5 \\ y=-9 \end{cases} \text{또는} \begin{cases} x=1 \\ y=3 \end{cases}$$

04 ㉠에서 $y=x-2$　　$\cdots$ ㉢

㉢을 ㉡에 대입하면 $x^2-2x(x-2)=-12$

$x^2-4x-12=0,\ (x+2)(x-6)=0$

$\therefore\ x=-2$ 또는 $x=6$

$x=-2$를 ㉢에 대입하면 $y=-4$

$x=6$을 ㉢에 대입하면 $y=4$

따라서 주어진 연립방정식의 해는

$$\begin{cases} x=-2 \\ y=-4 \end{cases} \text{또는} \begin{cases} x=6 \\ y=4 \end{cases}$$

05 $\begin{cases} 2x-y=k & \cdots\cdots ㉠ \\ x^2+y^2=5 & \cdots\cdots ㉡ \end{cases}$

㉠에서 $y=2x-k$를 ㉡에 대입하면

$x^2+(2x-k)^2=5,\ 5x^2-4kx+k^2-5=0$

이때 연립방정식이 한 쌍의 해를 가지려면 이 이차방정식이 중근을 가져야 하므로

$$\frac{D}{4}=(-2k)^2-5(k^2-5)=-k^2+25=0$$

$k^2=25$　　$\therefore\ k=5\ (\because\ k>0)$

07 ㉠의 좌변을 인수분해하면 $(x-y)(x+2y)=0$

$\therefore\ x=y$ 또는 $x=-2y$

(ⅰ) $x=y$를 ㉡에 대입하면

$2y^2+y^2=9$

$3y^2=9,\ y^2=3$

$\therefore\ y=\pm\sqrt{3}$

$x=y$이므로 $x=\pm\sqrt{3},\ y=\pm\sqrt{3}$

(ⅱ) $x=-2y$를 ㉡에 대입하면

$2(-2y)^2+y^2=9$

$9y^2=9,\ y^2=1$

$\therefore\ y=\pm1$

$x=-2y$이므로 $x=\pm2,\ y=\mp1$

따라서 주어진 연립방정식의 해는

$$\begin{cases} x=2 \\ y=-1 \end{cases} \text{또는} \begin{cases} x=-2 \\ y=1 \end{cases} \text{또는} \begin{cases} x=\sqrt{3} \\ y=\sqrt{3} \end{cases} \text{또는} \begin{cases} x=-\sqrt{3} \\ y=-\sqrt{3} \end{cases}$$

08 ㉠의 좌변을 인수분해하면 $(x-y)(x-4y)=0$

$\therefore\ x=y$ 또는 $x=4y$

(ⅰ) $x=y$를 ㉡에 대입하면

$y^2+2y^2=18,\ y^2=6$　　$\therefore\ y=\pm\sqrt{6}$

$x=y$이므로 $x=\pm\sqrt{6},\ y=\pm\sqrt{6}$

(ⅱ) $x=4y$를 ㉡에 대입하면

$16y^2+2y^2=18,\ y^2=1$　　$\therefore\ y=\pm1$

$x=4y$이므로 $x=\pm4,\ y=\pm1$

따라서 주어진 연립방정식의 해는

$$\begin{cases} x=4 \\ y=1 \end{cases} \text{또는} \begin{cases} x=-4 \\ y=-1 \end{cases} \text{또는} \begin{cases} x=\sqrt{6} \\ y=\sqrt{6} \end{cases} \text{또는} \begin{cases} x=-\sqrt{6} \\ y=-\sqrt{6} \end{cases}$$

09 ㉠의 좌변을 인수분해하면 $x(x-y)=0$

$\therefore\ x=0$ 또는 $x=y$

(ⅰ) $x=0$을 ㉡에 대입하면

$y^2=9$　　$\therefore\ y=\pm3$

(ⅱ) $x=y$를 ㉡에 대입하면

$y^2+y^2+y^2=9,\ y^2=3$　　$\therefore\ y=\pm\sqrt{3}$

$x=y$이므로 $x=\pm\sqrt{3},\ y=\pm\sqrt{3}$

따라서 주어진 연립방정식의 해는

$$\begin{cases} x=0 \\ y=3 \end{cases} \text{또는} \begin{cases} x=0 \\ y=-3 \end{cases} \text{또는} \begin{cases} x=\sqrt{3} \\ y=\sqrt{3} \end{cases} \text{또는} \begin{cases} x=-\sqrt{3} \\ y=-\sqrt{3} \end{cases}$$

10 ㉠의 좌변을 인수분해하면 $(x+2y)(x-3y)=0$

$\therefore\ x=-2y$ 또는 $x=3y$

(ⅰ) $x=-2y$를 ㉡에 대입하면

$(-2y)^2-(-2y)\cdot y+y^2=28$

$7y^2=28,\ y^2=4$　　$\therefore\ y=\pm2$

$x=-2y$이므로 $x=\pm4,\ y=\mp2$

(ⅱ) $x=3y$를 ㉡에 대입하면

$9y^2-3y^2+y^2=28,\ y^2=4$　　$\therefore\ y=\pm2$

$x=3y$이므로 $x=\pm6,\ y=\pm2$

따라서 주어진 연립방정식의 해는

$$\begin{cases} x=4 \\ y=-2 \end{cases} \text{또는} \begin{cases} x=-4 \\ y=2 \end{cases} \text{또는} \begin{cases} x=6 \\ y=2 \end{cases} \text{또는} \begin{cases} x=-6 \\ y=-2 \end{cases}$$

12 ㉠$-$㉡을 하여 이차항을 소거하면

$x-y=-2$에서 $y=x+2$　　$\cdots$ ㉢

㉢을 ㉠에 대입하면

$x^2+(x+2)^2+2x=0$

$x^2+3x+2=0,\ (x+1)(x+2)=0$

$\therefore\ x=-1$ 또는 $x=-2$

$x=-1$을 ㉢에 대입하면 $y=1$

$x=-2$를 ㉢에 대입하면 $y=0$

따라서 주어진 연립방정식의 해는

$$\begin{cases} x=-1 \\ y=1 \end{cases} \text{또는} \begin{cases} x=-2 \\ y=0 \end{cases}$$

13 ㉠$-$㉡$\times2$를 하여 상수항을 소거하면

$x^2+xy-2y^2=0,\ (x-y)(x+2y)=0$

$\therefore\ x=y$ 또는 $x=-2y$

(ⅰ) $x=y$를 ㉠에 대입하면

$y^2-y^2=6$, 즉 $0\cdot y^2=6$이므로 해는 없다.

(ⅱ) $x=-2y$를 ㉠에 대입하면

$(-2y)^2-(-2y)\cdot y=6,\ y^2=1$

$\therefore\ y=\pm1$

$x=-2y$이므로 $x=\pm2,\ y=\mp1$

따라서 주어진 연립방정식의 해는

$$\begin{cases} x=2 \\ y=-1 \end{cases} \text{또는} \begin{cases} x=-2 \\ y=1 \end{cases}$$

14 ㉠$-$㉡$\times2$를 하여 이차항을 소거하면

$-x+y=-2$에서 $y=x-2$　　$\cdots$ ㉢

㉢을 ㉡에 대입하면

$x^2-(x-2)^2+2x-(x-2)=3$

$5x=5$ $\therefore x=1$
$x=1$을 ⓒ에 대입하면 $y=-1$
따라서 주어진 연립방정식의 해는 $\begin{cases} x=1 \\ y=-1 \end{cases}$

15 $3x^2+2xy-y^2=0$에서 $(3x-y)(x+y)=0$
$\therefore y=3x$ 또는 $y=-x$
(i) $y=3x$이면
  $x^2+y^2+2x=12$에서
  $x^2+(3x)^2+2x-12=0$, $10x^2+2x-12=0$
  $5x^2+x-6=0$, $(x-1)(5x+6)=0$
  $\therefore x=1$ 또는 $x=-\dfrac{6}{5}$
  $y=3x$이므로 $y=3$ 또는 $y=-\dfrac{18}{5}$
(ii) $y=-x$이면
  $x^2+y^2+2x=12$에서
  $x^2+(-x)^2+2x-12=0$, $2x^2+2x-12=0$
  $x^2+x-6=0$, $(x+3)(x-2)=0$
  $\therefore x=-3$ 또는 $x=2$
  $y=-x$이므로 $y=3$ 또는 $y=-2$
(i), (ii)에서 $(x, y)=(1,\ 3)$, $\left(-\dfrac{6}{5},\ -\dfrac{18}{5}\right)$, $(-3,\ 3)$, $(2,\ -2)$
따라서 $\alpha+\beta$의 최댓값은 $1+3=4$

21 대칭식과 부정방정식 본문 103쪽

02 $x,\ y$는 이차방정식 $t^2+t-6=0$의 두 근이다.
$t^2+t-6=0$에서 $(t-2)(t+3)=0$
$\therefore t=2$ 또는 $t=-3$
따라서 주어진 연립방정식의 해는
$\begin{cases} x=2 \\ y=-3 \end{cases}$ 또는 $\begin{cases} x=-3 \\ y=2 \end{cases}$

03 $x,\ y$는 이차방정식 $t^2-2t-3=0$의 두 근이다.
$t^2-2t-3=0$에서 $(t+1)(t-3)=0$
$\therefore t=-1$ 또는 $t=3$
따라서 주어진 연립방정식의 해는
$\begin{cases} x=-1 \\ y=3 \end{cases}$ 또는 $\begin{cases} x=3 \\ y=-1 \end{cases}$

04 $x+y=-2$이므로 $x-xy+y=1$에서 $xy=-3$
따라서 $x,\ y$는 이차방정식 $t^2+2t-3=0$의 두 근이다.
$t^2+2t-3=0$에서 $(t-1)(t+3)=0$
$\therefore t=1$ 또는 $t=-3$
따라서 주어진 연립방정식의 해는
$\begin{cases} x=1 \\ y=-3 \end{cases}$ 또는 $\begin{cases} x=-3 \\ y=1 \end{cases}$

05 $\begin{cases} x+y=a+2 \\ xy=\dfrac{a^2+1}{4} \end{cases}$ 의 해 $x,\ y$를 두 근으로 하는 t에 대한 이차방
정식은 $t^2-(a+2)t+\dfrac{a^2+1}{4}=0$
위의 방정식이 실근을 가지려면
$D=(a+2)^2-4\cdot\dfrac{a^2+1}{4}\geq 0$이어야 하므로
$4a+3\geq 0$ $\therefore a\geq-\dfrac{3}{4}$

07 $x,\ y$가 정수이면 $x-1,\ y-1$도 정수이고 2의 약수이므로 그 값은 다음과 같다.

$x-1$	-2	-1	2	1
$y-1$	-1	-2	1	2

$\therefore \begin{cases} x=-1 \\ y=0 \end{cases}$ 또는 $\begin{cases} x=0 \\ y=-1 \end{cases}$ 또는 $\begin{cases} x=3 \\ y=2 \end{cases}$ 또는 $\begin{cases} x=2 \\ y=3 \end{cases}$

08 $x,\ y$가 정수이면 $x+2,\ y-2$도 정수이고 3의 약수이므로 그 값은 다음과 같다.

$x+2$	-3	-1	3	1
$y-2$	-1	-3	1	3

$\therefore \begin{cases} x=-5 \\ y=1 \end{cases}$ 또는 $\begin{cases} x=-3 \\ y=-1 \end{cases}$ 또는 $\begin{cases} x=1 \\ y=3 \end{cases}$ 또는 $\begin{cases} x=-1 \\ y=5 \end{cases}$

09 $xy+x+y-4=0$에서 $xy+x+y+1=5$
$(x+1)(y+1)=5$
$x,\ y$가 정수이면 $x+1,\ y+1$도 정수이고 5의 약수이므로 그 값은 다음과 같다.

$x+1$	-5	-1	5	1
$y+1$	-1	-5	1	5

$\therefore \begin{cases} x=-6 \\ y=-2 \end{cases}$ 또는 $\begin{cases} x=-2 \\ y=-6 \end{cases}$ 또는 $\begin{cases} x=4 \\ y=0 \end{cases}$ 또는 $\begin{cases} x=0 \\ y=4 \end{cases}$

10 $x^2+y^2-4y+4=0$에서
$x^2+(y-2)^2=0$
이때 $x,\ y$가 실수이므로
$x=0,\ y-2=0$
$\therefore x=0,\ y=2$

11 $x^2+2xy+2y^2-2y+1=0$에서
$(x^2+2xy+y^2)+(y^2-2y+1)=0$
$(x+y)^2+(y-1)^2=0$
이때 $x,\ y$가 실수이므로
$x+y=0,\ y-1=0$
$\therefore x=-1,\ y=1$

12 $5x^2-4xy-2x+y^2+1=0$에서
$(4x^2-4xy+y^2)+(x^2-2x+1)=0$
$(2x-y)^2+(x-1)^2=0$
이때 $x,\ y$가 실수이므로
$2x-y=0,\ x-1=0$
$\therefore x=1,\ y=2$

13 좌변을 x에 대한 내림차순으로 정리하면
$3x^2-2yx+y^2-8y+24=0$ … ㉠
이때 x는 실수이므로 ㉠은 실근을 가져야 한다.
$\dfrac{D}{4}=y^2-3(y^2-8y+24)\geq 0$
$-2y^2+24y-72\geq 0$, $y^2-12y+36\leq 0$
$(y-6)^2\leq 0$ $\therefore y=6$
$y=6$을 ㉠에 대입하면 $3x^2-12x+12=0$
$x^2-4x+4=0$, $(x-2)^2=0$ $\therefore x=2$
$\therefore xy=12$

01 부등식의 양변에 같은 수를 더하여도 부등호의 방향은 바뀌지 않으므로 $a+1<b+1$

02 부등식의 양변에서 같은 수를 **빼도** 부등호의 방향은 바뀌지 않으므로 $a-2<b-2$

03 부등식의 양변을 같은 양수로 나누어도 부등호의 방향은 바뀌지 않으므로 $\dfrac{a}{2}<\dfrac{b}{2}$

04 부등식의 양변에 같은 음수를 곱하면 부등호의 방향은 바뀌므로 $-3a>-3b$, 즉 $-3a+4>-3b+4$

05 $a<0<b$이므로 $a<b$이고 a는 음수, b는 양수이다.
$a<b$의 양변에 a를 더하면 $a+a<b+a$
$\therefore 2a<a+b$

06 $a<b$의 양변에 b를 더하면 $a+b<b+b$
$\therefore a+b<2b$

07 $a<b$의 양변에 음수 a를 곱하면 $a^2>ab$

08 $a<b$의 양변에 양수 b를 곱하면 $ab<b^2$

09 $-1<x\leq3$의 각 변에 2를 곱하면 $-2<2x\leq6$
위의 식의 각 변에 1을 더하면 $-1<2x+1\leq7$

10 $-1<x\leq3$의 각 변에 -1을 곱하면 $-3\leq-x<1$
위의 식의 각 변에서 2를 빼면 $-5\leq-x-2<-1$

11 $-1<x\leq3$의 각 변을 3으로 나누면 $-\dfrac{1}{3}<\dfrac{x}{3}\leq1$
위의 식의 각 변에 1을 더하면 $\dfrac{2}{3}<\dfrac{x}{3}+1\leq2$

12 $0\leq x<5$의 각 변에 3을 곱하면 $0\leq3x<15$
위의 식의 각 변에서 2를 빼면 $-2\leq3x-2<13$

13 $0\leq x<5$의 각 변에 -2를 곱하면 $-10<-2x\leq0$
위의 식의 각 변에 3을 더하면 $-7<-2x+3\leq3$

14 $0\leq x<5$의 각 변을 -5로 나누면 $-1<-\dfrac{x}{5}\leq0$
위의 식의 각 변에 2를 더하면 $1<-\dfrac{x}{5}+2\leq2$

15 $1+2\leq x+y\leq3+4$
$\therefore 3\leq x+y\leq7$

16 $1-4\leq x-y\leq3-2$
$\therefore -3\leq x-y\leq1$

17 2, 4, 6, 12 중에서 최댓값은 12, 최솟값은 2이므로
$2\leq xy\leq12$

18 $\dfrac{1}{2},\ \dfrac{3}{2},\ \dfrac{1}{4},\ \dfrac{3}{4}$ 중에서 최댓값은 $\dfrac{3}{2}$, 최솟값은 $\dfrac{1}{4}$이므로
$\dfrac{1}{4}\leq\dfrac{x}{y}<\dfrac{3}{2}$

19 $2\leq x\leq4$이므로 $4\leq2x\leq8$
$-2\leq y\leq a$이므로 $-\dfrac{a}{2}\leq-\dfrac{1}{2}y\leq1$
$\therefore 4-\dfrac{a}{2}\leq2x-\dfrac{1}{2}y\leq9$

이때 최댓값이 b이고, 최솟값이 2이므로
$b=9,\ 4-\dfrac{a}{2}=2$에서 $a=4$
$\therefore a+b=13$

23 일차부등식의 풀이 본문 107쪽

01 $4x+2\leq2x-8$에서 $4x-2x\leq-8-2$
$2x\leq-10$ $\therefore x\leq-5$

02 $x-4\leq3x+6$에서 $x-3x\leq6+4$
$-2x\leq10$ $\therefore x\geq-5$

03 $3(x-2)+1>3x-4$에서
$3x-6+1>3x-4$
$0\cdot x>1$이므로 부등식의 해는 없다.

04 $2(x-1)+x<3(x+2)-5$에서
$2x-2+x<3x+6-5$
$0\cdot x<3$이므로 부등식의 해는 모든 실수이다.

07 $a=0,\ b=0$이면 $0\cdot x\leq0$의 꼴이므로 해는 모든 실수이다.

11 부등식 ㉠을 풀면 $x>2$
부등식 ㉡을 풀면 $-6x<-6$에서 $x>1$
㉠, ㉡의 해를 수직선 위에 나타내면 다음 그림과 같다.

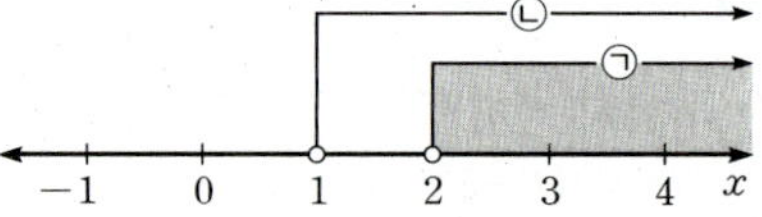

따라서 주어진 연립부등식의 해는 $x>2$이다.

12 부등식 ㉠을 풀면 $2x<-8$에서 $x<-4$
부등식 ㉡을 풀면 $-2x\geq-2$에서 $x\leq1$
㉠, ㉡의 해를 수직선 위에 나타내면 다음 그림과 같다.

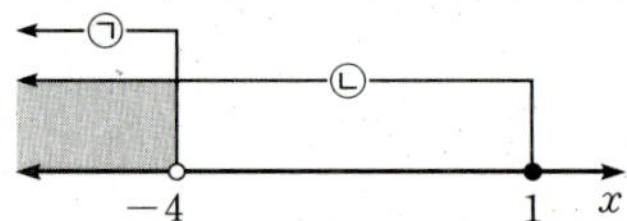

따라서 주어진 연립부등식의 해는 $x<-4$이다.

13 부등식 ㉠을 풀면 $-2x>-14$에서 $x<7$
부등식 ㉡을 풀면 $x\geq-1$
㉠, ㉡의 해를 수직선 위에 나타내면 다음 그림과 같다.

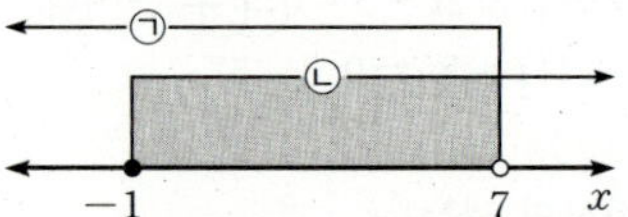

따라서 주어진 연립부등식의 해는 $-1\leq x<7$이다.

14 부등식 ㉠을 풀면 $2x-8\leq x-2$에서 $x\leq6$
부등식 ㉡을 풀면 $7+3x\geq2x+10$에서 $x\geq3$
㉠, ㉡의 해를 수직선 위에 나타내면 다음 그림과 같다.

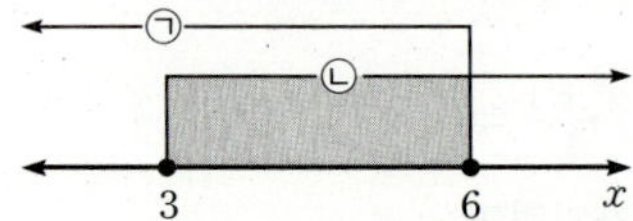

따라서 주어진 연립부등식의 해는 $3\leq x\leq6$이다.

15 부등식 ㉠을 풀면 $15x-10<6x+8$에서 $x<2$
부등식 ㉡을 풀면 $8-x+2\geq2x-2$에서 $x\leq4$

따라서 주어진 연립부등식의 해는 $x<2$이다.

16 부등식 ㉠을 풀면 $3x-7\geq1+x$에서 $x\geq4$

부등식 ㉡을 풀면 $4x-14<3x-9+6$에서 $x<11$

㉠, ㉡의 해를 수직선 위에 나타내면 다음 그림과 같다.

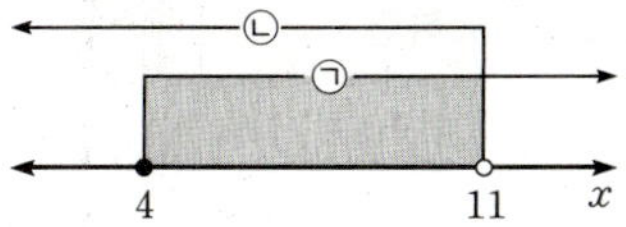

따라서 주어진 연립부등식의 해는 $4\leq x<11$이다.

17 $3x+a<2(x-2)$에서 $x<-4-a$

$0.4x-1>0.1x-4$에서 $x>-10$

$\therefore\ -10<x<-4-a$

이때 자연수 해가 2개이므로 $2<-4-a\leq3$

$\therefore\ -7\leq a<-6$

19 부등식 ㉠을 풀면 $5x<6x+2$에서 $x>-2$

부등식 ㉡을 풀면 $3x-6\geq5x-2$에서 $x\leq-2$

㉠, ㉡의 해를 수직선 위에 나타내면 다음 그림과 같다.

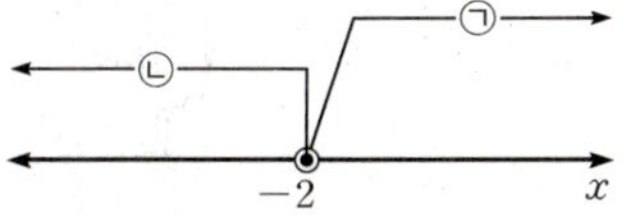

따라서 부등식 ㉠, ㉡을 동시에 만족하는 해는 없다.
즉, 연립부등식의 해는 없다.

20 부등식 ㉠을 풀면 $2x-1\leq9$에서 $x\leq5$

부등식 ㉡을 풀면 $x-2\geq-x+8$에서 $x\geq5$

㉠, ㉡의 해를 수직선 위에 나타내면 다음 그림과 같다.

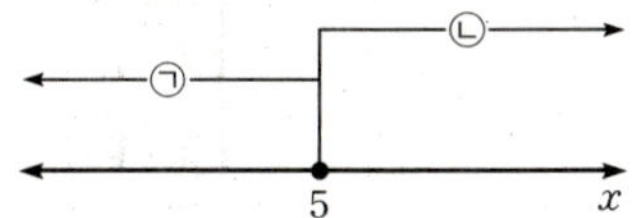

따라서 연립부등식의 해는 $x=5$이다.

21 $3x-2<4$에서 $x<2$

$4+x>a$에서 $x>a-4$

주어진 연립부등식의 해가 없으므로

$2\leq a-4$　$\therefore\ a\geq6$

23 주어진 부등식은 다음 연립부등식과 같다.

$$\begin{cases} 3(x-3)<2x+3 & \cdots\cdots ㉠ \\ 2x+3<4(x+2)-1 & \cdots\cdots ㉡ \end{cases}$$

부등식 ㉠을 풀면 $3x-9<2x+3$에서 $x<12$

부등식 ㉡을 풀면 $2x+3<4x+7$에서 $x>-2$

㉠, ㉡의 해를 수직선 위에 나타내면 다음 그림과 같다.

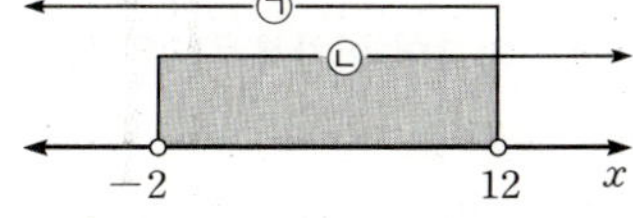

따라서 연립부등식의 해는 $-2<x<12$이다.

24 $\dfrac{3x-5}{4}<\dfrac{3-x}{2}$에서 $5x<11$　$\therefore\ x<\dfrac{11}{5}$

$\dfrac{3-x}{2}\leq\dfrac{6-x}{3}$에서 $x\geq-3$

$\therefore\ -3\leq x<\dfrac{11}{5}$

따라서 $M=2,\ n=-3$이므로 $Mn=-6$

26 $|2x-3|\leq1$에서 $-1\leq2x-3\leq1$

$2\leq2x\leq4$　$\therefore\ 1\leq x\leq2$

27 $|x-3|\geq3$에서

$x-3\leq-3$ 또는 $x-3\geq3$

$\therefore\ x\leq0$ 또는 $x\geq6$

28 $|3x+2|>5$에서

$3x+2<-5$ 또는 $3x+2>5$

$3x<-7$ 또는 $3x>3$

$\therefore\ x<-\dfrac{7}{3}$ 또는 $x>1$

30 $|x|+|x-1|\leq5$에서

(i) $x<0$일 때, $-x-(x-1)\leq5$

$\quad -2x\leq4$　$\therefore\ x\geq-2$

$\quad$ 그런데 $x<0$이므로 $-2\leq x<0$

(ii) $0\leq x<1$일 때, $x-(x-1)\leq5,\ 0\cdot x\leq4$

$\quad \therefore\ 0\leq x<1$

(iii) $x\geq1$일 때, $x+x-1\leq5$

$\quad 2x\leq6$　$\therefore\ x\leq3$

$\quad$ 그런데 $x\geq1$이므로 $1\leq x\leq3$

(i), (ii), (iii)에 의하여 주어진 부등식의 해는 $-2\leq x\leq3$

31 $|x-1|+|x+2|>5$에서

(i) $x<-2$일 때, $-(x-1)-(x+2)>5$

$\quad -2x>6$　$\therefore\ x<-3$

(ii) $-2\leq x<1$일 때, $-(x-1)+x+2>5$

$\quad 0\cdot x>2$이므로 해는 없다.

(iii) $x\geq1$일 때, $x-1+x+2>5$

$\quad 2x>4$　$\therefore\ x>2$

(i), (ii), (iii)에 의하여 주어진 부등식의 해는

$x<-3$ 또는 $x>2$

32 $|x+1|+|3-x|>6$에서

(i) $x<-1$일 때, $-(x+1)+3-x>6$

$\quad -2x>4$　$\therefore\ x<-2$

(ii) $-1\leq x<3$일 때, $x+1+3-x>6$

$\quad 0\cdot x>2$이므로 해는 없다.

(iii) $x\geq3$일 때, $x+1-(3-x)>6$

$\quad 2x>8$　$\therefore\ x>4$

(i), (ii), (iii)에 의하여 주어진 부등식의 해는

$x<-2$ 또는 $x>4$

33 $2\leq|x+2|\leq4$에서

$-4\leq x+2\leq-2$ 또는 $2\leq x+2\leq4$

$\therefore\ -6\leq x\leq-4$ 또는 $0\leq x\leq2$

따라서 주어진 부등식을 만족시키는 정수 x는
$-6,\ -5,\ -4,\ 0,\ 1,\ 2$의 6개이다.

24 이차함수와 이차부등식의 관계 본문 111쪽

03 $f(x)<0$의 해는 $y=f(x)$의 그래프에서 x축보다 아래쪽에
있는 부분의 x의 값의 범위이므로 $-3<x<2$

04 $f(x) \le 0$의 해는 $y=f(x)$의 그래프에서 x축 위에 있거나 x축보다 아래쪽에 있는 부분의 x의 값의 범위이므로
$$-3 \le x \le 2$$

21 그림에서 $y=f(x)$의 그래프가 $y=g(x)$의 그래프보다 위쪽에 있거나 두 그래프가 만나는 x의 값의 범위는 $0 \le x \le 4$
따라서 $a=0$, $b=4$이므로 $a^2+b^2=16$

25 이차부등식의 풀이 본문 113쪽

01 $x^2-2x-3>0$에서 $(x+1)(x-3)>0$
$\therefore x<-1$ 또는 $x>3$

02 $x^2-3x+2 \ge 0$에서 $(x-1)(x-2) \ge 0$
$\therefore x \le 1$ 또는 $x \ge 2$

03 $x^2-x-6<0$에서 $(x+2)(x-3)<0$
$\therefore -2<x<3$

04 $x^2+3x-10 \le 0$에서 $(x+5)(x-2) \le 0$
$\therefore -5 \le x \le 2$

05 $x^2-5x-6>0$에서 $(x+1)(x-6)>0$
$\therefore x<-1$ 또는 $x>6$

06 $2x^2+x-6 \ge 0$에서 $(x+2)(2x-3) \ge 0$
$\therefore x \le -2$ 또는 $x \ge \dfrac{3}{2}$

07 $2x^2+5x+3<0$에서 $(2x+3)(x+1)<0$
$\therefore -\dfrac{3}{2}<x<-1$

08 $2x^2-x-15 \le 0$에서 $(2x+5)(x-3) \le 0$
$\therefore -\dfrac{5}{2} \le x \le 3$

10 $x^2-4x+4 \ge 0$에서 $(x-2)^2 \ge 0$
따라서 $x^2-4x+4 \ge 0$의 해는 모든 실수이다.

11 $x^2-6x+9<0$에서 $(x-3)^2<0$
따라서 $x^2-6x+9<0$의 해는 없다.

12 $9x^2-6x+1 \le 0$에서 $(3x-1)^2 \le 0$
따라서 $9x^2-6x+1 \le 0$의 해는 $x=\dfrac{1}{3}$

13 $2x^2+4x+2>0$에서 $2(x+1)^2>0$
따라서 $2x^2+4x+2>0$의 해는 $x \neq -1$인 모든 실수이다.

14 $-4x^2+4x-1>0$에서 $-(2x-1)^2>0$
따라서 $-4x^2+4x-1>0$의 해는 없다.

16 $x^2+2x+2=(x+1)^2+1>0$이므로
$x^2+2x+2 \ge 0$의 해는 모든 실수이다.

17 $2x^2+4x+3=2(x+1)^2+1>0$이므로
$2x^2+4x+3<0$의 해는 없다.

18 $2x^2-4x+3=2(x-1)^2+1>0$이므로
$2x^2-4x+3 \le 0$의 해는 없다.

19 주어진 이차부등식의 해가 $x=3$이므로 이차방정식

$x^2-2kx+3k=0$의 판별식 D가 $D=0$이어야 한다.
$\dfrac{D}{4}=k^2-3k=0$에서 $k(k-3)=0$
$\therefore k=3 \ (\because k \neq 0)$

26 이차부등식의 응용 본문 115쪽

02 $x^2+x+k \ge 0$이 모든 실수 x에 대하여 성립하려면 $x^2+x+k=0$의 판별식을 D라 하면
$$D=1^2-4k \le 0 \quad \therefore k \ge \dfrac{1}{4}$$

03 $x^2-2kx+k+2>0$이 모든 실수 x에 대하여 성립하려면 $x^2-2kx+k+2=0$의 판별식을 D라 하면
$\dfrac{D}{4}=(-k)^2-(k+2)<0$에서 $k^2-k-2<0$
$(k+1)(k-2)<0 \quad \therefore -1<k<2$

04 $-x^2+(k-2)x-k^2 \le 0$에서 $x^2-(k-2)x+k^2 \ge 0$
이 부등식이 모든 실수 x에 대하여 성립하려면 $x^2-(k-2)x+k^2=0$의 판별식을 D라 하면
$D=(k-2)^2-4k^2 \le 0$에서 $3k^2+4k-2 \ge 0$
$(3k-2)(k+2) \ge 0 \quad \therefore k \le -2$ 또는 $k \ge \dfrac{2}{3}$

05 $x^2+(1-k)x-k+1 \ge 0$이 모든 실수 x에 대하여 성립하려면 $x^2+(1-k)x-k+1=0$의 판별식을 D라 하면
$D=(1-k)^2+4(k-1) \le 0$에서 $k^2+2k-3 \le 0$
$(k-1)(k+3) \le 0 \quad \therefore -3 \le k \le 1$

06 모든 실수 x에 대하여 $\sqrt{-x^2+(k+1)x-k-1}$이 허수가 되려면 이차부등식 $-x^2+(k+1)x-k-1<0$이 항상 성립해야 한다.
즉, $x^2-(k+1)x+k+1>0$에서 $x^2-(k+1)x+k+1=0$의 판별식을 D라 하면
$D=(k+1)^2-4(k+1)<0$이어야 하므로
$k^2-2k-3<0$, $(k+1)(k-3)<0$
$\therefore -1<k<3$

07 해가 $-2<x<1$이고 x^2의 계수가 1인 이차부등식은 $(x+2)(x-1)<0$에서 $x^2+x-2<0$

08 $(x+1)(x-3) \le 0$에서 $x^2-2x-3 \le 0$

09 $x(x-4) \le 0$에서 $x^2-4x \le 0$

10 $(x+1)(x-5)>0$에서 $x^2-4x-5>0$

11 $(x+2)(x-3) \ge 0$에서 $x^2-x-6 \ge 0$

12 $x(x+2)>0$에서 $x^2+2x>0$

13 해가 $1<x<3$이고 x^2의 계수가 1인 이차부등식은 $(x-1)(x-3)<0$에서 $x^2-4x+3<0$
$\therefore a+b+c=1+(-4)+3=0$

14 해가 $-1<x<4$이고 x^2의 계수가 1인 이차부등식은 $(x+1)(x-4)<0$에서 $x^2-3x-4<0$
$\therefore a+b+c=1+(-3)+(-4)=-6$

15 해가 $x<2$ 또는 $x>3$이고 x^2의 계수가 1인 이차부등식은

$(x-2)(x-3)>0$에서 $x^2-5x+6>0$
따라서 구하는 이차부등식은 $-x^2+5x-6<0$
$\therefore a+b+c=(-1)+5+(-6)=-2$

16 해가 $x<-2$ 또는 $x>4$이고 x^2의 계수가 1인 이차부등식은
$(x+2)(x-4)>0$에서 $x^2-2x-8>0$
따라서 구하는 이차부등식은 $-x^2+2x+8<0$
$\therefore a+b+c=(-1)+2+8=9$

17 해가 $x<2$ 또는 $x>3$이고 이차항의 계수가 1인 부등식은
$(x-2)(x-3)>0$에서 $x^2-5x+6>0$
이때 이 부등식과 $ax^2+5x+b<0$과 같아야 하므로
$x^2-5x+6>0$의 양변에 -1을 곱하면
$-x^2+5x-6<0$
따라서 $a=-1$, $b=-6$이므로
$a+b=(-1)+(-6)=-7$

27 연립이차부등식 본문 117쪽

02 $2x+1>x+2$에서 $x>1$ $\qquad$ ··· ㉠
$x^2-2x-3<0$에서 $(x+1)(x-3)<0$
$\therefore -1<x<3$ $\qquad$ ··· ㉡
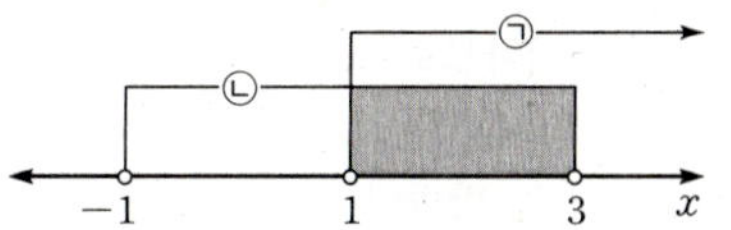
따라서 ㉠, ㉡의 공통부분을 구하면 $1<x<3$

03 $2x+4>x+1$에서 $x>-3$ $\qquad$ ··· ㉠
$x^2+4x-5<0$에서 $(x+5)(x-1)<0$
$\therefore -5<x<1$ $\qquad$ ··· ㉡
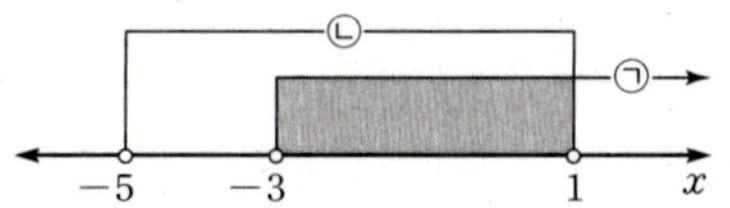
따라서 ㉠, ㉡의 공통부분을 구하면 $-3<x<1$

04 $x^2-5x+6\geq0$에서 $(x-2)(x-3)\geq0$
$\therefore x\leq2$ 또는 $x\geq3$ $\qquad$ ··· ㉠
$x^2-3x-4<0$에서 $(x+1)(x-4)<0$
$\therefore -1<x<4$ $\qquad$ ··· ㉡
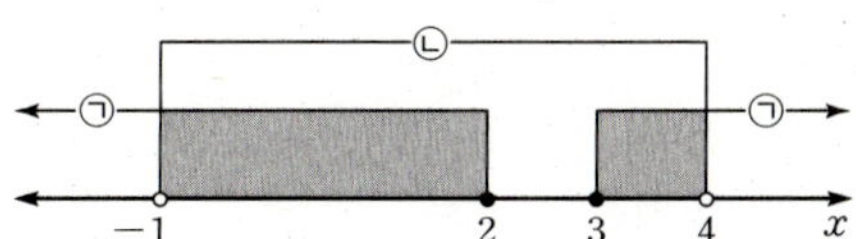
따라서 ㉠, ㉡의 공통부분을 구하면
$-1<x\leq2$ 또는 $3\leq x<4$

05 $x^2+x-6\leq0$에서 $(x+3)(x-2)\leq0$
$\therefore -3\leq x\leq2$ $\qquad$ ··· ㉠
$x^2-x>0$에서 $x(x-1)>0$
$\therefore x<0$ 또는 $x>1$ $\qquad$ ··· ㉡
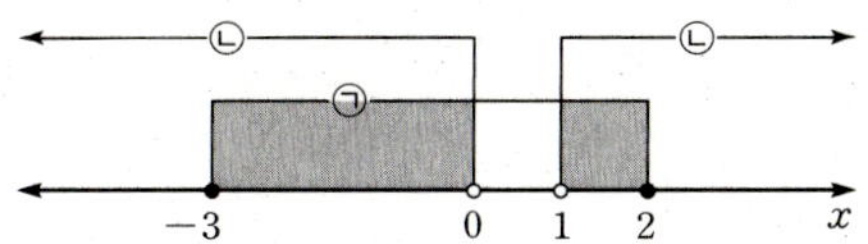
따라서 ㉠, ㉡의 공통부분을 구하면

$-3\leq x<0$ 또는 $1<x\leq2$

06 $x^2-3x+2\geq0$에서 $(x-1)(x-2)\geq0$
$\therefore x\leq1$ 또는 $x\geq2$ $\qquad$ ··· ㉠
$x^2-4x<0$에서 $x(x-4)<0$
$\therefore 0<x<4$ $\qquad$ ··· ㉡
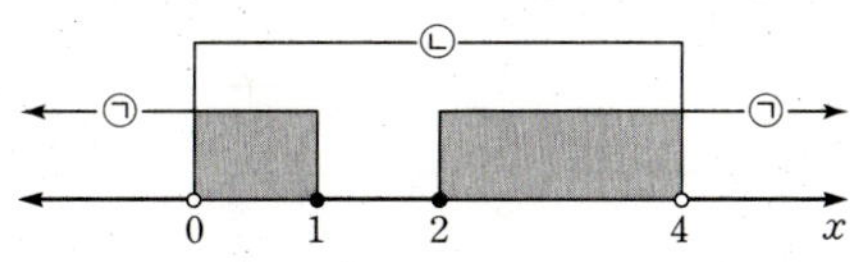
㉠, ㉡의 공통부분을 구하면
$0<x\leq1$ 또는 $2\leq x<4$
따라서 구하는 정수 x는 1, 2, 3의 3개이다.

07 $x^2-3x-10<0$에서 $(x+2)(x-5)<0$
$\therefore -2<x<5$ $\qquad$ ··· ㉠
$x^2-5x+4\geq0$에서 $(x-1)(x-4)\geq0$
$\therefore x\leq1$ 또는 $x\geq4$ $\qquad$ ··· ㉡
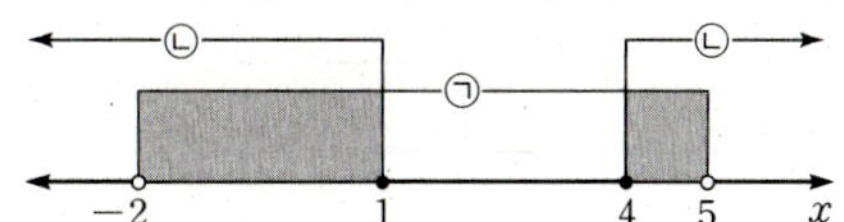
따라서 ㉠, ㉡의 공통부분을 구하면
$-2<x\leq1$ 또는 $4\leq x<5$

08 $x^2-x-6\geq0$에서 $(x+2)(x-3)\geq0$
$\therefore x\leq-2$ 또는 $x\geq3$ ··· ㉠
$x^2-6x+5<0$에서 $(x-1)(x-5)<0$
$\therefore 1<x<5$ $\qquad$ ··· ㉡
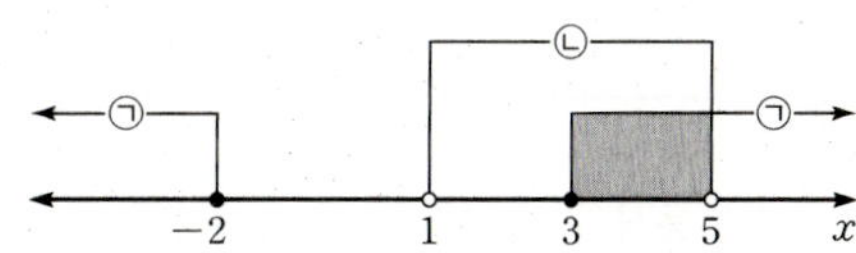
따라서 ㉠, ㉡의 공통부분을 구하면 $3\leq x<5$

09 $x^2-2x>0$에서 $x(x-2)>0$
$\therefore x<0$ 또는 $x>2$ $\qquad$ ··· ㉠
$x^2-5x-6\leq0$에서 $(x+1)(x-6)\leq0$
$\therefore -1\leq x\leq6$ $\qquad$ ··· ㉡
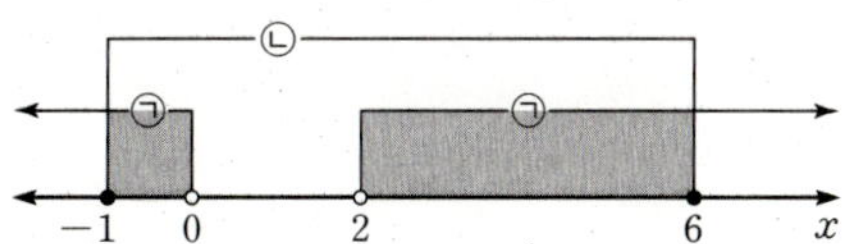
따라서 ㉠, ㉡의 공통부분을 구하면
$-1\leq x<0$ 또는 $2<x\leq6$

10 $x^2+2x-35\geq0$에서 $(x+7)(x-5)\geq0$
$\therefore x\leq-7$ 또는 $x\geq5$ ··· ㉠
$x^2-8x+7<0$에서 $(x-1)(x-7)<0$
$\therefore 1<x<7$ $\qquad$ ··· ㉡
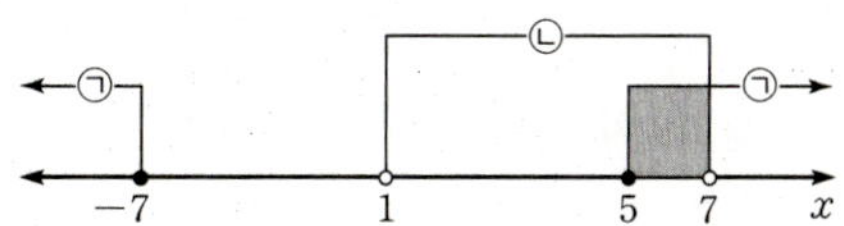
따라서 ㉠, ㉡의 공통부분을 구하면 $5\leq x<7$

11 $4x<x^2$에서 $x^2-4x>0$

$$x(x-4)>0$$
$$\therefore\ x<0\ \text{또는}\ x>4\quad\cdots\ \bigcirc$$
$x^2\le 2x+3$에서 $x^2-2x-3\le 0$
$$(x+1)(x-3)\le 0$$
$$\therefore\ -1\le x\le 3\quad\cdots\ \bigcirc\!\!\bigcirc$$

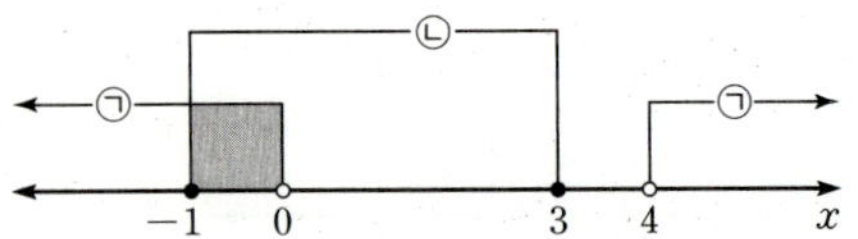

따라서 $\bigcirc$, $\bigcirc\!\!\bigcirc$의 공통부분을 구하면 $-1\le x<0$

12 $x+2<x^2$에서 $x^2-x-2>0$
$$(x+1)(x-2)>0$$
$$\therefore\ x<-1\ \text{또는}\ x>2\ \cdots\ \bigcirc$$
$x^2\le 4x-3$에서 $x^2-4x+3\le 0$
$$(x-1)(x-3)\le 0$$
$$\therefore\ 1\le x\le 3\quad\cdots\ \bigcirc\!\!\bigcirc$$

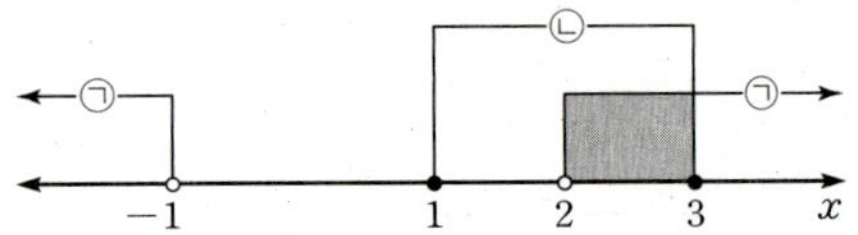

따라서 $\bigcirc$, $\bigcirc\!\!\bigcirc$의 공통부분을 구하면 $2<x\le 3$

13 $|x-2|<k$에서 $-k<x-2<k$
$$\therefore\ 2-k<x<2+k\quad\cdots\ \bigcirc$$
$x^2-2x-3\le 0$에서 $(x-3)(x+1)\le 0$
$$\therefore\ -1\le x\le 3\quad\cdots\ \bigcirc\!\!\bigcirc$$

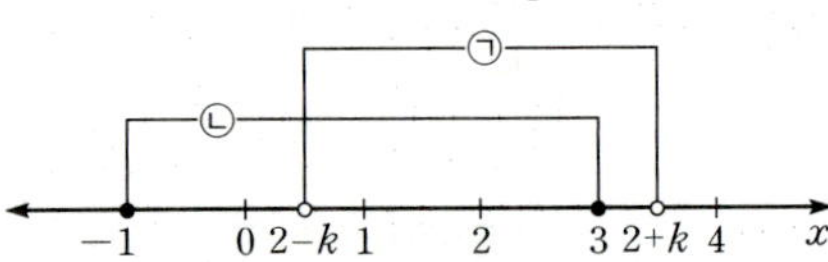

이때 주어진 연립부등식의 정수해가 3개가 되려면
$0\le 2-k<1$이고 $3<2+k\le 4$
$$\therefore\ 1<k\le 2$$
따라서 구하는 양수 k의 최댓값은 2이다.

Ⅲ. 경우의 수 

○1 경우의 수 (1) 본문 124쪽

01 소설책 3권, 수필책 4권 중에서 한 권을 골라 읽는 것이므로
경우의 수는
$$3+4=7$$

02 햄버거 5종류, 샌드위치 3종류 중에서 한 개를 골라 먹는 것
이므로 경우의 수는
$$5+3=8$$

03 사과 5개, 참외 4개, 배 4개 중에서 한 개를 골라 먹는 것이므
로 경우의 수는

$$5+4+4=13$$

04 눈의 수의 합이 4인 경우는 $(1,\ 3)$, $(2,\ 2)$, $(3,\ 1)$의 3가지
눈의 수의 합이 7인 경우는 $(1,\ 6)$, $(2,\ 5)$, $(3,\ 4)$, $(4,\ 3)$,
$(5,\ 2)$, $(6,\ 1)$의 6가지
따라서 구하는 경우의 수는 $3+6=9$

05 3의 배수인 경우는 3, 6, 9의 3가지
4의 배수인 경우는 4, 8의 2가지
따라서 구하는 경우의 수는 $3+2=5$

06 2의 배수인 경우는 2, 4, 6, $\cdots$, 20의 10가지
5의 배수인 경우는 5, 10, 15, 20의 4가지
10의 배수인 경우는 10, 20의 2가지
따라서 구하는 경우의 수는 $10+4-2=12$

07 두 눈의 수의 차가 4가 되는 경우는
$(1,\ 5)$, $(2,\ 6)$, $(5,\ 1)$, $(6,\ 2)$의 4가지
두 눈의 수의 차가 5가 되는 경우는 $(1,\ 6)$, $(6,\ 1)$의 2가지
따라서 구하는 경우의 수는 $4+2=6$

08 햄버거를 고르는 방법은 6가지이고, 그 각각에 대하여 탄산음
료를 고르는 방법이 4가지이므로 구하는 방법의 수는
$$6\times 4=24$$

09 남학생 5명 중에서 1명을 뽑는 사건과 여학생 4명 중에서 1명
을 뽑는 사건은 동시에 일어나므로 구하는 방법의 수는
$$5\times 4=20$$

10 A지점에서 B지점까지 가는 방법이 3가지이고, 각각에 대해
서 B지점에서 C지점까지 가는 길이 2가지이므로 A지점에서
B지점을 거쳐 C지점으로 가는 방법의 수는 $3\times 2=6$

11 상의, 하의, 신발을 각각 1개씩 고르는 사건은 동시에 일어나
므로 구하는 방법의 수는 $3\times 4\times 2=24$

12 전개하면 x, y, z 각각에 대하여 a, b를 곱하여 항이 만들어
지므로 구하는 항의 개수는 $3\times 2=6$

13 일의 자리에 올 수 있는 수는 0, 5의 2가지
십의 자리에 올 수 있는 수는 1, 2, 3, 4, 5의 5가지
따라서 5의 배수의 개수는 $2\times 5=10$

14 십의 자리에 올 수 있는 수는 2, 4, 6, 8의 4가지, 일의 자리에
올 수 있는 수는 2, 3, 5, 7의 4가지
따라서 구하는 자연수의 개수는 $4\times 4=16$

○2 경우의 수 (2) 본문 126쪽

02 계수의 절댓값이 큰 것은 y이므로
$\ \ $(i) $y=1$일 때 $x=5$이므로
$\qquad$ 순서쌍 $(x,\ y)$는 $(5,\ 1)$이다.
$\ \ $(ii) $y=2$일 때 $x=3$이므로
$\qquad$ 순서쌍 $(x,\ y)$는 $(3,\ 2)$이다.
$\ \ $(iii) $y=3$일 때 $x=1$이므로
$\qquad$ 순서쌍 $(x,\ y)$는 $(1,\ 3)$이다.
따라서 구하는 순서쌍의 개수는 3이다.

03 계수의 절댓값이 큰 것은 y이므로
$\ \ $(i) $y=1$일 때 $x=\dfrac{13}{2}$이므로
$\qquad$ 자연수가 아니어서 구하는 순서쌍이 아니다.
$\ \ $(ii) $y=2$일 때 $x=5$이므로

순서쌍 (x, y)는 $(5, 2)$이다.

(iii) $y=4$일 때 $x=2$이므로

순서쌍 (x, y)는 $(2, 4)$이다.

따라서 구하는 순서쌍의 개수는 2이다.

04 계수의 절댓값이 큰 것은 z이고, 자연수이므로 $z\geq1$

(i) $z=1$일 때 $x+y=7$이므로 순서쌍 (x, y)는

$(1, 6)$, $(2, 5)$, $(3, 4)$, $(4, 3)$, $(5, 2)$, $(6, 1)$ ⇨ 6개

(ii) $z=2$일 때 $x+y=5$이므로 순서쌍 (x, y)는

$(1, 4)$, $(2, 3)$, $(3, 2)$, $(4, 1)$ ⇨ 4개

(iii) $z=3$일 때 $x+y=3$이므로 순서쌍 (x, y)는

$(1, 2)$, $(2, 1)$ ⇨ 2개

따라서 구하는 순서쌍의 개수는

$6+4+2=12$이다.

06 $2x+y-5\leq1$을 $2x+y\leq6$의 꼴로 고친다.

계수의 절댓값이 큰 것은 x이므로

(i) $x=1$일 때 $y\leq4$이므로

순서쌍 (x, y)는 4개이다.

(ii) $x=2$일 때 $x\leq2$이므로

순서쌍 (x, y)는 2개이다.

따라서 구하는 순서쌍 (x, y)의 개수는 6이다.

07 계수의 절댓값이 큰 것은 x이므로

(i) $x=1$일 때 $y\leq\dfrac{11}{3}$이므로 순서쌍 (x, y)는 3개이다.

(ii) $x=2$일 때 $y\leq\dfrac{7}{3}$이므로 순서쌍 (x, y)는 2개이다.

(iii) $x=3$일 때 $y\leq1$이므로 순서쌍 (x, y)는 1개이다.

따라서 구하는 순서쌍 (x, y)의 개수는 6이다.

08 (i) $z=1$일 때 $x+2y\leq7$이므로

$x+2y=7$을 만족시키는 순서쌍 (x, y)는

$(5, 1)$, $(3, 2)$, $(1, 3)$ ⇨ 3개

$x+2y=6$을 만족시키는 순서쌍 (x, y)는 $(4, 1)$, $(2, 2)$

⇨ 2개

$x+2y=5$를 만족시키는 순서쌍 (x, y)는 $(3, 1)$, $(1, 2)$

⇨ 2개

$x+2y=4$를 만족시키는 순서쌍 (x, y)는 $(2, 1)$ ⇨ 1개

$x+2y=3$을 만족시키는 순서쌍 (x, y)는 $(1, 1)$ ⇨ 1개

(ii) $z=2$일 때 $x+2y\leq4$이므로

$x+2y=4$를 만족시키는 순서쌍 (x, y)는 $(2, 1)$ ⇨ 1개

$x+2y=3$을 만족시키는 순서쌍 (x, y)는 $(1, 1)$ ⇨ 1개

따라서 구하는 순서쌍 (x, y, z)의 개수는 11이다.

10 72를 소인수분해하면 $72=2^3\times3^2$

2^3의 약수는 $1, 2, 2^2, 2^3$의 4개

3^2의 약수는 $1, 3, 3^2$의 3개

따라서 2^3, 3^2의 약수에서 각각 하나씩 택하여 곱한 것이 72의 약수이므로 구하는 약수의 개수는 $4\times3=12$

11 180과 270의 최대공약수는 90이므로 180과 270의 양의 공약수의 개수는 90의 양의 약수의 개수와 같다.

$90=2\times3^2\times5$이므로 양의 약수의 개수는

$(1+1)\times(2+1)\times(1+1)=12$

12 140을 소인수분해하면

$140=2^2\times5\times7$

약수의 개수는

$(2+1)(1+1)(1+1)=12$

140의 양의 약수의 총합은

$(1+2^1+2^2)(1+5^1)(1+7^1)=336$

$\therefore a+b=12+336=348$

14 A에 칠할 수 있는 색은 4가지, B에 칠할 수 있는 색은 A에 칠한 색을 제외한 3가지, C에 칠할 수 있는 색은 B에 칠한 색을 제외한 3가지이므로

구하는 방법의 수는 $4\times3\times3=36$이다.

15 A에 칠할 수 있는 색은 4가지, B에 칠할 수 있는 색은 A에 칠한 색을 제외한 3가지, C에 칠할 수 있는 색은 A, B에 칠한 색을 제외한 2가지, D에 칠할 수 있는 색은 A, C에 칠한 색을 제외한 2가지이므로

구하는 방법의 수는 $4\times3\times2\times2=48$이다.

17 A에 칠할 수 있는 색은 5가지, B에 칠할 수 있는 색은 A에 칠한 색을 제외한 4가지, C에 칠할 수 있는 색은 A, B에 칠한 색을 제외한 3가지, D에 칠할 수 있는 색은 B, C에 칠한 색을 제외한 3가지이므로

구하는 방법의 수는 $5\times4\times3\times3=180$이다.

18 A에 칠할 수 있는 색은 5가지, B에 칠할 수 있는 색은 A에 칠한 색을 제외한 4가지, C에 칠할 수 있는 색은 A, B에 칠한 색을 제외한 3가지, D에 칠할 수 있는 색은 A, C에 칠한 색을 제외한 3가지, E에 칠할 수 있는 색은 A, D에 칠한 색을 제외한 3가지이므로

구하는 방법의 수는 $5\times4\times3\times3\times3=540$이다.

03 순열 본문 129쪽

01 $_5P_2=5\times4=20$

02 $_4P_4=4\times3\times2\times1=24$

03 $_6P_0=1$

04 $5!=5\times4\times3\times2\times1=120$

05 $_nP_2=n(n-1)$이므로

$n(n-1)=90=10\times9$

$\therefore n=10$

06 $_5P_r=60$에서 60을 5부터 시작하여 1씩 작아지는 수의 곱으로 표현하면

$60=5\times4\times3=_5P_3$

$\therefore r=3$

07 $_nP_n=n!$, $120=5\times4\times3\times2\times1$이므로

$n!=5\times4\times3\times2\times1$

$\therefore n=5$

08 $_nP_4=6\times_nP_2$에서

$n(n-1)(n-2)(n-3)=6n(n-1)$

$(n-2)(n-3)=6$, $n^2-5n=0$

$n(n-5)=0$

$\therefore n=5\ (\because n\geq4)$

09 주어진 식에서 $_6P_r=\dfrac{2880}{4!}=\dfrac{2880}{4\times3\times2\times1}=120$

$120=6\times5\times4$에서 $r=3$

10 주어진 식에서 $_nP_2=\dfrac{10800}{5!}=\dfrac{10800}{5\times4\times3\times2\times1}=90$

$90=10\times9$에서 $n=10$

11 $_5P_r=\dfrac{7200}{5!}=\dfrac{7200}{5\times4\times3\times2\times1}=60$

$60=5\times4\times3$에서 $r=3$

12 $_nP_2=\dfrac{180}{3!}=\dfrac{180}{3\times2\times1}=30$

$30=6\times5$에서 $n=6$

13 주어진 식을 전개하면

$n(n-1)(n-2)(n-3)=20n(n-1)$에서

$(n-2)(n-3)=20$

$n^2-5n-14=0,\ (n-7)(n+2)=0$

$\therefore\ n=7$ 또는 $n=-2$

이때 $_nP_4$에서 $n\geq4$이므로 $n=7$

14 주어진 식을 전개하면

$n(n-1)(n-2)(n-3)(n-4)=30n(n-1)(n-2)$에서

$(n-3)(n-4)=30$

$n^2-7n-18=0,\ (n-9)(n+2)=0$

$\therefore\ n=9$ 또는 $n=-2$

이때 $_nP_5$에서 $n\geq5$이므로 $n=9$

15 $_nP_3:5_nP_2=3:1$에서 $_nP_3=15_nP_2$

$n(n-1)(n-2)=15n(n-1)$

$n-2=15\quad\therefore\ n=17$

16 $_nP_2+4_nP_1=28$에서 $n(n-1)+4n=28$

$n^2+3n-28=0,\ (n+7)(n-4)=0$

$\therefore\ n=-7$ 또는 $n=4$

그런데 n은 자연수이므로 $n=4$

17 10명 중 순서를 고려해서 2명을 뽑아 나열하는 경우의 수와 같으므로

$_{10}P_2=10\times9=90$

18 7명 중 순서를 고려해서 4명을 뽑아 나열하는 경우의 수와 같으므로

$_7P_4=7\times6\times5\times4=840$

19 4개 중 순서를 고려해서 3개를 뽑아 나열하는 경우의 수와 같으므로

$_4P_3=4\times3\times2=24$

20 4권 중 순서를 고려해서 4권을 뽑아 나열하는 경우의 수와 같으므로

$_4P_4=4\times3\times2\times1=24$

21 12명에서 3명을 택하는 순열의 수이므로

$_{12}P_3=12\times11\times10=1320$

22 n명의 축구 선수를 일렬로 세우는 방법의 수와 같으므로

$n!=120=5!$

$\therefore\ n=5$

23 n명의 학생 중에서 2명을 택하는 순열의 수이므로

$_nP_2=210$에서 $n(n-1)=210=15\times14$

$\therefore\ n=15$

24 주어진 조건을 식으로 나타내면 $_{10}P_n=90$

$_{10}P_n$은 10부터 1씩 줄여가며 n개를 곱한 것이므로

$90=10\times9$에서 $n=2$

25 1학년 학생 3명을 한 사람으로 생각하여 5명을 일렬로 세우는

방법의 수는 $5!=120$

1학년 학생 3명이 자리를 바꾸는 방법의 수는 $3!=6$

따라서 구하는 방법의 수는

$120\times6=720$

26 2학년 학생 4명을 한 사람으로 생각하여 4명을 일렬로 세우는

방법의 수는 $4!=24$

2학년 학생 4명이 자리를 바꾸는 방법의 수는 $4!=24$

따라서 구하는 방법의 수는 $24\times24=576$

27 1학년 학생 3명을 한 사람, 2학년 학생 4명을 한 사람으로 생각하여 2명을 일렬로 세우는 방법의 수는 $2!=2$

1학년 학생 3명이 자리를 바꾸는 방법의 수는 $3!=6$

2학년 학생 4명이 자리를 바꾸는 방법의 수는 $4!=24$

따라서 구하는 방법의 수는 $2\times6\times24=288$

28 A와 E를 한 문자로 생각하여 5개의 문자를 일렬로 나열하는

방법의 수는 $5!=120$

A와 E의 자리를 바꾸는 방법의 수는 $2!=2$

따라서 구하는 방법의 수는 $120\times2=240$

29 남학생 2명을 한 사람, 여학생 3명을 한 사람으로 생각하여 2명을 일렬로 세우는 방법의 수는 $2!=2$

남학생 2명이 자리를 바꾸는 방법의 수는 $2!=2$

여학생 3명이 자리를 바꾸는 방법의 수는 $3!=6$

따라서 구하는 방법의 수는

$2\times2\times6=24$

30 a와 g를 한 문자로 생각하여 6개의 문자를 일렬로 배열하는

방법의 수는 $6!=720$

a와 g의 자리를 바꾸는 방법의 수는 $2!=2$

따라서 구하는 경우의 수는 $720\times2=1440$

31 부부를 각각 한 사람으로 생각하여 세 사람을 일렬로 앉히는

방법의 수는 $3!=6$

각각의 부부가 부부끼리 자리를 바꾸는 방법의 수는

$2!\times2!\times2!=8$

따라서 구하는 방법의 수는 $6\times8=48$

32 여자 3명을 일렬로 세우는 방법의 수는 $3!=6$

여자 사이사이와 양 끝의 4개의 자리에 남자 4명을 세우는 방법의 수는 $4!=24$

따라서 구하는 방법의 수는

$6\times24=144$

33 남자 4명을 일렬로 세우는 방법의 수는 $4!=24$

남자 사이사이와 양 끝의 5개의 자리에 여자 3명을 세우는 방법의 수는 $_5P_3=60$

따라서 구하는 방법의 수는

$24\times60=1440$

34 $d,\ e,\ f$를 일렬로 배열하는 방법의 수는 $3!=6$

그 사이사이와 양 끝의 4개의 자리 중 3개의 자리에 $a,\ b,\ c$를 배열하는 방법의 수는 $_4P_3=24$

따라서 구하는 방법의 수는

$6\times24=144$

35 의자 3개에만 학생이 앉으므로 빈 의자는 4개이다.

빈 의자들 사이사이 및 양 끝의 5개의 자리에 학생이 앉은 의자 3개를 놓으면 되므로 구하는 방법의 수는

$_5P_3=60$

36 이웃하지 않게 앉는 경우는 남학생이 먼저 앉고 남학생의 양

끝 및 사이사이에 여학생이 앉는 방법을 생각한다.

∨ 남 ∨ 남 ∨ 남 ∨ 남 ∨

남학생 4명이 일렬로 앉는 방법의 수는 $4!=24$

∨의 5개의 자리에서 3개를 택하여 여학생이 앉는 방법의 수는

$_5P_3=60$

따라서 구하는 방법의 수는 $24\times60=1440$

37 수학책을 제외한 나머지 3권을 꽂는 방법의 수는

$3!=6$

∨○∨○∨○∨

∨의 4개의 자리에 수학책 3권을 꽂는 방법의 수는

$_4P_3=24$

따라서 구하는 방법의 수는 $6\times24=144$

38 10명의 학생 중에서 2명을 뽑아 일렬로 나열하는 방법의 수와 같으므로

$_{10}P_2=90$

39 남학생 4명 중에서 반장, 부반장을 뽑으면 되므로

$_4P_2=12$

40 모든 방법의 수에서 반장, 부반장 모두 남학생이 뽑히는 방법의 수를 뺀 것과 같으므로

$90-12=78$

41 5개의 문자를 일렬로 나열하는 방법의 수는 $5!=120$

A, B, C의 3개의 문자 중에서 어느 것도 이웃하지 않도록 나열하는 방법의 수는 D, E를 일렬로 나열하고 D와 E 사이와 양 끝에 A, B, C를 나열하는 방법의 수와 같으므로

$2!\times3!=12$

따라서 구하는 방법의 수는

$120-12=108$

42 s□□□r를 한 문자로 생각하여 모두 4개의 문자를 일렬로 나열하는 경우의 수는

$4!=24$

s와 r 사이에 3개의 문자를 나열하는 경우의 수는

$_6P_3=120$

s와 r의 자리를 바꾸는 경우의 수는 $2!=2$

따라서 구하는 경우의 수는 $24\times120\times2=5760$

43 picture에서 모음은 i, u, e, 자음은 p, c, t, r이다.

picture의 7개의 문자를 일렬로 나열하는 경우의 수는

$7!=5040$

양쪽 끝에 모두 자음이 오는 경우의 수는

$_4P_2\times5!=1440$

적어도 한쪽 끝에 모음이 오는 경우의 수는

$5040-1440=3600$

44 mailbox의 7개의 문자를 일렬로 나열하는 경우의 수는

$7!=5040$

모음 a, i, o 중 어느 것도 이웃하지 않는 경우의 수는 자음 m, l, b, x의 4개의 문자를 일렬로 나열한 다음 양 끝과 그 사이사이의 5개의 자리 중 3개의 자리에 모음 3개를 일렬로 나열하는 경우의 수이므로

$4!\times_5P_3=1440$ (∨ 자 ∨ 자 ∨ 자 ∨ 자 ∨)

적어도 두 개의 모음이 이웃하는 경우의 수는

$5040-1440=3600$

45 남자 2명, 여자 3명, 즉 5명을 일렬로 세우는 방법의 수 a는

$a=5!=120$

또, 여자 3명 중 2명을 양 끝에 세우는 방법의 수는

$_3P_2=6$이고, 그 각각에 대하여 나머지 3명을 일렬로 세우는 방법의 수는 $3!=6$이므로

$b=6\times6=36$

$\therefore a+b=120+36=156$

47 천의 자리에는 0이 올 수 없으므로 천의 자리에 올 수 있는 숫자는 1, 2, 3, 4의 4가지이다.

나머지 자리에는 천의 자리에 온 숫자를 제외한 4개의 숫자 중에서 3개를 택하여 일렬로 배열하면 되므로 그 방법의 수는

$_4P_3=24$

따라서 구하는 자연수의 개수는

$4\times24=96$

48 일의 자리에는 1, 3 중 어느 하나가 오면 되므로 방법의 수는 2가지, 백의 자리에는 0과 일의 자리에 온 숫자를 제외한 2가지, 십의 자리에는 백의 자리, 일의 자리에 온 숫자를 제외 한 2가지가 올 수 있다.

따라서 구하는 홀수의 개수는

$2\times2\times2=8$

49 5의 배수이려면 일의 자리의 숫자가 0 또는 5이어야 한다.

(ⅰ) 일의 자리의 숫자가 0인 경우

0을 제외한 5개의 숫자 중에서 3개를 택하여 일렬로 나열하는 방법의 수와 같으므로 $_5P_3=60$

(ⅱ) 일의 자리의 숫자가 5인 경우

천의 자리에는 0을 제외한 1, 2, 3, 4의 4가지, 백의 자리와 십의 자리는 천의 자리와 일의 자리에 오는 숫자를 제외한 4개의 숫자 중에서 2개를 택하여 일렬로 나열하는 방법의 수와 같으므로 $_4P_2=12$

$\therefore 4\times12=48$

(ⅰ), (ⅱ)에서 5의 배수의 개수는 $60+48=108$

51 A□□□□ 꼴인 단어의 개수는 $4!=24$

B□□□□ 꼴인 단어의 개수는 $4!=24$

CAB□□ 꼴인 단어의 개수는 $2!=2$

CAD□□ 꼴인 단어의 개수는 $2!=2$

CAE□□ 꼴인 단어에서 CAEDB의 순서는

CAEBD, CAEDB의 두 번째

따라서 CAEDB가 나타나는 순서는

$24+24+2+2+2=54$

52 1□□□□ 꼴인 자연수의 개수는 $4!=24$

2□□□□ 꼴인 자연수의 개수는 $4!=24$

3□□□□ 꼴인 자연수의 개수는 $4!=24$

4□□□□ 꼴인 자연수의 개수는 $4!=24$

즉, 1 또는 2 또는 3 또는 4를 시작으로 하여 만든 다섯 자리의 자연수는 모두 96개이므로 97번째 자연수부터 차례로 구해보면

51234, 51243, 51324, 51342

따라서 100번째 수는 51342이다.

53 24□□ 꼴인 자연수의 개수는 $2!=2$

3□□□ 꼴인 자연수의 개수는 $3!=6$

4□□□ 꼴인 자연수의 개수는 $3!=6$

따라서 구하는 자연수의 개수는 $2+6+6=14$

01 $_4C_2=\dfrac{_4P_2}{2!}=\dfrac{4\times3}{2\times1}=6$

02 $_5C_3=\dfrac{_5P_3}{3!}=\dfrac{5\times4\times3}{3\times2\times1}=10$

03 $_9C_7=_9C_2=\dfrac{_9P_2}{2!}=\dfrac{9\times8}{2\times1}=36$

04 $_6C_6=1$

05 $_8C_0=1$

06 $_{15}C_{13}=_{15}C_2=\dfrac{15\times14}{2\times1}=105$

07 $_{20}C_{18}=_{20}C_2=\dfrac{20\times19}{2\times1}=190$

08 $_nC_2=28$에서 $\dfrac{n(n-1)}{2\times1}=28$

$n(n-1)=56=8\times7$ $\therefore n=8$

09 $_nC_3=10$에서 $\dfrac{n(n-1)(n-2)}{3\times2\times1}=10$

$n(n-1)(n-2)=60=5\times4\times3$ $\therefore n=5$

10 $_{2n+1}C_2=78$에서 $\dfrac{(2n+1)\times2n}{2\times1}=78$

$2n^2+n-78=0,\ (2n+13)(n-6)=0$

$\therefore n=6\ \left(\because n\geq\dfrac{1}{2}\right)$

11 $_nC_3=_nC_7$에서 $7=n-3$ $\therefore n=10$

12 $_8C_r=_8C_{r-2}$에서 $r-2=8-r$

$2r=10$ $\therefore r=5$

13 $_{10}C_r=_{10}C_3=_{10}C_7$에서 $r=7$

14 $_{20}C_r=_{20}C_5=_{20}C_{15}$에서 $r=15$

15 $_{12}C_{r-3}=_{12}C_{3r-1}$에서

$r-3=3r-1$이면 $r=-1$이므로 모순이다.

따라서 $_{12}C_{r-3}=_{12}C_{12-(r-3)}=_{12}C_{15-r}$이므로

$_{12}C_{15-r}=_{12}C_{3r-1}$에서 $15-r=3r-1$

$\therefore r=4$

16 $_5C_3=_nC_3+_4C_2$에서

$_nC_3=_5C_3-_4C_2=\dfrac{5\times4\times3}{3\times2\times1}-\dfrac{4\times3}{2\times1}=4$

즉, $\dfrac{n(n-1)(n-2)}{3\times2\times1}=4$

$n(n-1)(n-2)=4\times3\times2$

$\therefore n=4$

17 $_{2n}P_5=10k\times_{2n}C_5$에서

$_{2n}P_5=10k\times\dfrac{_{2n}P_5}{5!}$

$10k=5!=5\times4\times3\times2\times1$

$\therefore k=12$

18 $_nP_3=120$에서 $n(n-1)(n-2)=120$ …… ㉠

$_nC_4=15$에서 $\dfrac{n(n-1)(n-2)(n-3)}{4\times3\times2\times1}=15$ …… ㉡

㉠을 ㉡에 대입하면 $120(n-3)=360$

$n-3=3$ $\therefore n=6$

$\therefore _nC_3+_nP_4=_6C_3+_6P_4=\dfrac{6\times5\times4}{3\times2\times1}+6\times5\times4\times3$

$=20+360=380$

19 서로 다른 아이스크림 10개 중에서 3개를 뽑는 방법의 수는

$_{10}C_3=\dfrac{10\times9\times8}{3\times2\times1}=120$

20 7명의 학생 중에서 2명을 뽑는 방법의 수는

$_7C_2=\dfrac{7\times6}{2\times1}=21$

21 2개의 팀을 택하면 한 경기가 이루어지므로 총 경기 수는

$_8C_2=\dfrac{8\times7}{2\times1}=28$

22 축구 선수 5명 중에서 2명을 뽑는 방법의 수는

$_5C_2=\dfrac{5\times4}{2\times1}=10$

농구 선수 3명 중에서 2명을 뽑는 방법의 수는 $_3C_2=3$

따라서 구하는 방법의 수는

$10\times3=30$

23 남학생 8명 중에서 2명을 뽑는 방법의 수는

$_8C_2=\dfrac{8\times7}{2\times1}=28$

여학생 7명 중에서 3명을 뽑는 방법의 수는

$_7C_3=\dfrac{7\times6\times5}{3\times2\times1}=35$

따라서 구하는 방법의 수는

$28\times35=980$

24 n개의 팀이 참가했다고 하면 n개의 팀이 서로 다른 팀과 1번씩 경기를 치르는 경우의 수는 $_nC_2$

그런데 5번의 리그전을 치렀으므로

$_nC_2\times5=140,\ _nC_2=28$

$\dfrac{n(n-1)}{2\cdot1}=28,\ n(n-1)=56=8\times7$

$\therefore n=8$

25 남학생 6명 중 남자 대표 2명을 뽑는 방법의 수는

$_6C_2=\dfrac{6\times5}{2\times1}=15$

여학생 4명 중 여자 대표 1명을 뽑는 방법의 수는

$_4C_1=4$

따라서 구하는 방법의 수는 $15\times4=60$

26 원소의 개수가 0개인 부분집합의 개수는 $_6C_0=1$

원소의 개수가 1개인 부분집합의 개수는 $_6C_1=6$

원소의 개수가 2개인 부분집합의 개수는

$_6C_2=\dfrac{6\times5}{2\times1}=15$

따라서 구하는 부분집합의 개수는 $1+6+15=22$

27 두 수의 합이 짝수가 되는 경우는

(홀수)＋(홀수) 또는 (짝수)＋(짝수)

(i) (홀수)＋(홀수)인 경우

5개의 홀수 중 2개를 뽑는 경우의 수는

$_5C_2=\dfrac{5\times4}{2\times1}=10$

(ii) (짝수)＋(짝수)인 경우

4개의 짝수 중 2개를 뽑는 경우의 수는

$_4C_2=\dfrac{4\times3}{2\times1}=6$

(i), (ii)에서 구하는 경우의 수는 $10+6=16$

29 F를 제외한 6개의 문자 중에서 4개를 뽑으면 되므로 구하는 방법의 수는

$${}_6C_4={}_6C_2=\dfrac{6\times5}{2\times1}=15$$

30 A와 D를 제외한 5개의 문자 중에서 3개를 뽑은 후, 각각의 경우에 A를 포함하면 되므로 구하는 방법의 수는

$${}_5C_3={}_5C_2=\dfrac{5\times4}{2\times1}=10$$

31 A를 뽑고 B를 뽑지 않는 방법의 수는 A, B를 제외한 8명의 학생 중에서 3명을 뽑는 방법의 수와 같으므로

$${}_8C_3=\dfrac{8\times7\times6}{3\times2\times1}=56$$

B를 뽑고 A를 뽑지 않는 방법의 수는 A, B를 제외한 8명의 학생 중에서 3명을 뽑는 방법의 수와 같으므로

$${}_8C_3=\dfrac{8\times7\times6}{3\times2\times1}=56$$

따라서 구하는 방법의 수는 $56+56=112$

32 찬호와 주미를 제외한 7명의 학생 중에서 2명을 선발한 후, 각각의 경우에 찬호와 주미를 포함하면 되므로 구하는 방법의 수는

$${}_7C_2=\dfrac{7\times6}{2\times1}=21$$

33 3과 9가 적힌 공을 제외한 8개의 공 중에서 4개를 꺼낸 후, 각각의 경우에 3이 적힌 공을 포함하면 되므로 구하는 방법 의 수는

$${}_8C_4=\dfrac{8\times7\times6\times5}{4\times3\times2\times1}=70$$

34 빨간색 볼펜 6개 중에서 2개를 뽑는 방법의 수는

$${}_6C_2=\dfrac{7\times6}{2\times1}=15$$

빨간색 볼펜 4개, 파란색 볼펜 3개, 즉 7개 중에서 2개를 뽑는 방법의 수는

$${}_7C_2=\dfrac{7\times6}{2\times1}=21$$

따라서 구하는 방법의 수는
$15\times21=315$

35 전체 9명 중에서 3명을 뽑는 방법의 수는

$${}_9C_3=\dfrac{9\times8\times7}{3\times2\times1}=84$$

여자만 3명을 뽑는 방법의 수는 ${}_4C_3={}_4C_1=4$

따라서 적어도 남자 1명이 포함되도록 뽑는 방법의 수는
$84-4=80$

36 부모를 제외한 4명 중에서 2명을 뽑는 방법의 수는

$${}_4C_2=\dfrac{4\times3}{2\times1}=6$$

4명을 일렬로 세우는 방법의 수는 $4!=24$
따라서 구하는 방법의 수는
$6\times24=144$

37 남학생 4명 중에서 2명을 뽑는 방법의 수는

$${}_4C_2=\dfrac{4\times3}{2\times1}=6$$

여학생 5명 중에서 2명을 뽑는 방법의 수는

$${}_5C_2=\dfrac{5\times4}{2\times1}=10$$

4명을 일렬로 세우는 방법의 수는 $4!=24$
따라서 구하는 방법의 수는
$6\times10\times24=1440$

38 7명 중에서 5명을 뽑는 방법의 수는

$${}_7C_5={}_7C_2=\dfrac{7\times6}{2\times1}=21$$

5명을 일렬로 세우는 방법의 수는 $5!=120$
따라서 구하는 방법의 수는
$21\times120=2520$

39 2와 4를 제외한 3개의 숫자 중에서 2개를 뽑는 방법의 수는
$${}_3C_2=3$$
3개를 일렬로 배열하는 방법의 수는
$3!=6$
따라서 구하는 방법의 수는
$3\times6=18$

40 8명 중 특정한 2명을 포함하여 4명을 뽑는 방법의 수는 나머지 6명 중에서 2명만 뽑으면 되므로

$${}_6C_2=\dfrac{6\times5}{2\times1}=15$$

또한, 뽑힌 4명을 일렬로 세울 때, 특정한 2명이 이웃하도록 세우는 방법의 수는 $3!\times2!=12$
따라서 구하는 방법의 수는 $15\times12=180$

41 5개의 과일 중에서 3개를 택하는 방법의 수는

$${}_5C_3=\dfrac{5\times4\times3}{3\times2\times1}=10$$

3개의 야채 중에서 2개를 택하는 방법의 수는
$${}_3C_2=3$$
택한 5개의 과일과 야채를 일렬로 진열하는 방법의 수는
$5!=120$
따라서 구하는 방법의 수는 $10\times3\times120=3600$

42 흰 바둑돌 5개와 검은 바둑돌 4개를 일렬로 나열할 때, 가운데 놓인 바둑돌을 중심으로 대칭인 형태로 바둑돌이 놓이려면 다음 그림과 같이 가운데에는 반드시 흰 바둑돌이 놓여야 한다.

○○○●●○●●○○○

따라서 구하는 방법의 수는 가운데 놓인 흰 바둑돌을 중심으로 왼쪽의 4군데에 흰 바둑돌을 놓을 2곳을 정하는 방법의 수이므로

$${}_4C_2=\dfrac{4\times3}{2\times1}=6$$

43 동호회의 총 회원 수를 n명이라고 하면 특정한 2명을 포함하여 4명을 뽑는 방법의 수는 특정한 2명을 제외한 나머지 $(n-2)$명에서 2명을 뽑는 방법의 수이므로

$${}_{n-2}C_2=\dfrac{(n-2)(n-3)}{2\times1}$$

또, 뽑은 4명을 일렬로 세우는 방법의 수는 $4!=24$
따라서 특정한 2명을 포함한 4명을 뽑아 일렬로 세우는 방법의 수가 240이므로

$$\dfrac{(n-2)(n-3)}{2\times1}\times24=240$$

$$(n-2)(n-3)=20=5\times4$$

$n-2=5$ $\therefore n=7$

44 6개의 점 중에서 어느 세 점도 한 직선 위에 있지 않으므로 구하는 직선의 개수는

$$_6C_2=\frac{6\times5}{2\times1}=15$$

45 8개의 점 중에서 2개를 택하는 방법의 수는
$$_8C_2=\frac{8\times7}{2\times1}=28$$
일직선 위에 있는 3개의 점 중에서 2개를 택하는 방법의 수는
$$_3C_2=3$$
일직선 위에 있는 5개의 점 중에서 2개를 택하는 방법의 수는
$$_5C_2=\frac{5\times4}{2\times1}=10$$
주어진 평행선 2개를 포함하면 구하는 직선의 개수는
$$28-3-10+2=17$$

46 구하는 대각선의 개수는 6개의 꼭짓점 중에서 2개를 택하는 방법의 수에서 변의 개수인 6을 뺀 값과 같으므로
$$\frac{6\times5}{2\times1}-6=15-6=9$$

47 9개의 점 중에서 3개를 택하는 방법의 수는
$$_9C_3=\frac{9\times8\times7}{3\times2\times1}=84$$
이 중 일직선 위에 있는 4개의 점 중에서 3개를 택하는 경우는 삼각형을 만들 수 없고, 삼각형을 만들 수 없는 직선이 3개가 있으므로 $3\times{}_4C_3=3\times4=12$
따라서 구하는 삼각형의 개수는 $84-12=72$

48 7개의 점 중에서 3개를 택하는 방법의 수는
$$_7C_3=\frac{7\times6\times5}{3\times2\times1}=35$$
이 중 일직선 위에 있는 4개의 점 중에서 3개를 택하는 경우는 삼각형을 만들 수 없으므로 $_4C_3=4$
따라서 구하는 삼각형의 개수는
$$35-4=31$$

49 8개의 점 중에서 어느 네 점도 한 직선 위에 있지 않으므로 구하는 사각형의 개수는
$$_8C_4=\frac{8\times7\times6\times5}{4\times3\times2\times1}=70$$

50 가로로 나열된 4개의 평행선 중에서 2개, 세로로 나열된 6개의 평행선 중에서 2개를 택하면 한 개의 평행사변형이 결정되므로 개수는
$$_4C_2\times{}_6C_2=\frac{4\times3}{2\times1}\times\frac{6\times5}{2\times1}=6\times15=90$$

51 10개의 점 중에서 3개를 택하는 경우의 수는
$$_{10}C_3=\frac{10\times9\times8}{3\times2\times1}=120$$
일직선 위에 있는 4개의 점 중에서 3개를 택하는 경우의 수는
$$_4C_3=4$$
일직선 위에 있는 6개의 점 중에서 3개를 택하는 경우의 수는
$$_6C_3=\frac{6\times5\times4}{3\times2\times1}=20$$
따라서 구하는 삼각형의 개수는 $120-4-20=96$

05 분할과 분배 본문 142쪽

01 서로 다른 6송이를 1송이, 2송이, 3송이의 세 묶음으로 나누는 방법의 수는

$$_6C_1\times{}_5C_2\times{}_3C_3=6\times10\times1=60$$

02 서로 다른 6송이를 2송이, 2송이, 2송이의 세 묶음으로 나누는 방법의 수는
$$_6C_2\times{}_4C_2\times{}_2C_2\times\frac{1}{3!}=15\times6\times1\times\frac{1}{6}=15$$

03 8명의 학생을 3명, 3명, 2명의 3개 조로 나누는 방법의 수는
$$_8C_3\times{}_5C_3\times{}_2C_2\times\frac{1}{2!}=56\times10\times1\times\frac{1}{2}=280$$

04 나눈 3개 조를 서로 다른 3곳의 청소 구역에 배정하는 방법의 수는
$$\left(_8C_3\times{}_5C_3\times{}_2C_2\times\frac{1}{2!}\right)\times3!=280\times6=1680$$

05 6개의 학급을 4학급, 2학급의 2개 조로 분할하는 방법의 수는
$$_6C_4\times{}_2C_2=15\times1=15$$
4학급이 포함된 조를 다시 2학급, 2학급의 2개 조로 분할하는 방법의 수는
$$_4C_2\times{}_2C_2\times\frac{1}{2!}=6\times1\times\frac{1}{2}=3$$
따라서 구하는 방법의 수는 $15\times3=45$

06 6명의 학생을 3명, 3명의 2개 조로 분할하는 방법의 수는
$$_6C_3\times{}_3C_3\times\frac{1}{2!}=20\times1\times\frac{1}{2}=10$$
각 조에서 부전승으로 올라가는 1명을 택하는 방법의 수는
$$_3C_1=3$$
따라서 구하는 방법의 수는 $10\times3\times3=90$

07 8개의 팀을 4팀, 4팀의 2개 조로 분할하는 방법의 수는
$$_8C_4\times{}_4C_4\times\frac{1}{2!}=70\times1\times\frac{1}{2}=35$$
각 조마다 4팀을 다시 2팀, 2팀의 2개 조로 분할하는 방법의 수는
$$_4C_2\times{}_2C_2\times\frac{1}{2!}=6\times1\times\frac{1}{2}=3$$
따라서 구하는 방법의 수는 $35\times3\times3=315$

Ⅳ. 행렬

01 행렬의 뜻 본문 146쪽

16 $a_{23}=1$, $a_{12}=-3$이므로
$$a_{23}-a_{12}=1-(-3)=4$$

18 $i=1,\ 2,\ j=1,\ 2$를 $a_{ij}=j-i$에 대입하여 행렬 A의 각 성분을 구하면 다음과 같다.
$$a_{11}=1-1=0,\ a_{12}=2-1=1,$$
$$a_{21}=1-2=-1,\ a_{22}=2-2=0$$
따라서 구하는 행렬 $A=\begin{pmatrix}0&1\\-1&0\end{pmatrix}$이다.

20 행렬 A의 각 성분을 구하면 다음과 같다.
$$a_{11}=1-1=0,\ a_{12}=2-1=1,\ a_{13}=3-1=2,$$

$a_{21}=2-1=1$, $a_{22}=2-2=0$, $a_{23}=3-2=1$,
$a_{31}=3-1=2$, $a_{32}=3-2=1$, $a_{33}=3-3=0$

따라서 구하는 행렬 $A=\begin{pmatrix} 0 & 1 & 2 \\ 1 & 0 & 1 \\ 2 & 1 & 0 \end{pmatrix}$이다.

O2 서로 같은 행렬 _{본문 148쪽}

03 $a^2-3a-2=8$, $a^2-3a-10=0$, $(a+2)(a-5)=0$

$\therefore a=-2$ 또는 $a=5$

(i) $a=-2$일 때, $b+3(-2)=0$에서

$b=6$, $2c-5\times6=4$에서 $c=17$

$4\times6-17=d$에서 $d=7$ $\therefore A=\begin{pmatrix} 8 & 0 \\ 7 & 4 \end{pmatrix}$

(ii) $a=5$일 때, $b+3\times5=0$에서

$b=-15$, $2c-5\times(-15)=4$에서 $c=-\dfrac{71}{2}$

$4\times(-15)-\left(-\dfrac{71}{2}\right)=d$에서 $d=-\dfrac{49}{2}$

$\therefore A=\begin{pmatrix} 8 & 0 \\ -\dfrac{49}{2} & 4 \end{pmatrix}$

04 $A=\begin{pmatrix} 8 & 0 \\ 7 & 4 \end{pmatrix}$이므로 $8+0+7+4=19$

05 $x=-2$, $1-(-2)=3y$, $y=1$

$a=3$, $b=2\times3-1=5$

$A=\begin{pmatrix} -2 & 3 \\ 3 & 5 \end{pmatrix}$ $\therefore -2+3+3+5=9$

O3 행렬의 덧셈과 뺄셈 _{본문 149쪽}

13 $A+B=\begin{pmatrix} 0 & 2 \\ 3 & 0 \end{pmatrix}$이므로

$(A+B)+C=\begin{pmatrix} 0+0 & 2+2 \\ 3+3 & 0+0 \end{pmatrix}=\begin{pmatrix} 0 & 4 \\ 6 & 0 \end{pmatrix}$

14 $B+C=\begin{pmatrix} -1 & 2 \\ 3 & -4 \end{pmatrix}$이므로

$A+(B+C)=\begin{pmatrix} 1-1 & 2+2 \\ 3+3 & 4-4 \end{pmatrix}=\begin{pmatrix} 0 & 4 \\ 6 & 0 \end{pmatrix}$

16 $X=\begin{pmatrix} 1 & 2 \\ 3 & 4 \end{pmatrix}-\begin{pmatrix} 1 & 0 \\ 1 & 2 \end{pmatrix}=\begin{pmatrix} 0 & 2 \\ 2 & 2 \end{pmatrix}$

17 $X=O-\begin{pmatrix} 2 & -1 \\ -1 & 0 \end{pmatrix}=\begin{pmatrix} -2 & 1 \\ 1 & 0 \end{pmatrix}$

18 $X=\begin{pmatrix} 3 & -1 \\ -2 & -4 \end{pmatrix}+\begin{pmatrix} 5 & -2 \\ 0 & 6 \end{pmatrix}=\begin{pmatrix} 8 & -3 \\ -2 & 2 \end{pmatrix}$

19 $X=\begin{pmatrix} 1 & 3 \\ 8 & -1 \end{pmatrix}-\begin{pmatrix} -2 & 1 \\ 12 & 7 \end{pmatrix}=\begin{pmatrix} 3 & 2 \\ -4 & -8 \end{pmatrix}$

20 $X=\begin{pmatrix} -3 & -1 \\ 1 & 3 \end{pmatrix}-O=\begin{pmatrix} -3 & -1 \\ 1 & 3 \end{pmatrix}$

O4 행렬의 실수배 _{본문 151쪽}

02 $\dfrac{1}{2}A=\dfrac{1}{2}\begin{pmatrix} 4 & -2 \\ 2 & 0 \end{pmatrix}=\begin{pmatrix} 2 & -1 \\ 1 & 0 \end{pmatrix}$

03 $-5A=-5\begin{pmatrix} 4 & -2 \\ 2 & 0 \end{pmatrix}=\begin{pmatrix} -20 & 10 \\ -10 & 0 \end{pmatrix}$

04 $-\dfrac{3}{2}A=-\dfrac{3}{2}\begin{pmatrix} 4 & -2 \\ 2 & 0 \end{pmatrix}=\begin{pmatrix} -6 & 3 \\ -3 & 0 \end{pmatrix}$

05 $3A-B=\begin{pmatrix} -3 & 15 \\ 0 & -12 \end{pmatrix}+\begin{pmatrix} 6 & -8 \\ -4 & 2 \end{pmatrix}=\begin{pmatrix} 3 & 7 \\ -4 & -10 \end{pmatrix}$

06 $2A-3B=\begin{pmatrix} -2 & 10 \\ 0 & -8 \end{pmatrix}+\begin{pmatrix} 18 & -24 \\ -12 & 6 \end{pmatrix}$

$=\begin{pmatrix} 16 & -14 \\ -12 & -2 \end{pmatrix}$

07 $O-\dfrac{1}{2}B=-\dfrac{1}{2}B=\begin{pmatrix} 3 & -4 \\ -2 & 1 \end{pmatrix}$

O5 행렬의 곱셈 _{본문 152쪽}

12 $2a-2=-6$

$2a=-4$

$\therefore a=-2$

13 $3\times7+(-1)\times a=11$

$21-a=11$

$\therefore a=10$

14 $2a+b=4$, $3a-2b=-1$

두 식을 연립하여 풀면

$7a=7$ $\therefore a=1$

$b=4-2=2$

15 $-4a+b=5$, $2b=-6$

$\therefore b=-3$, $a=-2$

16 $2+5a=12$에서 $a=2$

$-8+5b=2$에서 $b=2$

17 $-3+3b=0$에서 $b=1$

$12-2a=0$에서 $a=6$

18 $-12+10a=8$에서 $a=2$

$20+2b=6$에서 $b=-7$

$\therefore a+b=2+(-7)=-5$

19 $A^2=\begin{pmatrix} -1 & 0 \\ 1 & 1 \end{pmatrix}\begin{pmatrix} -1 & 0 \\ 1 & 1 \end{pmatrix}=\begin{pmatrix} 1 & 0 \\ 0 & 1 \end{pmatrix}=E$

20 $A^2=E$이므로 $A^3=A^2A=EA=A$

21 $(2A)^2=4A^2=4E=\begin{pmatrix} 4 & 0 \\ 0 & 4 \end{pmatrix}$

22 $AE^2=A$

23 $A^2A^3=EA^3=A$

24 $(A^3)^2=A^2=E$

25 $(A+E)^2=A^2+AE+EA+E^2$

$AE=EA=A$이고

$E^2=E$이므로

$(A+E)^2=A^2+2A+E$이다.

26 $(A-E)^2=A^2-AE-EA+E^2$

$=A^2-2A+E$

27 $(A+2E)^2=A^2+2AE+2EA+4E^2$

$=A^2+4A+4E$

28 $(A-2E)^2=A^2-4AE+4E^2$

$$A^2=\begin{pmatrix} 1 & -1 \\ 0 & 2 \end{pmatrix}\begin{pmatrix} 1 & -1 \\ 0 & 2 \end{pmatrix}=\begin{pmatrix} 1 & -3 \\ 0 & 4 \end{pmatrix}$$이고

$AE=A$, $E^2=E$이므로

$$\begin{pmatrix} 1 & -3 \\ 0 & 4 \end{pmatrix}+\begin{pmatrix} -4 & 4 \\ 0 & -8 \end{pmatrix}+\begin{pmatrix} 4 & 0 \\ 0 & 4 \end{pmatrix}=\begin{pmatrix} 1 & 1 \\ 0 & 0 \end{pmatrix}$$

29 $(A+3E)^2=A^2+6A+9E$

$$A^2=\begin{pmatrix} 1 & -3 \\ 0 & 4 \end{pmatrix}$$이므로

$$\begin{pmatrix} 1 & -3 \\ 0 & 4 \end{pmatrix}+\begin{pmatrix} 6 & -6 \\ 0 & 12 \end{pmatrix}+\begin{pmatrix} 9 & 0 \\ 0 & 9 \end{pmatrix}=\begin{pmatrix} 16 & -9 \\ 0 & 25 \end{pmatrix}$$

30 $(A+E)(A-E)=A^2-E$이므로

$$\begin{pmatrix} 1 & -3 \\ 0 & 4 \end{pmatrix}+\begin{pmatrix} -1 & 0 \\ 0 & -1 \end{pmatrix}=\begin{pmatrix} 0 & -3 \\ 0 & 3 \end{pmatrix}$$

06 행렬의 곱셈의 성질 본문 155쪽

01 (1) $AB=\begin{pmatrix} 0 & 1 \\ 1 & 0 \end{pmatrix}\begin{pmatrix} 1 & 2 \\ 3 & 4 \end{pmatrix}=\begin{pmatrix} 3 & 4 \\ 1 & 2 \end{pmatrix}$

(2) $BA=\begin{pmatrix} 1 & 2 \\ 3 & 4 \end{pmatrix}\begin{pmatrix} 0 & 1 \\ 1 & 0 \end{pmatrix}=\begin{pmatrix} 2 & 1 \\ 4 & 3 \end{pmatrix}$

02 (1) $AB=\begin{pmatrix} 1 & 2 \\ 1 & 2 \end{pmatrix}\begin{pmatrix} 1 & 1 \\ 1 & 1 \end{pmatrix}=\begin{pmatrix} 3 & 3 \\ 3 & 3 \end{pmatrix}$

(2) $BA=\begin{pmatrix} 1 & 1 \\ 1 & 1 \end{pmatrix}\begin{pmatrix} 1 & 2 \\ 1 & 2 \end{pmatrix}=\begin{pmatrix} 2 & 4 \\ 2 & 4 \end{pmatrix}$

03 (1) $AB=\begin{pmatrix} 0 & 2 \\ -1 & 3 \end{pmatrix}\begin{pmatrix} 1 & -1 \\ -3 & 3 \end{pmatrix}=\begin{pmatrix} -6 & 6 \\ -10 & 10 \end{pmatrix}$

(2) $BA=\begin{pmatrix} 1 & -1 \\ -3 & 3 \end{pmatrix}\begin{pmatrix} 0 & 2 \\ -1 & 3 \end{pmatrix}=\begin{pmatrix} 1 & -1 \\ -3 & 3 \end{pmatrix}$

04 (1) $AB=\begin{pmatrix} 1 & 0 \\ 0 & -1 \end{pmatrix}\begin{pmatrix} 3 & 0 \\ 0 & 0 \end{pmatrix}=\begin{pmatrix} 3 & 0 \\ 0 & 0 \end{pmatrix}$

(2) $BA=\begin{pmatrix} 3 & 0 \\ 0 & 0 \end{pmatrix}\begin{pmatrix} 1 & 0 \\ 0 & -1 \end{pmatrix}=\begin{pmatrix} 3 & 0 \\ 0 & 0 \end{pmatrix}$

06 $AB+AC$

$=A(B+C)$

$=\begin{pmatrix} 1 & 2 \\ -3 & 4 \end{pmatrix}\left\{\begin{pmatrix} -1 & 0 \\ 2 & 1 \end{pmatrix}+\begin{pmatrix} 1 & 0 \\ -2 & -1 \end{pmatrix}\right\}$

$=\begin{pmatrix} 1 & 2 \\ -3 & 4 \end{pmatrix}\begin{pmatrix} 0 & 0 \\ 0 & 0 \end{pmatrix}=\begin{pmatrix} 0 & 0 \\ 0 & 0 \end{pmatrix}$

07 $AC+BC$

$=(A+B)C$

$=\left\{\begin{pmatrix} 1 & 2 \\ -3 & 4 \end{pmatrix}+\begin{pmatrix} -1 & 0 \\ 2 & 1 \end{pmatrix}\right\}\begin{pmatrix} 1 & 0 \\ -2 & -1 \end{pmatrix}$

$=\begin{pmatrix} 0 & 2 \\ -1 & 5 \end{pmatrix}\begin{pmatrix} 1 & 0 \\ -2 & -1 \end{pmatrix}=\begin{pmatrix} -4 & -2 \\ -11 & -5 \end{pmatrix}$

08 $C(-2B)$

$=-2CB$

$=-2\begin{pmatrix} 1 & 0 \\ -2 & -1 \end{pmatrix}\begin{pmatrix} -1 & 0 \\ 2 & 1 \end{pmatrix}$

$=-2\begin{pmatrix} -1 & 0 \\ 0 & -1 \end{pmatrix}=\begin{pmatrix} 2 & 0 \\ 0 & 2 \end{pmatrix}$

09 AB^2+ABC

$=AB(B+C)$

$=\begin{pmatrix} 1 & 2 \\ -3 & 4 \end{pmatrix}\begin{pmatrix} -1 & 0 \\ 2 & 1 \end{pmatrix}\left\{\begin{pmatrix} -1 & 0 \\ 2 & 1 \end{pmatrix}+\begin{pmatrix} 1 & 0 \\ -2 & -1 \end{pmatrix}\right\}$

$=\begin{pmatrix} 1 & 2 \\ -3 & 4 \end{pmatrix}\begin{pmatrix} -1 & 0 \\ 2 & 1 \end{pmatrix}\begin{pmatrix} 0 & 0 \\ 0 & 0 \end{pmatrix}=\begin{pmatrix} 0 & 0 \\ 0 & 0 \end{pmatrix}$

10 $(3C)A-C(2A)$

$=3CA-2CA=CA$

$=\begin{pmatrix} 1 & 0 \\ -2 & -1 \end{pmatrix}\begin{pmatrix} 1 & 2 \\ -3 & 4 \end{pmatrix}=\begin{pmatrix} 1 & 2 \\ 1 & -8 \end{pmatrix}$

11 $(A+B)C+A(B-C)+(C-A)B$

$=AC+BC+AB-AC+CB-AB$

$=BC+CB$

$=\begin{pmatrix} -1 & 0 \\ 2 & 1 \end{pmatrix}\begin{pmatrix} 1 & 0 \\ -2 & -1 \end{pmatrix}+\begin{pmatrix} 1 & 0 \\ -2 & -1 \end{pmatrix}\begin{pmatrix} -1 & 0 \\ 2 & 1 \end{pmatrix}$

$=\begin{pmatrix} -1 & 0 \\ 0 & -1 \end{pmatrix}+\begin{pmatrix} -1 & 0 \\ 0 & -1 \end{pmatrix}=\begin{pmatrix} -2 & 0 \\ 0 & -2 \end{pmatrix}$

12 $(AB)A-C(BA)$

$=ABA-CBA=(A-C)(BA)$

$=\left\{\begin{pmatrix} 1 & 2 \\ -3 & 4 \end{pmatrix}-\begin{pmatrix} 1 & 0 \\ -2 & -1 \end{pmatrix}\right\}\left\{\begin{pmatrix} -1 & 0 \\ 2 & 1 \end{pmatrix}\begin{pmatrix} 1 & 2 \\ -3 & 4 \end{pmatrix}\right\}$

$=\begin{pmatrix} 0 & 2 \\ -1 & 5 \end{pmatrix}\begin{pmatrix} -1 & -2 \\ -1 & 8 \end{pmatrix}=\begin{pmatrix} -2 & 16 \\ -4 & 42 \end{pmatrix}$

07 케일리–해밀턴 정리 본문 157쪽

02 케일리–해밀턴 정리에 의해

$A^2-(-1+1)A+(-1-0)E=O$

$A^2-E=O$이므로

$p=0$, $q=-1$

03 케일리–해밀턴 정리에 의해

$A^2-(1-5)A+\{-5-(-6)\}E=O$

$A^2+4A+E=O$이므로

$p=4$, $q=1$

05 케일리–해밀턴 정리에 의해

$A^2-(2+y)A+(2y-5x)E=0$이다.

조건 $A^2+2A-3E=O$에서 $-(2+y)=2$

$\therefore y=-4$

$2y-5x=-3$에서 $-8-5x=-3$

$\therefore x=-1$

06 케일리–헤밀턴 정리에서

$3=a-3$이므로 $a=6$

$-3a-2b=2$이므로 $-18-2b=2$

$b=-10$

$\therefore a-b=6-(-10)=16$

연마 수학

공통수학 1

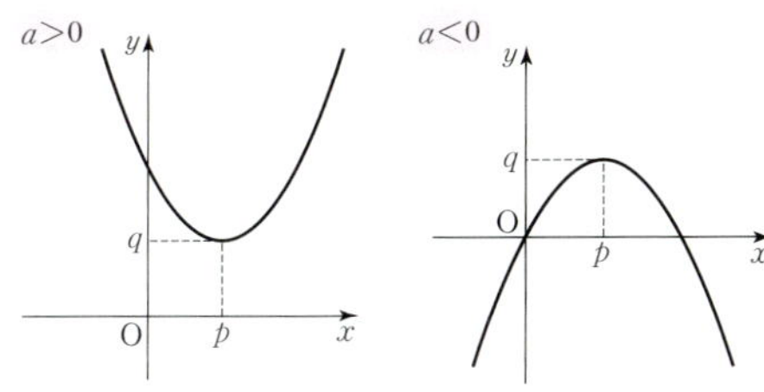

6 세 수를 근으로 하는 삼차방정식

x^3의 계수가 1이고 α, β, γ를 세 근으로 하는 삼차방정식은
$$(x-\alpha)(x-\beta)(x-\gamma)=0$$
즉, $x^3-(\alpha+\beta+\gamma)x^2+(\alpha\beta+\beta\gamma+\gamma\alpha)x-\alpha\beta\gamma=0$
세 근의 합　두 근끼리의 곱의 합　세 근의 곱

7 방정식 $x^3=1$의 허근

1. 삼차방정식 $x^3=1$의 한 허근을 ω라고 하면 다음 이 성립한다. (단, $\overline{\omega}$는 ω의 켤레복소수)

> $x^3=1$의 한 허근을 ω라 하면 다른 한 허근은 $\omega^2(=\overline{\omega})$이다.

 (1) $\omega^3=1$, $\omega^2+\omega+1=0$
 (2) $\omega+\overline{\omega}=-1$, $\omega\overline{\omega}=1$, $\omega^2=\overline{\omega}=\dfrac{1}{\omega}$

2. 삼차방정식 $x^3=-1$의 한 허근을 ω라고 하면 다음이 성립한다. (단, $\overline{\omega}$는 ω의 켤레복소수)
 (1) $\omega^3=-1$, $\omega^2-\omega+1=0$
 (2) $\omega+\overline{\omega}=1$, $\omega\overline{\omega}=1$, $\omega^2=-\overline{\omega}=-\dfrac{1}{\omega}$

8 절댓값 기호를 포함한 일차부등식의 풀이

$a>0$일 때
(1) $|x|<a$이면 $-a<x<a$

(2) $|x|>a$이면 $x<-a$ 또는 $x>a$

9 이차함수와 이차부등식의 관계

1. 이차부등식 $ax^2+bx+c>0$의 해

$y=ax^2+bx+c\ (a>0)$

2. 이차부등식 $ax^2+bx+c<0$의 해

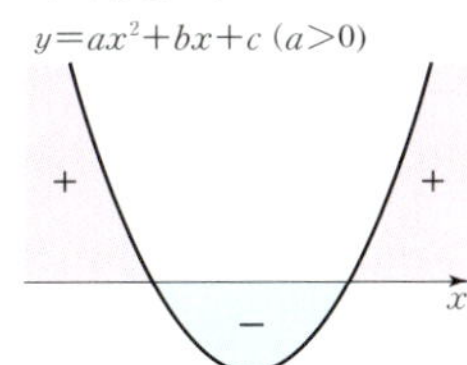

Ⅲ 경우의 수

1 약수의 개수 구하기

자연수 N이 $N=x^a y^b z^c$
(단, x, y, z는 서로 다른 소수, a, b, c는 자연수)로 소인수분해될 때
N의 양의 약수의 개수는
$(a+1)(b+1)(c+1)$

> **방정식과 부등식의 해의 개수 구하기**
> ① $ax+by=d$의 꼴이나
> 　$ax+by\leq d$의 꼴로 바꾼다.
> ② 계수의 절댓값이 큰 것부터 수를 대입해 본다.
> ③ 식을 만족시키는 (x, y)를 찾는다.

|참고| N의 양의 약수의 총합 $\Rightarrow$ $(1+x^1+\cdots+x^a)(1+y^1+\cdots+y^b)$ $(1+z^1+\cdots+z^c)$

2 순열의 수

서로 다른 n개에서 r개를 택하는 순열의 수는
$$_nP_r=n(n-1)(n-2)\times\cdots\times(n-r+1)\ (단,\ 0\leq r\leq n)$$
① $_nP_r=\dfrac{n!}{(n-r)!}$ (단, $0\leq r\leq n$)
② $0!=1$, $_nP_0=1$, $_nP_n=n!$

3 조합의 수

① $_nC_r=\dfrac{_nP_r}{r!}=\dfrac{n!}{r!(n-r)!}$ (단, $0\leq r\leq n$)
② $_nC_0=1$, $_nC_n=1$
③ $_nC_r=\,_nC_{n-r}$ (단, $0\leq r\leq n$)
④ $_nC_r=\,_{n-1}C_r+\,_{n-1}C_{r-1}$ (단, $1\leq r<n$)

4 분할의 수

서로 다른 n개를 p개, q개, r개 $(p+q+r=n)$의 3묶음으로 나누는 방법의 수는
① p, q, r가 모두 다른 수일 때 → $_nC_p\times\,_{n-p}C_q\times\,_rC_r$
② p, q, r 중 어느 두 수가 같을 때 → $_nC_p\times\,_{n-p}C_q\times\,_rC_r\times\dfrac{1}{2!}$
③ p, q, r의 세 수가 모두 같을 때 → $_nC_p\times\,_{n-p}C_q\times\,_rC_r\times\dfrac{1}{3!}$

Ⅳ 행렬

1 행렬의 덧셈에 대한 성질

같은 꼴의 세 행렬 A, B, C에 대하여 교환법칙과 결합법칙이 성립한다.
① 교환법칙: $A+B=B+A$
② 결합법칙: $(A+B)+C=A+(B+C)$

2 행렬의 실수배의 성질

같은 꼴의 행렬 A, B, O와 실수 k, l에 대해 다음이 성립한다.
① $(kl)A=k(lA)$　② $(-1)A=-A$
③ $0A=O$　④ $(k\pm l)A=kA\pm lA$
⑤ $k(A\pm B)=kA\pm kB$

3 단위행렬

(i) n차 정사각행렬 A와 n차 단위행렬 E에 대하여 $AE=EA=A$　　$E=\begin{pmatrix}1&0\\0&1\end{pmatrix}$
(ii) $E^2=E$, $E^3=E$, $\cdots$, $E^n=E$ (n은 자연수)
(iii) $(A\pm E)^2=A^2\pm 2A+E$, $(A+E)(A-E)=A^2-E$

4 행렬의 곱셈의 성질

합과 곱이 정의되는 세 행렬 A, B, C에 대하여
(1) 일반적으로 곱셈에 대한 교환법칙이 성립하지 않는다. $\Rightarrow AB\neq BA$
(2) 결합법칙: $(AB)C=A(BC)$
(3) 분배법칙: $A(B+C)=AB+AC$, $(A+B)C=AC+BC$
(4) $k(AB)=(kA)B=A(kB)$ (단, k는 상수이다.)